普通高等教育"十二五"规划教材

计算机控制技术

方彦军　张荣　编著

U0238217

中国水利水电出版社
www.waterpub.com.cn

内 容 提 要

本书是以 IBM－PC 系列工业控制计算机为背景，结合目前最新理论与技术，全面、系统地阐述了计算机控制系统的基本理论、应用设计技术与工程实现方法。全书共 9 章，内容包括绪论、输入输出通道与接口技术，数据处理技术，抗干扰技术，数字控制器的设计及应用，先进控制技术，常用的计算机控制系统，计算机控制系统软件，计算机控制系统设计与工程实现。全书内容丰富，体系新颖，理论联系实际，系统性和实践性强。

本书可作为高等院校各类自动化、电子与电气工程、计算机应用、机一电一体化等专业高年级本科生的教材，也可供有关技术人员参考和自学。

图书在版编目（ＣＩＰ）数据

计算机控制技术 / 方彦军，张荣编著. －－ 北京：
中国水利水电出版社，2012.8
普通高等教育"十二五"规划教材
ISBN 978-7-5170-0138-6

Ⅰ. ①计… Ⅱ. ①方… ②张… Ⅲ. ①计算机控制一高等学校一教材 Ⅳ. ①TP273

中国版本图书馆CIP数据核字(2012)第206983号

书　　名	普通高等教育"十二五"规划教材 **计算机控制技术**	
作　　者	方彦军　张　荣　编著	
出版发行	中国水利水电出版社 （北京市海淀区玉渊潭南路 1 号 D 座　100038） 网址：www. waterpub. com. cn E-mail：sales@waterpub. com. cn 电话：（010）68367658（发行部）	
经　　售	北京科水图书销售中心（零售） 电话：（010）88383994、63202643、68545874 全国各地新华书店和相关出版物销售网点	
排　　版	中国水利水电出版社微机排版中心	
印　　刷	北京市北中印刷厂	
规　　格	184mm×260mm　16 开本　17.5 印张　415 千字	
版　　次	2012 年 8 月第 1 版　2012 年 8 月第 1 次印刷	
印　　数	0001—3000 册	
定　　价	**35.00 元**	

前　言

　　计算机控制技术是计算机技术应用的主要领域之一，它主要研究如何将计算机技术、通信技术和自动控制技术应用于工业生产过程。本书结合自动控制理论、网络与通信技术、检测与传感器技术、电子技术等领域的最新发展，内容涵盖目前计算机控制领域最新理论与技术，以IBM－PC系列工业控制计算机为背景，全面、系统地阐述了计算机控制技术的相关理论、实际应用及工程实现方法。在计算机控制系统的设计中，以复杂的火电厂控制系统作为实例，理论联系实际，深入阐述了计算机控制在生产实际中的应用与实践。本教材适用于高等院校各类自动化、电子与电气工程、计算机应用、机—电一体化等专业高年级本科生及有关技术人员。

　　本书共分为9章。第1章为绪论，主要介绍计算机控制的概念、组成及特点、在工业中的典型应用及其发展；第2章介绍输入输出通道与接口技术；第3章介绍数据处理技术；第4章介绍软硬件抗干扰及WatchDog Timer技术；第5章介绍数字控制器的连续化设计与离散化设计，复杂控制技术与现代控制技术；第6章介绍一些先进控制技术；第7章介绍常用的计算机控制系统；第8章介绍计算机控制系统软件；第9章介绍计算机控制系统设计原则与步骤及其工程设计与实现。全书内容丰富，体系新颖，理论联系实际，系统性和实践性强，对理论研究及工程应用都具有参考价值。

　　参加本书编写的有方彦军、张荣、李云娟、胡文凯、李鑫、万静强、秦晓洁、胡龙珍、吴谨等。在此衷心感谢所列参考书目中的作者，没有他们的研究成果，作者实难系统地对计算机控制技术作全面论述。

　　由于编者水平有限，且本书涉及内容面广，书中难免有不妥与错误之处，请读者批评指正。

编　者

2012 年 5 月

目　录

第 1 章 绪 论

计算机控制系统是自动控制理论、自动化技术与计算机技术紧密结合的产物。控制理论的发展，尤其是现代控制理论的发展，与计算机技术息息相关，利用计算机快速强大的数值计算、逻辑判断等信息加工能力，计算机控制系统可以实现常规控制以外更复杂、更全面的控制方案。计算机为现代控制理论的应用提供了有力的工具。同时，计算机控制系统应用于工业控制实践所提出来的一系列理论与工程上的问题，又进一步促进和推动了控制理论和计算机技术的发展。

生产技术的进步和科学技术的发展，要求有更加先进完善的控制装置，以期达到更高的精度、更快的速度和更大的效益。然而，若用常规控制方法，潜力是很有限的，难以满足如此高的性能要求。由于计算机出现并应用于自动控制，才使得自动控制发生了巨大的飞跃。由于计算机具有精度高、速度快、存储量大，以及具有逻辑判断功能等，因此可以实现高级复杂的控制算法，获得满意的控制效果。计算机所具有的信息处理能力，能够把过程控制和生产经营管理有机地结合起来，从而实现企业生产过程和体系管理的综合自动化。随着微电子技术和计算机技术的快速发展，为计算机控制技术的发展和应用奠定了坚实的基础。

计算机控制技术实质上就是利用数字计算机实现对过程自动检测和自动控制的一门应用技术。控制计算机的应用领域十分广泛，它已经不仅仅是国防、航天、航空等高精尖学科中的主要控制设备，在现代工业生产及农业、交通、通信、楼宇、金融、教育及家电等民用领域中，控制计算机的应用已经十分普及。控制计算机在技术改造和科学研究中已成为一种不可或缺的关键设备。在工业企业中，炼油、石化、电力、冶金、医药、建材等行业一直处于计算机控制应用的领先地位。计算机控制的水平已经成为现代化工业企业的主要标志之一。

计算机控制系统是指采用数字计算机和其他自动化设备组成的自动控制系统。从信息的观点出发，一个自动控制系统可归结为信息的检测、传递与处理的过程。这些功能分别由检测仪表、控制装置和执行部件实现。其中控制装置对控制信息进行加工处理，实现预定的控制规律，是系统的核心。采用数字计算机替代常规控制装置，使自动控制系统的结构、系统的分析和设计方法等发生了巨大的变化。其中以 4C（Computer、Communication、Control、CRT）技术为代表的集散控制系统（TDCS，简称 DCS）的大量普及和广泛应用，使得计算机控制系统成为自动控制系统的一种普遍结构形式，同时展示了常规控制无法比拟的优越性和广阔前景。所以，掌握计算机控制系统的基本原理和分析设计方法，具备计算机控制系统有关硬件和软件的设计能力，已成为当今从事自动控制专业人员的当务之急。

本章主要介绍计算机控制的概念、计算机控制系统的结构和组成、工业控制计算机的典型应用及计算机控制系统的发展历史与趋势。

1.1　计算机控制的概念

电子计算机的发明是 20 世纪科学技术的卓越成就之一，1946 年世界上第一台电子数字计算机 ENICA 的问世，开始了人类智力解放的新时代，它的出现使科学技术产生了一场深刻的革命。从 20 世纪 70 年代以来，随着大规模集成电路的发展，出现微型计算机及单片微型计算机，其运算速度快、可靠性高、价格便宜，被广泛地应用于工业、农业、国防以及日常生活的各个领域。70 年代初诞生的微型计算机，标志着计算机的发展和应用进入了新的阶段。电子计算机最常见的应用就是代替自动控制系统中的常规控制设备，对系统进行调节和控制。由于计算机具有强大的逻辑判断、计算和信息处理能力，从而使自动控制达到新的水平，大大提高了生产过程的自动化程度和系统的可靠性。计算机在控制领域中作为一个强有力的控制工具，极大地推动了自动控制技术的发展。

由于生产技术的发展，使生产规模越来越大，相关因素越来越复杂，自动化和最优工况的要求就必不可少。20 世纪 40 年代发展和逐步成熟起来的经典控制理论，在解决较简单的自动控制系统设计方面是很有利的理论工具。在这个基础上发展起来的模拟式自动系统也达到了相当完善的程度。直到现在，模拟式自动系统仍然在许多工业部门占有相当重要的地位，许多元件和系统都已经形成标准化和系列化产品。尽管这种模拟式控制系统对单输入和单输出系统是很有效的，对一些较复杂得多输入和多输出的参数相互耦合的系统也曾起过积极的作用，但是由于它技术的局限性，在控制规律的实现、系统的优化、可靠性等方面越来越不能满足更高的要求。

计算机控制系统是在自动控制技术和计算机技术的基础上产生的。没有采用计算机控制的系统一般为连续控制系统，其典型结构图如图 1.1 所示，图中各处的信号均为模拟信号。

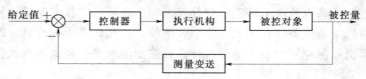

图 1.1　计算机控制系统结构图

如果将连续控制系统的控制器功能通过计算机或数字控制装置来实现，就构成了计算机控制系统，其基本框图如图 1.2 所示。因此，可以说计算机控制系统就是由各种各样的计算机参与控制的一类控制系统。

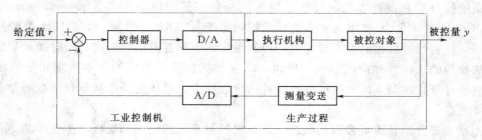

图 1.2　计算机控制系统框图

在一般的模拟控制系统中，控制器是由硬件电路实现的，如要改变控制规律就要更改电路参数或结构。而在计算机控制系统中，控制规律是用软件实现的，计算机执行预定的控制程序，就能实现对被控对象的控制。因此，要改变控制规律，只要改变控制程序就可以了。这就使控制系统的设计更加灵活方便，特别是可以利用计算机强大的计算、逻辑判断、记忆、信息传递能力，实现更为复杂的控制规律。

计算机控制系统中，计算机的输入和输出信号都是数字量，因此在这样的系统中，需要将模拟量变成数字量的 A/D 转换通道，以及将数字量转换成模拟量的 D/A 转换通道，如图 1.2 所示。

计算机控制系统的控制过程可以归纳为以下三个步骤：

（1）数据采集：对被控量进行采样测量，形成反馈信号。

（2）计算控制量：根据反馈信号和给定信号，按一定的控制规律，计算出控制量。

（3）输出控制信号：向执行机构发出控制信号，实现控制作用。

以上过程不断重复，使整个系统按照一定的动态性能指标工作。此外，计算机控制系统还应能对被控参数和设备本身可能出现的异常状态进行及时检测和诊断。

1.2 计算机控制系统的组成及特点

计算机控制系统由计算机系统和生产过程两大部分组成。计算机系统包括硬件和软件。硬件指计算机本身及其输入输出通道和外围设备，是计算机系统的物质基础；软件指管理计算机的程序及系统控制程序等，是计算机系统的灵魂。生产过程包括被控对象、测量变送单元、执行机构、电气开关等装置。

1.2.1 计算机控制系统的硬件组成

计算机控制系统硬件组成，见图 1.3。

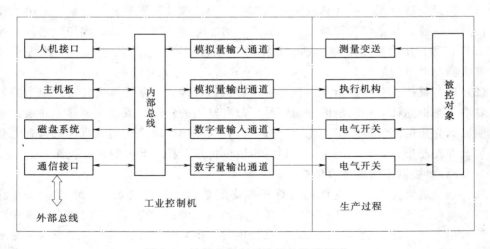

图 1.3 计算机控制系统硬件组成框图

计算机控制系统的硬件组成包括计算机系统硬件和生产过程各部分的装置。

1. 计算机系统硬件

(1) 主机：计算机控制系统的核心，由 CPU 和存储器等构成。其任务：通过由过程输入通道发送来的工业对象的生产工况参数，按照人们预先安排的程序，自动地进行信息的处理、分析和计算，并做出相应的控制决策或调节，以信息的形式通过输出通道，及时发出控制命令，对生产过程进行监督，使之处于最优工作状态；对事故进行预测和报警；编制生产技术报告，打印制表等。计算机中的程序和控制数据是人们预先根据控制对象的特征编制的控制算法。计算机控制系统执行控制程序和系统程序，完成事先确定的控制任务。

(2) 输入输出通道：计算机和生产对象之间进行信息交换的桥梁和纽带。过程输入通道把生产对象的被控参数转换成计算机可以接收的数字代码；过程输出通道把计算机输出的控制命令和数据，转换成可以对生产对象进行控制的信号。过程输入输出通道包括模拟量输入输出通道和数字量输入输出通道。生产过程的被控参数一般为连续变化的非电物理量，在模拟量输入通道中先用传感元件把它转换成连续变化的模拟电量，然后用模/数转换器转换成计算机能够接受的数字量。计算机输出的数字量往往要经过数/模转换器转换成连续的模拟量，去控制可连续动作的执行机构。此外还有开关量形式的信号，它将通过开关量输入输出通道来传送。因此，过程通道包括模拟量输入通道、模拟量输出通道、开关量输入通道和开关量输出通道。

(3) 外部设备：实现计算机和外界进行信息交换的设备，简称外设，包括人机联系设备（操作台）、输入输出设备（磁盘驱动器、键盘、打印机、显示终端等）和外存储器（磁盘）。其中操作台应具备显示功能，即根据操作人员的要求，能立即显示所要求的内容；还应有按钮，完成系统的启、停等功能；操作台还要保证即使操作错误也不会造成恶劣后果，即应有保护功能。

2. 生产过程装置

(1) 测量变送单元：在计算机控制系统中，为了收集和测量各种参数，采用了各种检测元件及变送器，其主要功能是将被检测参数的非电量转换成电量，例如热电偶把温度转换成 mV 信号；压力变送器可以把压力转换变为电信号，这些信号经变送器转换成统一的计算机标准电平信号（0～5V 或 4～20mA）后，再送入计算机。

(2) 执行机构：要控制生产过程，必须有执行机构。它是计算机控制系统中的重要部件，其功能是根据计算机输出的控制信号，改变输出的角位移或直线位移，并通过调节机构改变被调介质的流量或能量，使生产过程符合预定的要求。常用的执行机构有电动、液动和气动等控制形式，也有的采用马达、步进电机及可控硅元件等进行控制。

1.2.2 计算机控制系统的软件组成

软件是指能够完成各种功能的计算机程序的总和。就功能来分，软件可分为系统软件、应用软件及数据库。软件与硬件一样关系到系统的正常运行、功能的充分发挥。

(1) 系统软件。一般是由计算机厂家提供的，用来管理计算机本身的资源、方便用户使用计算机的软件。系统软件包括：

1) 操作系统：包括管理程序、磁盘操作系统程序、监控程序等。

2) 诊断系统：指的是调试程序及故障诊断程序。

3) 开发系统：包括各种语言处理程序（编译程序）、服务程序（装配程序和编辑程序）、模拟程序（系统模拟、仿真、移植软件）、数据管理程序等。

这些软件一般不需要用户自己设计，它们只是作为开发应用软件的工具。

（2）应用软件。是面向生产过程的程序，如 A/D、D/A 转换程序，数据采样，数字滤波程序、标度变换程序、控制量计算程序等。应用软件大都由用户自己根据实际需要进行开发。应用软件的优劣，将给控制系统的功能、精度和效率带来很大的影响，它的设计是非常重要的。计算机控制系统的应用软件有：

1) 过程监视程序：指巡回检测程序、数据处理程序、上下限检查及报警程序、操作面板服务程序、数字滤波及标度变换程序、判断程序、过程分析程序等。

2) 过程控制计算程序：指控制算法程序、事故处理程序和信息管理程序，其中信息管理程序包括信息生成调度、文件管理及输出、打印、显示程序等。

3) 公共服务程序：包括基本运算程序、函数运算程序、数码转换程序、格式编码程序。

其中控制程序是应用软件的核心，是经典或现代控制理论算法的具体实现（如 PID 程序，数控程序等）。过程输入、输出程序分别用于管理过程输入、输出通道，一方面为过程控制程序提供运算数据；另一方面执行控制命令，其中包括 A/D 转换、D/A 转换、数字滤波、标度变换、键盘处理、显示等程序。

（3）数据库。数据库及数据库管理系统主要用于资料管理、存档和检索，相应的软件设计指如何建立数据库以及如何查询、显示、调用和修改数据等。

1.2.3 计算机控制系统的特点

计算机控制系统与连续控制系统相比，具有以下特点：

（1）利用计算机的存储记忆、数字运算和显示功能，可以同时实现模拟变送器、控制器、指示器、手操作器以及记录仪等多种模拟仪表的功能，并且便于监视和操作。

（2）利用计算机快速运算能力，通过分时工作可以实现一台计算机同时控制多个回路，并且还可以同时实现直接数字控制、监督控制、顺序控制等多种控制功能。

（3）利用计算机强大的信息处理能力，可以实现模拟控制难以实现的各种先进复杂的控制算法，如最优控制、自适应控制、预测控制以及智能控制等，从而不仅可以获得更好的控制性能，而且还可实现对难以控制的复杂被控对象（如多变量系统、大滞后系统以及某些时变系统和非线性系统等）的有效控制。

（4）系统调试、参数整定灵活方便，系统控制方案、控制策略以及控制算法及其参数的改变和整定，通过修改软件或改变参数即可实现，不需要更换或变动硬件。

（5）利用网络的分布结构可以构成计算机控制、管理集成系统，实现工业生产与经营的管理、控制一体化，大大提高企业的综合自动化水平。

（6）利用控制网络技术可将所有的现场设备（如传感器、执行机构、驱动器等）与控制器用一根电缆连接在一起，构成网络化的控制系统实现现场状态监测、控制、远程传输等功能，使企业信息的采集控制直接延伸到生产现场。这种网络化的计算机控制系统具有开放性、互操作性与互用性、现场设备的智能化与功能自治性、系统结构的高度分散性、对现场环境的适应性等优点。

由于计算机控制系统中同时存在连续型和离散型两类信号，因此系统中应有 A/D 和 D/A 环节实现连续信号与离散信号相互转换。连续系统控制理论已不能直接用于计算机控制系统分析和设计，须学习离散控制理论的有关知识，另外构成计算机系统的平台也将产生变化。

1.3　计算机在工业控制中的典型应用

1.3.1　操作指导控制系统

操作指导控制系统（Operational Information System，简称 OIS）的构成如图 1.4 所示，该系统不仅可以根据检测仪表测得的信号数据，由数据处理系统对生产过程的大量参数做巡回采集、处理、分析、记录以及参数的超限报警；还可通过对大量参数的积累和实时分析，实现对生产过程的各种趋势分析，为操作人员提供参考；或者计算出可供操作人员选择的最优操作条件及操作方案，操作人员则根据计算机输出的信息去改变调节器的给定值或直接操作执行机构。

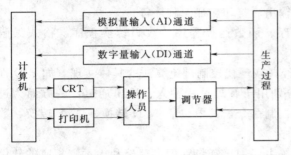

图 1.4　操作指导控制系统

OIS 属于开环控制结构，它的优点是结构简单，控制灵活和安全；缺点是要由人工操作，速度受到限制，不能控制多个对象。

1.3.2　直接数字控制系统

直接数字控制（Direct Digital Control，简称 DDC）系统的构成如图 1.5 所示。在计算机控制系统中，DDC 系统是计算机用于工业生产过程控制的最典型的一种系统，在 DDC 系统中，使用计算机作为数字控制器，计算机除经过输入通道对多个工业过程参数进行巡回检测、采集外，还可按预定的调节规则进行控制运算，然后将运算结果通过输出通道提供给执行机构，使各个被控量达到预定的控制要求。

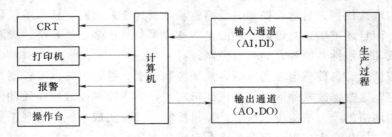

图 1.5　直接数字控制系统

在系统中，计算机代替常规模拟控制器，直接对被控对象进行控制。很明显，DDC 系统能实现闭环控制，系统工作过程是计算机首先通过过程输入通道实时地采集被控对象运行参数，然后按给定值和预定的控制规律计算出控制信号，并由过程输出通道直接控制执行机构，使被控量达到控制要求。

DDC 系统中的计算机参与闭环控制过程，它不仅能完全取代模拟调节器，实现多回路的调节，而且不需改变硬件，只通过改变程序就能有效地实现较复杂的控制。

由于 DDC 系统中的计算机直接承担控制任务，所以要求计算机的实时性好、可靠性高和适应性强。为充分发挥计算机的利用率，一台计算机通常要控制几个至几十个控制回路。

1.3.3 监督控制系统

监督计算机控制（Superivisory Computer Control，简称 SCC）系统是在直接数字控制系统上添加一级监督计算机实现的。在此类系统中，生产过程的闭环自动调节依靠 DDC 系统或模拟调节器来完成，监督计算机的输出作为 DDC 系统或模拟调节器的设定值，这一设定值将根据生产工艺信息及采集到的现场信息，按照预定的数学模型或其他方法所确定的规律进行自动修改，使生产过程始终处于最优的工况（如保持高质量、高效率、低消耗、低成本等）。监督控制系统承担着高级控制与管理任务，要求数据处理功能强，存储容量大等，一般采用较高档计算机。该类系统有两种结构形式：一种是 SCC＋模拟调节器；另一种是 SCC＋DDC 系统。

1. SCC＋模拟调节器

该系统原理图如图 1.6（a）所示。在此系统中，由计算机系统对各物理量进行巡回检测，按一定的数学模型计算出最佳给定值送给模拟调节器，此给定值通过模拟调节器计算，然后输出到执行机构，以达到调节生产过程的目的。当 SCC 计算机出现故障时，可由模拟调节器独立完成操作。一台 SCC 计算机可监督控制多台模拟调节器。

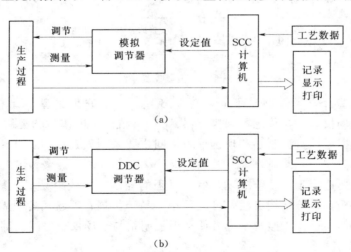

图 1.6 监督控制系统
(a) SCC＋模拟调解器系统；(b) SCC＋DDC 系统

2. SCC＋DDC 系统

该系统原理图如图 1.6（b）所示。这实际上是一个两级计算机控制系统，一级为监控级 SCC，另一级为 DDC 控制级。SCC 的作用与 SCC＋模拟调节器系统中的 SCC 一样，给出最佳给定值，送给 DDC 级计算机，直接控制生产过程。两级计算机之间通过通信接口进行信息联系，当 SCC 级计算机出现故障时，可由 DDC 级计算机代替，因此大大提高了系统的可靠性，一台 SCC 计算机可监督控制多台 DDC 系统，在早期，SCC 与 DDC 通信一般采用 RS—232 或 RS—485 等通信方式。

1.3.4 集散控制系统

集散控制系统（Distributed Contorl System，简称 DCS）的核心思想是集中管理、分散控制，即管理与控制相分离，上位机（工程师站或操作员站）用于实现集中监视管理功能，若干台下位机（现场控制站）下放分散到现场实现控制，各上下位机之间用控制网络互联以实现相互之间的信息传递，如图 1.7 所示。这种分级式的控制系统体系结构有力地克服了集中式数字控制系统中对控制器处理能力和可靠性要求高的缺陷，既实现了地理上和功能上分散的控制，又通过高速数据通道把各个分散点的信息集中监视和操作，并实现高级复杂规律的控制，另外还留有和企业信息管理系统的接口。

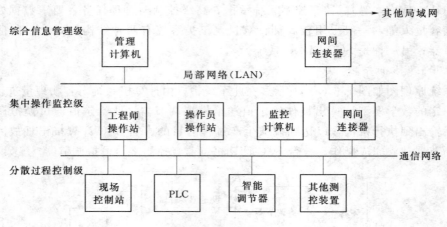

图 1.7 集散控制系统

各种型号的 DCS，尽管型号不同，功能各异，然而它们的基本结构模式为"操作站—控制站—现场仪表（含传感器和执行器）"三层结构，操作站和控制站之间主要通过专用网络进行数据通信，控制站和现场仪表之间主要采用硬连线（如 4～20mA 的模拟信号）进行互联。

集散控制主要适合于大系统或复杂生产过程的控制，比较容易实现复杂的控制规律，系统是积木式结构，系统结构灵活，可大可小，易于扩展；系统可靠性高；采用 CRT 显示技术和智能操作，操作、监视十分方便；但控制站与现场仪表之间大部分传输的仍然是 4～20mA 的模拟信号。

在集散控制系统中，分级式控制思想的实现正是得益于网络技术的发展和应用，遗憾的是，不同的 DCS 厂家为达到垄断经营的目的而对其控制通信网络采用各自专用的封闭形式，不同厂家的 DCS 系统之间以及 DCS 与上层 Intranet、Internet 信息网络之间难以实现网络互联和信息共享，因此集散控制系统从该角度而言实质是一种封闭专用的、不具可互操作性的分布式控制系统，且 DCS 造价昂贵。在这种情况下，用户对网络控制系统提出了开放化和降低成本的迫切要求。

1.3.5 现场总线控制系统

现场总线控制系统（Fieldbus Control System，简称 FCS）是新一代分布式控制系统，该系统改进了 DCS 系统成本高，各厂商的产品通信标准不统一而造成不能互联的弱点。现场总线通过一对传输线，可挂接多个设备，实现多个数字信号的双向传输，数字信号完全取代 4～20mA 的模拟信号，实现了全数字通信。和 DCS 不同，它的结构模式为"操作控制站—现场总线智能仪表"二层结构，因此可以降低成本，另外操作控制站 A 和 B 可以相互备份，提高可靠性。现场总线系统结构如图 1.8 所示。

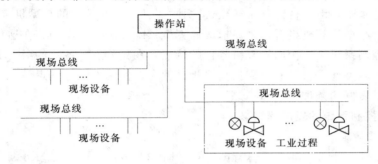

图 1.8　现场总线控制系统

现场总线系统融合了智能化仪表、计算机网络和开放系统互联（OSI）等技术的精髓，最初设计构想是形成一种开放的、具可互操作性的、彻底分散的分布式控制系统，目标是要成为 21 世纪控制系统的主流产品。但由于目前现场总线标准和产品的多样性，无法发挥 FCS 的可互操作性优势。

1.4　计算机控制系统的发展

1.4.1　计算机技术的发展过程

1946 年，世界上第一台电子计算机 ENIAC 正式使用以来，数字计算机在世界各国得到了极大的重视和迅速发展。20 世纪 70 年代微型计算机的推广，标志着计算机的发展和应用进入了新的阶段。

计算机技术的发展给控制系统开辟了新的途径。现代控制理论以及各种新型控制规律和组合控制规律的发展又给自动控制系统增添了理论支柱。经典的和现代的控制理论与计算机相结合，出现了新型的计算机控制系统。

从美国工业控制机的发展和应用来看，用计算机控制生产过程，大体上经历了三个阶段：

1965 年以前是试验阶段。早在 1952 年，化工生产中实现了自动测量和数据处理。1954 年，开始使用计算机构成开环系统。1957 年，采用计算机构成的闭环系统开始应用于石油蒸馏过程的调节。1959 年，在美国一个炼油厂建成第一台闭环计算机控制装置。1960 年，在合成氨和丙烯腈生产过程中实现了计算机监督控制。

1965～1969 年是计算机控制进入实用和开始逐步普及的阶段。由于小型计算机的出现，使可靠性不断提高，成本不断地下降，计算机再生产过程的应用得到迅速的发展，但这个阶段仍然主要是集中型的计算机控制系统。经验证明，在高度集中控制时，若计算机出现故障，将对整个生产装置和整个生产系统带来严重影响，虽然采用多机并用的方案提高了集中控制的可靠性，但这样就要增加投资。

1970 年以后是大量推广和分级控制阶段。现代工业的特点是高度连续化、大型化，装置与装置、设备与设备之间的联系日趋密切。因此，为了降低能量消耗、提高产品质量和数量，仅仅实现局部范围内的孤立的控制，是难以取得显著的效果的。为了实现对现代化工业的综合管理和最优控制，已经开始运用工程学的方法来实现大规模综合管理系统。这种控制系统通常不是由一台计算机或数台"独立的"、相互无关的小型机来进行控制的，而是由大、中、小型计算机组合起来，形成计算机系统来进行控制的。在这种采用了分段结构的计算机控制系统中，按照计算机各自的特点，在充分发挥各自的潜力下，形成分级控制。近几年，微型计算机具有可靠性高、价格低廉、使用方便等优点，为分级计算机控制制的发展创造了良好的条件。

1.4.2　计算机控制系统的发展趋势

1. 可编程控制器

可编程控制器（Programmable Controller，简称 PC），也可称之为可编程逻辑控制器（Programmable Logic Controller，简称 PLC），是一种专为工业环境应用而设计的计算机控制系统。它具有可靠性高、编程灵活简单、易于扩展和价格低廉等许多优点。随着 PLC 的发展，它除了具有逻辑运算、逻辑判断等功能外，还具有数据处理、故障自诊断、PID 运算及网络等功能，不仅能处理开关量，而且还能够实现模拟量的控制，多台 PLC 之间可方便地进行通讯与联网。目前从单机自动化到工厂自动化，从柔性制造系统、机器人到工业局部网络都可以见到 PLC 的成功应用。

2. 集散控制系统

集散控制系统就是分布式控制系统（DCS），发展初期以实现分散控制为主，20 世纪 80 年代以后，集散控制系统的技术重点转向全系统信息的综合管理，使其具有分散控制和综合管理两方面特征，因此称为分散型综合控制系统，简称为集散控制系统。目前，在过程控制领域，集散控制系统技术已日趋完善而逐渐成为被广泛使用的主流系统。

3. 计算机集成制造系统

计算机集成制造系统（Computer Integrated Manufacture System，简称 CIMS）是面向制造业的集成自动化系统，是计算机技术、自动化技术、制造技术、管理技术和系统工程等多种技术的综合和全企业信息的集成，包括了生产设备与过程控制、自动化装配与工业机器人、质量检测与故障诊断、CAD 与 CAM、立体仓库与自动化物料运输、计算机辅助生产计划制定、计算机辅助生产作业调度、办公自动化与经营辅助决策等内容。

与计算机集成制造系统相类似，在石化、冶金等流程工业中具有广阔应用前景的是计算机集成过程系统（Computer Integrated Process System，简称 CIPS）。

4. 嵌入式系统

嵌入式系统是将一个微型计算机嵌入到一个具体应用对象的体系中，实现应用对象智能化控制的计算机控制系统。这样的应用对象从 MP3、手机等微型数字化产品，到智能家电、车载电子设备、智能医疗设备、智能工具、数字机床、各种机器人、网络控制等各个领域。

嵌入式系统以其成本低、体积小、功耗低、功能完备、速度快、可靠性好等特点在诸多的领域体现出强大的生命力，也使计算机控制技术在这些领域获得了更加广泛的应用。与通用计算机在技术上追求高速运行、海量存储等性能不同，嵌入式计算机控制系统的技术要求是对对象的智能化控制能力、嵌入性能和控制的可靠性。

5. 网络控制系统

网络控制系统是以网络为媒介对被控对象实施远程控制、远程操作的一种新兴的计算机控制系统。在这类系统中，管理决策、资源共享、任务调度、优化控制等上层机构可以方便地与各种现场设备或装置连接在一起，从而实现全系统的整体自动化和性能优化，这必将带来巨大的经济效益和社会效益。另外，在人不易操作或无法到达的场合，可以采用基于网络的遥控方式实现有效的控制，如强核辐射下、深海作业、小空间范围内的作业等。在一些特殊的场合，网络控制也显示出明显的优势，如用于医疗领域的远程病理诊断、专家会诊、远程手术等。在不久的将来，多数电器都会有上网的功能，可以通过网络对电器实施遥操作。随着相关领域技术的发展，网络控制技术作为"综合技术之上的技术"必将被迅速的应用到各个领域中去。

习 题

1. 试简要描述计算机控制系统的一般控制过程，并画出计算机控制系统的典型结构图。
2. 计算机控制系统的组成及特点是什么？
3. 计算机在工业控制中有哪些典型应用？试分别加以描述。
4. 计算机控制系统有哪些发展趋势？有何应用前景？

第 2 章 输入输出通道与接口技术

在以计算机（或单片机）为核心的控制系统中，过程通道（又称 I/O 通道）是连接计算机和工业对象不可或缺的部分。它肩负着将检测器件测取的各种参量变换成计算机所能接受的信号量并输送给计算机去处理，然后又将计算机的输出结果以数字量或者经转换的模拟量传输给被控对象，以控制执行机构的动作。一般地，根据传输信号的形式和方向可将过程通道分为模拟量输入通道、模拟量输出通道、数字量输入通道、数字量输出通道等，本章将在以下各节中分别介绍。

2.1 模拟量输入通道

模拟量输入通道的主要任务是完成模拟量的采集并将之转换成数字量送入计算机。根据被控参量和控制要求的不同，模拟量输入通道的结构形式也不相同。

2.1.1 模拟量输入通道的结构形式

目前普遍采用的是通用运算放大器和 A/D 转换器的结构形式，其组成方框图如图 2.1 所示。

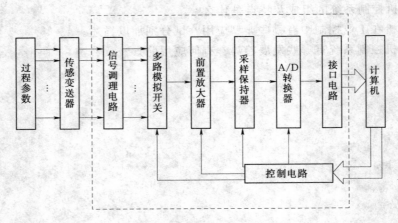

图 2.1 模拟量输入通道方框图

模拟量输入通道主要是由信号调理电路、多路模拟开关、前置放大器、采样保持器、A/D 转换器和接口电路等部分组成。下面就模拟量采样过程中的各部分分别进行介绍。

2.1.2 信号调理电路

信号调理电路主要通过非电量的转换、信号的变换、放大、滤波、线性化、共模抑制及隔离等方法，将非电量和非标准的电信号转换成标准的电信号。在模拟量输入通道中，对现场可能引起的各种干扰必须采取相应的技术措施以保证模/数转换的精度，所以要在通道之前设置输入信号调理电路。信号调理技术有很多,比如信号滤波、光电隔离、电平转换、过电压保护、反电压保护、电流/电压变换等。本节主要介绍电流/电压变换。

在转换电路中,常常要把传感器输出的电量转化为标准的电压或电流,国际电工委员会(IEC)将 $4\sim20\text{mA}$(DC)的电流信号和 $1\sim5\text{V}$(DC)的电压信号定为过程控制系统中电模拟信号的统一标准。

有了统一的信号形式和数值范围,就便于把各种变送器和其他仪表组成检测系统或调节系统。无论什么仪表或装置,只要有同样标准的输入电路或接口,就可以从各种变送器中获得被测变量的信号。这样,兼容性和互换性大为提高,仪表的配套也极为方便。

在进行信号转换时,为了保证一定的转换精度和较大的适应范围,要求电流/电压转换器有低的输入阻抗及输出阻抗,而电压/电流转换器有高的输入阻抗及输出阻抗。下面分别予以介绍。

1. 电压/电流转换

电压/电流转换器的作用是将电压转换为电流信号,它不仅要求输出电流与输入电压具有线性关系,而且要求输出电流随负载电阻变化所引起的变化量不超过允许值,即转换器具有恒流性能。

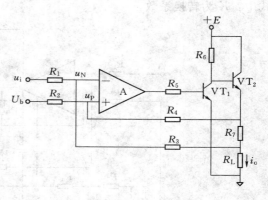

下面介绍由运放构成的电压/电流转换电路。如图 2.2 所示为一电压/电流转换电路,它由运算放大器 A 及晶体管 VT_1,VT_2 组成。VT_1 构成倒相放大级,VT_2 构成电流输出级。U_b 为偏置电压,用以进行零位平移。

图 2.2 电压/电流转换电路

由于电路采用电流并联负反馈,因此具有较好的恒流性能。

利用叠加原理,可求出在 u_i、U_b 及输出电流 i_o 作用下,运算放大器 A 的同相及反相输入端电压 u_P 及 u_N。考虑只有输入电压 u_i 作用时,因 $R_3 \gg R_L$,故有:

$$u_{N1} \approx \frac{R_3}{R_1 + R_3} u_i \tag{2.1}$$

考虑只有输出电流 i_o 作用时:

$$u_{N2} \approx \frac{R_1}{R_1 + R_3} i_o R_L \tag{2.2}$$

$$u_{P1} \approx \frac{R_2}{R_2 + R_4} i_o (R_L + R_7) \tag{2.3}$$

在 U_b 作用下,因 $R_4 \gg R_7 + R_L$,则:

$$u_{P2} \approx \frac{R_4}{R_2 + R_4} U_b \tag{2.4}$$

如果运算放大器 N 的开环增益及输入电阻足够大,则有:

$$u_P = u_N = u_{P1} + u_{P2} = u_{N1} + u_{N2} \tag{2.5}$$

设 $R_1 = R_2$,$R_3 = R_4$,则:

$$i_o = \frac{R_4}{R_2 R_7}(u_i - U_b) \tag{2.6}$$

由式（2.6）可看出：①当 A 的开环增益及输入电阻足够大时，输出电流 i_o 与输入电压 u_i 的关系只与电路电阻 R_2（$R_2 = R_1$）、R_4（$R_4 = R_3$）及反馈电阻 R_7 有关，而与运算放大器参数及负载电阻 R_L 无关，说明它具有恒流性能；②输出电流 i_o 与输入电压 u_i 间的转换系数决定于电路参数，因此可根据 u_i 及 i_o 的范围决定电路参数。

图 2.3 给出了一个实际的 0～5V 电压/4～20mA 电流的转换电路。图中 VT_1、VT_2 组成功放级并采用深度电流负反馈，以便向负载 R_L 提供恒定的大电流 i_o。图中 $R_1 = R_2 = 100k\Omega$，$R_7 = R_8 = 20k\Omega$，$R_{10} = 65\Omega$，$R_{11} = 1.2k\Omega$，R_{W1} 和 R_{W2} 均为 $3k\Omega$ 电位器，R_L 在 0～500Ω 范围内变化，据推导，输出电流 i_o 为：

$$i_o = (u_i + U_z)K \tag{2.7}$$

式中：K 为转换系数。

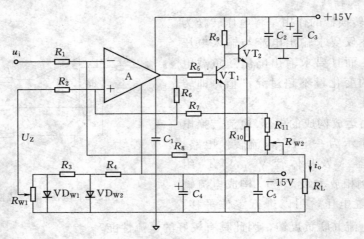

图 2.3 0～5V 电压/4～20mA 电流的转换电路

转换系数其值为：

$$K = \frac{R_{10} + R_{11} + R_{W2}}{5R_{10}(R_{11} + R_{W2})} \tag{2.8}$$

而 U_z 为偏置电压，由 $-15V$ 电压经 VD_{W2}、VD_{W1} 二次稳压后产生。U_z 的作用是保证在 $u_i = 0$ 时，有一定的电流（例如 4mA）输出。

若调节 R_{W1} 使 $|U_z| = 1.25V$，调节 R_{W2} 使转换系数为 3.2mA/V，则当输入信号 $u_i = 0～5V$ 时，对应的输出电流为 $I_o = 4～20mA$。若取 $R_{10} = 130\Omega$，$R_{11} = 1.8k\Omega$，调节 R_{W1} 使 $|U_z| = 2.5V$，调节 R_{W2} 使转换系数为 1.6mA/V，则可将 $u_i = 0～10V$ 的电压转换成 4～20mA 的电流输出。

目前市场上已有大量电压/电流转换芯片，常用的电压/电流转换器有美国 AD 公司的 AD694 和美国 TI 公司的 XTR105、XTR108、XTR110 等，根据需要可查找相应的手册。

2. 电流/电压转换

电流/电压转换器用于将输入电流信号转换为与之成线性关系的输出电压信号。主要有反相输入型电流/电压转换电路及同相输入型电流/电压转换电路。

图 2.4（a）所示为反相输入型电流/电压转换电路。设 A 为理想运算放大器，则：

$$i = i_s \tag{2.9}$$

$$u_o \approx -iR_1 = -i_sR_1 \tag{2.10}$$

可见，输出 u_o 正比于输入电流 i_s，与负载无关，实现了电流/电压转换。

上述电路要求电源 i_s 的内阻 R_s 必须很大，否则，输入失调电压将被放大（$1+R_1/R_s$）倍，产生较大误差。而且，电流 i_s 需远大于运算放大器输入偏置电流 i_b。

如图 2.4（b）所示为同相输入型电流/电压转换电路。输入电流 i 首先经输入电阻 R_1 变为输入电压 $u_i = iR_1$，加到运算放大器的同相输入端，经过同相比例放大后得输出电压：

$$u_o = iR_1\left(1 + \frac{R_2}{R_3}\right) \tag{2.11}$$

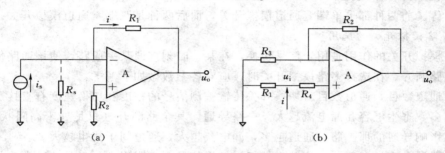

图 2.4 电流/电压转换电路

(a) 反相输入型；(b) 同相输入型

R_1 值选取由电流输出器件（如传感器）对负载的要求确定，一般为几百欧姆数量级。当 R_1 确定后，可根据 i 与 u_o 的范围决定 R_2 及 R_3。为避免运算放大器的偏置电流造成误差，要求两个输入端对地的电阻值相等，即：

$$R_4 = \frac{R_2R_3}{R_2 + R_3} \tag{2.12}$$

如图 2.5 所示为一个实际的 $4\sim20$ mA 电流/$0\sim5$V 电压的转换电路。由节点方程推导可知输出电压为：

$$u_o = \left(1 + \frac{R_f}{R_1} + \frac{R_f}{R_5}\right)I_iR - \frac{R_f}{R_5}u_f \tag{2.13}$$

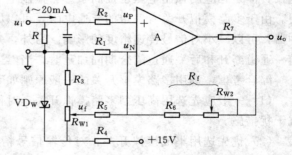

图 2.5 实用的电流/电压转换电路

若取 $R = 200\Omega$，$R_1 = 18\text{k}\Omega$，$R_5 = 43\text{k}\Omega$，$R_f = 7.14\text{k}\Omega$ 调节 R_w 使 $u_f = 7.53$V，则可将 $I_i = 4\sim20$mA 的电流转换成 $u_o = 0\sim5$V 的电压输出。

2.1.3 多路模拟开关

通常用来切断和接通模拟信号传输的器件称作模拟量开关。用来切换多路信号源与一个 A/D 转换器之间通路的器件称作多路模拟开关。在检测系统中，常常需要多路和多参数的采集和控制，如果每一路都单独拥有各自的输入回路，即都有放大、采样/保持、A/D 转换等环节是不必要和不现实的，这样会导致系统庞大、成本提高。因此，除特殊情况下采用多路输出回路，通常采用公共采样、保持和 A/D 转换电路。为此，经常要采用多路模拟开关切换。

1. 常用模拟开关分类

模拟开关分为两类。一类为机械触点式开关，如干簧继电器、水银继电器等，这类开关的优点是导电电阻小、开路电阻大，但响应速度比较慢，而且使用久了不易清洗，易产生误动作。另一类模拟开关是晶体管开关、场效应管开关和光电耦合开关，它们具有开关速度快、使用寿命长、无机械磨损、接触电阻低、断开电阻高等优点。现在模拟开关都做成开关矩阵和逻辑控制都集成在一起的集成电路，使用很方便。集成电路模拟开关的种类、型号较多，有 8 通道、16 通道，甚至 32 通道的，如 CD4051、CD4052、LF11508、LF13508 等。前两种都是单端 8 通道模拟开关，而后两种是双端 4 通道模拟开关。

2. 多路模拟开关的选用

多路模拟开关的作用是用于信号切换，在某一时刻接通某一通路，使该通路信号输入而其他通路断开。在选择多路模拟开关时，应对各参数做如下考虑：

（1）通道数目。通道数目对切换开关传输被测信号的精度和切换速度有直接影响。通道数目越多，寄生电容和漏电流越大。一路导通，其余路断开（只是处于高阻状态），仍有漏电流影响导通的那一路。通道越多，漏电流越大，通道间干扰也越大。

（2）泄漏电流。一般漏电流越小越好。如果信号源内阻很大，又是传输电流量，更要考虑泄漏电流的影响。

（3）切换速度。对传输速度快的信号，要求切换速度高。切换速度要结合采样保持和 A/D 转换速度综合考虑，取最佳性价比。

（4）开关电阻。理想状态的导通电阻为零，断开电阻无穷大，而实际上无法实现。但应尽量让导通电阻低，尤其与开关串联的负载为低阻抗时，更应使导通电阻低。

对于 CMOS 模拟开关，在允许范围内，电源电压越高，其导通电阻越小，切换速度越快，但是相应的控制电压也提高了。当控制电压值高于 TTL 电平时，对电路设计不方便。由于多路模拟开关有一定的导通电阻，可以尽可能加大负载阻抗，必要时负载前加缓冲器，可以减小对信号传递精度的影响。另外，为防止两通道切换时同时导通的情况，在前一通道断开和后一通道闭合期间加延时，当然这是以牺牲切换速度为代价的。

综合考虑，选用多路模拟开关的一般原则如下：

（1）一般应先选用高压型多路模拟开关，对传输信号电平较低的可选低压型，但要有抗干扰措施。

（2）优先选用集成模拟开关，对传输信号精度要求高而且变化缓慢的可选机械触点型，但要考虑体积问题。

（3）切换速度高、通道数目多的情况下选用模拟开关。尽量选单片即可完成开关任务的为好，使用多片组合时，要注意特性一致。

（4）切换速度与采样保持及 A/D 转换速度配合，速度略大为好，但过高速度也不必要。

（5）对高精度和精密测试，以开关性能稳定为主，阻值和漏电流漂移要小。对于其他参数，如导通电阻较大则可采用补偿方式来消除影响。

3．几种常用的多路模拟开关

（1）单端八通道多路模拟开关。AD7501 是集成 CMOS 的八选一多路模拟开关，每次只选一路与公共端接通。通道选择根据输入信号地址和 EN 端来控制。真值表如表 2.1 所示，其代码均可用 TTL/DTL 或 CMOS 电平。图 2.6（a）为引脚图，图 2.6（b）为结构图。AD7501 的导通电阻为 170Ω，导通电阻温漂 0.5%/℃，路间电阻偏差 4%，输入电容 3pF，开关闭合时间 $t_{on}=0.8\mu s$，断开时间 $t_{off}=0.8\mu s$，极限电源电压±17V。

表 2.1   **AD7051 真 值 表**

A2	A1	A0	EN	"ON"
0	0	0	1	1
0	0	1	1	2
0	1	0	1	3
0	1	1	1	4
1	0	0	1	5
1	0	1	1	6
1	1	0	1	7
1	1	1	1	8

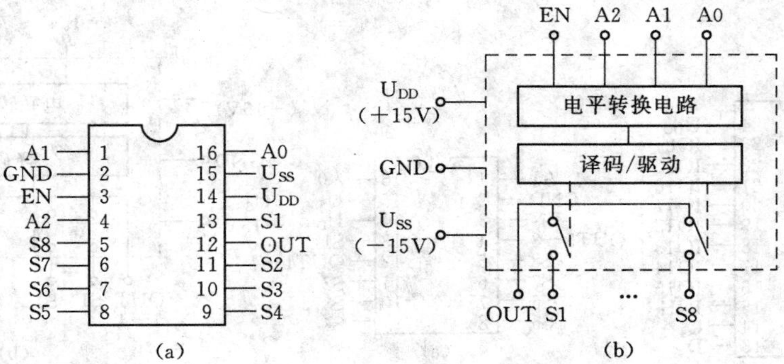

图 2.6 AD7501 引脚及结构图

(a) 用脚图；(b) 结构图

AD7503 和 CD4051 是另外两种不同的八通路模拟开关。其中 AD7503 与 AD7501 性能相同，只是选通电平为低电平时，模拟开关工作。如图 2.7 所示为 CD4051 引脚图，其中 INH 为禁止端，当它为高电平时，0～7 通道全部不通。A、B、C 为输入选通地址线。

（2）单端十六通道多路模拟开关。AD7506 为单端十六选一多路模拟开关。图 2.8（a）为引脚图，图 2.8（b）为结构图。通道选择线 A0，A1，A2，A3 与控制端 EN 控制通道选择，与表 2.1 相似。AD7506 的主要参数为导通电阻 $R_{on}=300Ω$，导通电阻温漂 0.5%/℃，路间电阻偏差 4%，开关闭合与断开时间均为 0.8μs，极限电源电压±17V，控制端 EN 为高电平时开关工作。

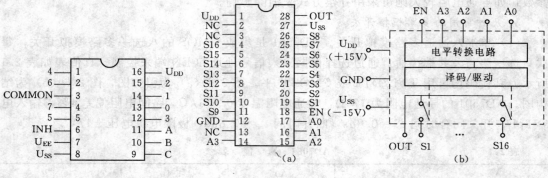

图 2.7 CD4501 引脚图

图 2.8 AD7506 引脚及结构图

(a) 引脚图；(b) 结构图

　　如图 2.9 所示为 CD4067 多路模拟开关引脚图，它也是一种单端十六通道多路模拟开关。通道选择地址线为 A、B、C、D，当 INH 为高电平时，IO0～IO15 全部不通。COM 为公共端。

　　(3) 差动四通道多路模拟开关。如图 2.10 (a)、(b) 所示分别为差动四通道多路模拟开关 AD7502 的引脚图和结构图。其主要特性与 AD7501 基本相同，但在同一选通地址线上，有两路同时选通，因而这种开关适合作差动输入信号的多路开关。地址线真值表如表 2.2 所示。

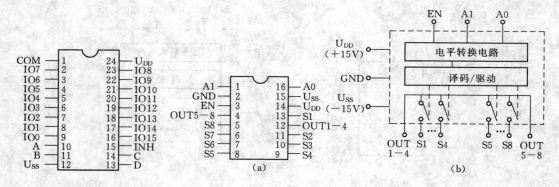

图 2.9 CD4067 引脚图

图 2.10 AD7502 引脚及结构图

(a) 引脚图；(b) 结构图

表 2.2　　　　　　　　　　　　　**AD7502 真 值 表**

A1	A0	EN	"ON"
0	0	1	1&5
0	1	1	2&6
1	0	1	3&7
1	1	1	4&6

另外一种四通道差动多路模拟开关为 CD4052，如图 2.11 所示为它的引脚图。图中 13 脚为 X 公共端，3 脚为 Y 公共端。地址线同时选通 X 与 Y 各一路组成差动输入。当 INH 为高电平时，四对通道均不通。

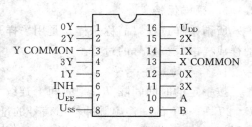

图 2.11　CD4052 外引脚图

（4）差动八通道多路模拟开关。如图 2.12 (a)、(b) 所示分别为差动八通道多路模拟开关 AD7507 的引脚及结构图。在同一选通地址上，有两路导通组成差动输入。共有八对输入端，一对输出端。EN 端为高电平时，模拟开关工作。NC 为空脚。

如图 2.13 所示为差动八通道多路模拟开关 CD4097 引脚图。选通地址线为 A，B，C。当 INH 为高电平时，八对通道均不通。1 脚为双向 X 端，17 脚为双向 Y 端。八对通道也是双向端，既可输入信号，也可输出信号。

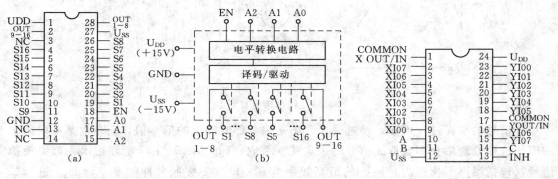

图 2.12　AD7507 引脚及结构图　　　　图 2.13　CD4097 引脚图
(a) 引脚图；(b) 结构图

除上述介绍的各类多路模拟开关外，AD75DI 系列模拟开关是一种高性能的多路模拟开关，主要采用了介质隔离技术，具有输出过压保护功能，过压可达 ±25V；它具有较低的导通电阻（75Ω）和泄漏电流（500pA）；有锁存保护功能和输入逻辑缓冲功能。

2.1.4　前置放大器

经过处理的模拟信号送入微机前，必须进行量化，即 A/D 转换。为减少转换误差，希望模拟信号尽可能大。在 A/D 输入的允许范围内，输入的模拟信号尽可能达到最大值。在另一种情况下，由于被测量在较大范围内变化，如果较小的模拟信号也放大成较大的信号，显然只使用一个放大倍数的放大器是不行的。因此，在模拟系统中，为放大不同的模拟信号，需要使用不同的放大倍数。为了解决上述问题，工程上采用改变放大器放大倍数的方法解决。在微机控制的检测系统中，希望用软件控制实现增益的自动变换，具有这种功能的放大器称作程控增益放大器。利用程控增益放大器与 A/D 转换器组合，配合软件控制实现输出信号的增益或量程变换，间接地提高输入信号的分辨率。程控增益放大器应用广泛，与 D/A 转换电路配合构成程控低通滤波电路，用于调节信号和抑制干扰等。

2.1.5　采样保持

所谓采样过程（简称采样）是用采样开关（或采样单元）将模拟信号按一定时间间隔抽样成离散模拟信号的过程。

1. 信号的采样

按一定的时间间隔 T，把时间上连续和幅值上也连续的模拟信号，转变成在时刻 0、T、$2T$、$\cdots kT$ 的一连串脉冲输出信号的过程称为采样过程。执行采样动作的开关 S 称为采样开关或采样器。τ 称为采样宽度，代表采样开关闭合的时间。采样后的脉冲序列 $y^*(t)$ 称为采样信号，采样器的输入信号 $y(t)$ 称为原信号，采样开关每次通断的时间间隔 T 称为采样周期。采样信号 $y(t)$ 在时间上是离散的，但在幅值上仍是连续的，所以采样信号是一个离散的模拟信号。信号的采样过程见图 2.14。

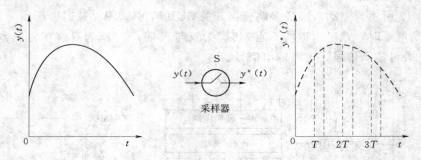

图 2.14　信号的采样过程

从信号的采样过程可知，经过采样，不是取全部时间上的信号值，而是取某些时间上的值。这样处理后会不会造成信号的丢失呢？香农（Shannon）采样定理指出：如果模拟信号（包括噪声干扰在内）频率的最高频率为 f_{max}，只要按照采样频率 $f \geqslant 2f_{max}$ 进行采样，那么采样信号 $y^*(t)$ 就能唯一地复现 $y(t)$。采样定理给出了 $y^*(t)$ 唯一地复现 $y(t)$ 所必需的最低采样频率。实际应用中，常取 $f \geqslant (5\sim10)\ f_{max}$，甚至更高。

2. 量化

所谓的量化，就是采用一组数码（如二进制码）来逼近离散模拟信号的幅值，将其转换为数字信号。将采样信号转换为数字信号的过程称为量化过程，执行量化动作的装置是 A/D 转换器。字长为 n 的 A/D 转换器把 y_{min}—y_{max} 范围内变化的采样信号，变换为数字 $0\sim2^n-1$，其最低有效位（LSB）所对应的模拟量 q 称为量化单位。

$$q = \frac{y_{min} - y_{max}}{2^n - 1} \tag{2.14}$$

量化过程实际上是一个用 q 去度量采样值幅值高低的小数归整过程，如同人们用单位长度（毫米或其他）去度量人的身高一样。由于量化过程是一个小数归整过程，因而存在量化误差，量化误差为 $(\pm1/2)\ q$。例如，$q = 20mV$ 时，量化误差为 $\pm10mV$，$0.990\sim1.009V$ 范围内的采样值，其量化结果是相同的，都是数字 50。

在 A/D 转换器的字长 n 足够长时，整量化误差足够小，可以认为数字信号近似于采样信号。在这种假设下，数字系统便可沿用采样系统理论分析、设计。

3. 采样保持器

A/D 转换器将模拟信号转换成数字量总需要一定的时间，完成一次 A/D 转换所需的时间称之为孔径时间。对于随时间变化的模拟信号来说，孔径时间决定了每一个采样时刻的最大转换误差。因此，如果被采样模拟信号的变化频率相对于 A/D 转换器的速度较高的话，则为了保证转换精度，就要在 A/D 转换之前加上采样保持电路，使得在 A/D 转换期间保持输入信号的不变。

如图 2.15 所示为采样保持电路，它由输入缓冲放大器 A_1、模拟开关 AS、模拟信号存储电容 C_H 和输出缓冲放大器 A_2 组成。A_1、A_2 运算放大器都接成射极跟随器形式，使 A_2 的输入阻抗很大，A_1 的输出阻抗很低，以便电容 C_H 快速充电和最小的漏电。采样保持电路有两种工作状态：

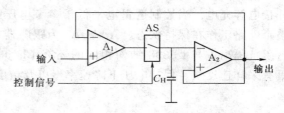

图 2.15 采样保持电路

采样状态与保持状态。当模拟开关 AS 闭合时，进入采样状态，由于 A_1 的输出阻抗小，输入放大器的输出端给电容 C_H 快速充电，输出跟随输入变化，增益为 1。为使电容电压跟随输入电压精确到 0.05% 之内，采样状态持续时间应大于 $7\sim8$ 倍 RC_H 时间。当模拟量开关 AS 断开时，进入保持状态，由于 A_2 的输入阻抗很大，流入 A_2 的电流几乎为零，这样，电容 C_H 保持充电时的最终电压值，从而保证输出端的电压不变。当然，绝对不变是不可能的，为使电压随时间的变化量小，还必须选取泄漏电阻大的电容作存储电容，同时在保证采样速度的前提下，适当增加 C_H 的容量。

在启动 A/D 转换时，利用采样保持器保持住输入信号，从而避免 A/D 转换的孔径时间带来的误差。在进行多路信号瞬态采集时，可采用多个采样保持器并联，在同一时刻发出一个保持信号，则能得到某一瞬时各路信号的瞬态值。同样，为使输出得到一个平滑的模拟信号，对模拟量输出通道，或在多通道分时控制时也常用采样保持器。

采样保持器的两个阶段对应两种工作方式，即采样方式和保持方式。采样保持电路是根据指令来决定工作方式。通常用逻辑"1"代表采样指令，用逻辑"0"代表保持指令。目前采用的采样保持器大都集成在一片芯片上，一般不包括电容，电容由用户根据需要选择。

在模拟量输入通道中，只有在信号变化频率较高而 A/D 转换速度又不高，以至孔径误差影响转换精度时，或者要求同时（还是有先有后，不过要求间隔尽量小而已）采样多个过程参量的情况下，才需要设置采样保持电路，对于石油、化工等变化缓慢的生产过程（一般信号频率在 1Hz 之内）只需要采样单元，一般不需要采样保持电路。由上面的分析可以看出，电容对采样保持的精度影响很大。若电容太大，则其时间常数也大，当信号变化频率较高时，由于电容充电时间太长，会影响输出信号对输入信号的跟随性，而且在采样瞬间，电容两端电压会与输入电压有一定的误差。在保持状态，如果电容的漏电流太大，负载内阻太小，会引起保持信号电平变化。一般的，在采样频率比较低、要求精度较高时，可选用较大电容，通常电容为 $10^2\text{pF}\sim0.01\mu\text{F}$ 间。为使采样保持器有足够精度，一般其输入级和输出级均采用缓冲器，以减少信号的输出阻抗，增加负载的输入阻抗。

4. 集成采样保持器 LF398

下面以集成采样保持器为例具体介绍采样保持器的电路结构和应用。

如图 2.16 所示为 LF398 内部逻辑电路，由输入缓冲级、输出驱动级和控制电路三部分组成。其中 A_3 起比较器的作用。引脚 7 为参考电压输入端。当引脚 8 输入的控制逻辑电平高于参考电压时，A_3 输出一个低电平信号使开关 K 闭合，整个电路处于采样工作状态。此时，输入信号经 A_1 跟随输出到 A_2，再由 A_2 的输出端跟随输出，同时经引脚 6 向外接电容充电。当控制逻辑电平低于参考电压时，A_3 输出一个正电平信号使开关断开，整个电路工作在保持状态。A_1 与 A_2 为跟随器，其作用是对保持电容的输入和输出端进行阻抗隔离。与 LF398 结构相同的还有 LF198、LF298 等。它们都是由场效应管构成，具有采样速度快、保持电压下降速率慢以及精度高等特点。

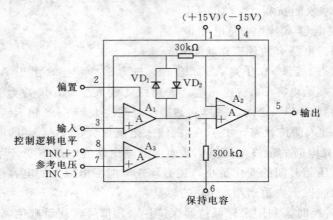

图 2.16　LF398 采样保持器逻辑电路图

如图 2.17 所示为 LF398 典型接线图。有时，采用两个采样保持器串接，前一级采样速度较高，后一级保持电压下降速率较低。选用不同的保持电容即可实现这种组合的高精度采样保持电路，采样时间为两者之和。

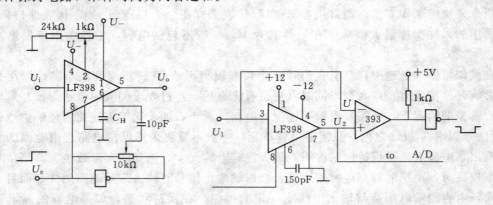

图 2.17　LF398 典型接线图　　　　　　图 2.18　峰值采样电路

图 2.18 所示为峰值采样电路。当输入信号处于上升阶段，有 $U_1 > U_2$，由比较器 393 输出高电平。达到峰值后，$U_1 < U_2$，比较器电平反转，经非门送至计算机以获得峰值出

现时刻，随后计算机启动 A/D，即可获得此峰值电平。如果给 LF398 输入一个恒定的保持信号，将保持住峰值电平。

2.1.6 A/D 转换器及其接口电路

模数转换器（A/D 转换器）是模拟量输入通道的核心部件，它是一个把模拟量转换成数字量的装置，采样和量化主要就是通过 A/D 转换器来实现的。

1. AD 转换电路工作原理

实现 A/D 转换的方法比较多，在基于微机的数据采集和控制中，大多数采用低、中速的大规模集成 A/D 转换芯片。对于低中速 A/D 转换器，这类芯片常用的转换方法有计数法、双积分法和逐次逼近法。

（1）计数式。计数式 A/D 转换电器电路原理框图如图 2.19 所示。它的主要部件包括：计数器、D/A 转换器、比较器等。它的工作过程是：计数器先清零，启动后对时钟脉冲计数，计数器的输出经 D/A 转换后的电压 U_o 与模拟量输入电压 U_i 进行比较，边计数边比较。当 $U_o = U_i$ 时比较器送出转换结束信号，停止计数，此时计数器的输出，即为被转换的模拟电压信号 U_i 所对应的数字量。这种电路的特点是结构简单、价格便宜，但是，它是每输入一个时钟脉冲，计数器加 1 或减 1，从而逼近输入值，需要大量脉冲，因此转换速度比较慢，目前比较少用。

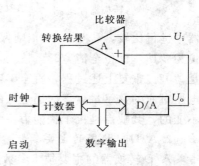

图 2.19 计数式 A/D 转换器原理框图

（2）双积分式。双积分式 A/D 转换器的电路原理框图如图 2.20 所示。它的主要部件包括：积分器、比较器、计数器、标准电压源等。它的工作过程是：开始时，电路对输入的未知模拟量进行固定时间积分，时间一到，控制逻辑就把模拟开关转换到与模拟输入极性相反的基准电源上，开始使电容放电，对标准电压进行反向积分到一定时间，返回起始值。可以看出，对标准电压进行反向积分的时间 T 正比于输入模拟电压，输入模拟电压越大，反向积分所需要的时间越长。因此，只要用标准的高频时钟脉冲测定反向积分花费

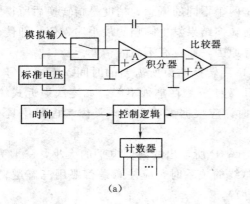

(a)

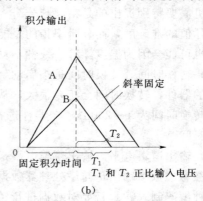

(b)

图 2.20 双积分式 A/D 转换器原理
（a）电路工作原理；（b）双积分原理

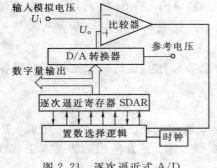

图 2.21　逐次逼近式 A/D
转换器原理图

的时间，就可以得到输入模拟电压所对应的数字量，即实现了 A/D 转换。这种转换方法的优点是消除干扰和电源噪声的能力较强、精度较高，缺点是转换速度慢。

（3）逐次逼近式。逐次逼近式 A/D 转换原理框图如图 2.21 所示。它的主要部件包括：逐次逼近寄存器 SAR、D/A 转换器、比较器、置数选择逻辑等。它的工作过程是：首先置数选择逻辑设定 SAR 中最高位为 "1"，其余位为 "0"，经 D/A 转换器转换成模拟电压 U_o，然后将 U_o 与输入电压 U_i 在电压比较器中进行比较，若 $U_i \geqslant U_o$，则保留最高位为 "1"，否则将最高位置 "0"。其次，置最高位为 "1"，低位全清 "0"，按上述方法进行转换、比较和判断，决定次高位应取 "1" 还是 "0"。重复上述过程，直至确定了 SAR 的最低位，这时 SAR 中的内容就是与输入模拟电压对应的数字量。逐次逼近法的优点是精确度高、转换速度较快，而且转换时间是固定不变的，其缺点是抗干扰能力不强。

2. A/D 转换器的主要参数

A/D 转换器的主要技术参数包括：分辨率、量程、转换精度、转换时间、输出逻辑电平、工作温度范围。

（1）分辨率。分辨率是指能使转换后数字量变化为 1 的最小模拟输入量，它通常用数字量的位数表示，如 8 位、10 位、12 位等，分辨率为 10 位表示它可以对满量程的 $1/2^{10}$ ＝1/1024 的增量作出反应。

（2）量程。量程是指所能转换的电压的范围，如 5V、10V 等。

（3）转换精度。转换精度是指转换后所得结果相对于实际值的准确度，有绝对精度和相对精度两种表示法。绝对精度用数字的位数表示，如绝对精度为 ±1/2LSB 和 ±1LSB。相对精度用相对于满量程的百分比表示，如果满量程为 10V，则 8 位的绝对精度为 $\pm 1/2 \times 10/2^8$ mV＝±19.5mV，其相对精度为 $1/2^8 \times 100\% \approx 0.39\%$。

这里需要特别提出的是精度与分辨率是两个不同的概念，精度是指转换后所得结果相对于实际值的准确度，而分辨率指的是能对转换结果发生影响的最小输入值，即使分辨率很高，也可能会因为温度漂移、线性不良等原因，而具有不高的精度。

（4）转换时间。转换时间是指启动 A/D 到转换结束所需要的时间。不同型号、不同分辨率的器件，转换时间会相差很大，从几微秒至几百毫秒不等，如逐次逼近式 A/D 转换器的转换时间为 $1 \sim 200 \mu s$，在器件选择时，应根据需要和成本具体考虑采用具有多大的转换时间。

（5）输出逻辑电平。输出逻辑电平是指 A/D 所输出的高低电平的大小，一般为 TTL 电平，在考虑数字输出量与微处理器数据总线的关系时，应注意是否要用三态逻辑输出、采用何种编码制式、是否要对数据进行锁存等。

（6）工作温度范围。工作温度范围是指 A/D 转换器在正常工作的情况下所允许的环境温度范围，由于温度会对运算放大器和电阻网络等产生影响，所以只有在一定的温度内才能保证额定精度指标。较好的转换器件工作温度为$-40\sim85℃$，较差的在$0\sim70℃$之间。在进行模拟量输入通道设计时，应根据实际的需要、系统的结构特点等综合考虑以上几个方面，选择最适合的参数，满足系统设计的需要。

3. A/D 转换器选择原则

超大规模集成电路技术的发展，使集成 A/D 转换器发展迅速、品种繁多、性能各异。各种 A/D 转换器的主要技术指标由芯片的器件手册上给出，以逐次逼近型和双积分型应用最多。通常选择 A/D 转换器主要考虑以下原则。

(1) 转换器位数。A/D 转换器的位数决定分辨率高低，8 位以下的为低分辨率，10 位和 12 位为中分辨率，14 位和 16 位为高分辨率。一个检测系统的精度受多个环节的影响，作为其中之一的 A/D 转换器的位数选择，至少要比总精度要求的最低分辨率高一位。总精度对于 A/D 转换器的转换精度的要求不等于对分辨率的要求，但转换精度包括分辨率大小所决定的量化误差及相关的偏移误差。选择位数过多没有意义，且价格过高。

对 A/D 转换器的位数选择还要考虑所采样的单片机的位数。对于 8 微处理器（如 51 系列单片机），采用 8 位以下的 A/D 转换器，接口简单。因为绝大多数部分集成 A/D 转换器的数据输出都是 TTL 电平，而且数据输出寄存器有可控三态功能，可直接挂在微处理器的总线上。如采用 8 位以上的 A/D 转换器，就要加缓冲器，数据分两次读取。对于 16 位微处理器，采用多少位的 A/D 转换器都一样（A/D 转换器的位数一般都少于 16 位）。

(2) A/D 转换器的转换速率。不同类型的 A/D 转换器的转换速率大不相同，积分型的转换速率低，转换时间从几毫秒到几十毫秒，只能构成低速 A/D 转换器，一般用于压力、温度及流量等缓慢变化的参数检测。逐次逼近型属于中速 A/D 转换器，转换时间为 μs 级，用于多通道过程控制和声频数字转换系统。

如果选用转换时间为 $100\mu s$ 的集成 A/D 转换器，其转换速率为 104 次/秒。如果在一个周期内对波形采样 10 个点，这个转换器最高可处理 1kHz 信号。如转换时间为 $10\mu s$，对一般的微处理器，在 $10\mu s$ 时间内要完成转换以外的读取数据、再启动、存数据等已比较困难。继续提高采集数据的速度，就不能采用低速 CPU 来实现控制，而必须采用高速 CPU 或直接存储器的访问技术。

(3) 是否加采样保持器。原则上除直流和缓慢变化的信号可不加采样保持器外，其他情况都必须加。转换时间为 100ms 时，如果不使用采样保持器，对于 8 位 A/D 转换器的信号允许频率为 0.12Hz，12 位只允许 0.0077Hz；转换时间为 $100\mu s$ 时，8 的允许频率为 12Hz，12 位的为 0.77Hz。

(4) A/D 转换器的启动转换和结束。A/D 转换器需外部控制信号启动转换，这一启动控制信号可由 CPU 提供。不同的 A/D 转换器对启动控制信号要求不同，有脉冲启动和电平启动两种。脉冲启动，只需给 A/D 转换器的启动控制输入脚加一上跳或下跳的脉冲信号即可启动。电平启动，当把高电平或低电平加到启动控制输入脚时，立即开始转换，转换过程中该电平应保持不变，否则会中断转换。

转换结束由 A/D 转换器内部转换结束信号触发器置位，并输出转换结束标志电平，通知微处理器读取转换结果。微处理器从 A/D 转换器读取转换结果的联络方式，可以是中断、查询或定时方式。

（5）A/D 转换器的可控硅现象。可控硅现象是所有 CMOS 集成电路使用过程中都可能发生的固有特性。其现象是在正常使用中，A/D 转换器芯片电流骤增，时间一长就会烧坏芯片。但只要及时切断电源，然后重新打开，又会恢复。这种情况通常发生在输入信号电平高于工作电源电压时，其原因是由于芯片衬底存在着寄生的横向 PNP 管和纵向 PNP 管形成可控硅结构。往往因为较大的干扰脉冲使输入信号超过了额定值，产生较大的输入电流，使寄生可控硅导通，电源正负极之间或正极对地形成直接通路，产生大的电路电流，突然发热。为防止这种现象产生，可采取如下措施：①加强抗干扰措施，尽量避免较大的干扰窜入电路；②加强电源稳压滤波措施，在 A/D 芯片电源入口处加退耦滤波电路，为防止窄脉冲窜入，在电解滤波电容上再接一高频滤波电容；③在 A/D 芯片的电源正极端接一个限流电阻，可在出现可控硅现象时，有效地把电流限定在 50mA 以下，以保证不烧坏芯片。

选择 A/D 转换器除考虑上述要点外，为防止对 A/D 转换器的技术指标的影响，还要注意以下问题：工作电源电压是否稳定；外接时钟脉冲的频率是否合适；工作环境温度是否符合器件的要求；与其他器件是否匹配；外界是否有强的电磁干扰；印刷线路板布线是否合理等。

4. 几种常见的 A/D 转换器

8 位 A/D 转换器 ADC0808/0809 是单片双列直插式集成电路芯片，它主要由逐次逼近式 A/D 转换器和 8 路模拟开关组成。它的各参数为：分辨率为 8 位；ADC0808 与 ADC0809 的不可调误差分别为 $\pm 1/2$LSB 和 ± 1LSB；转换时间为 $100\mu s$；温度范围 $-40 \sim +85$℃；内部带 8 路模拟开关，可以输入 8 路模拟信号；输出带锁存器，逻辑电平与 TTL 兼容。

12 位 A/D 转换器 AD574 是一个完整的 12 位逐次逼近式带三态缓冲器的 A/D 转换器，它可以直接与 8 位或 16 位微机总线进行接口。AD574 是由两个大规模集成电路组成的，每一部分都设有模拟数字电路，因而以最低的成本获得最高的性能和适应性。它的各个参数为：分辨率为 12 位，转换时间 $15 \sim 35\mu s$，其中 AD574AJ、AD574AK、AD574AL 的温度范围是 $0 \sim 70$℃，AD574AS、AD574AT、AD574AV 的工作温度范围是 $-55 \sim +125$℃。

ADC 0808 和 ADC 0809 除精度略有差别外（前者精度为 8 位、后者精度为 7 位），其余各方面完全相同。它们都是 CMOS 器件，不仅包括一个 8 位的逐次逼近型的 ADC 部分，而且还提供一个 8 通道的模拟多路开关和通道寻址逻辑，因而有理由把它作为简单的"数据采集系统"。利用它可直接输入 8 个单端的模拟信号分时进行 A/D 转换，在多点巡回检测和过程控制、运动控制中应用十分广泛。

（1）主要技术指标和特性。

1）分辨率：8 位。

2）总的不可调误差：ADC0808 为 $\pm 1/2$LSB，ADC 0809 为 ± 1LSB。

3）转换时间：取决于芯片时钟频率，如 CLK$=500$kHz 时，$T_{\text{CONV}}=128\mu s$。

4) 单一电源：+5V。

5) 模拟输入电压范围：单极性 0～5V；双极性±5V，±10V（需外加一定电路）。

6) 具有可控三态输出缓存器。

7) 启动转换控制为脉冲式（正脉冲），上升沿使所有内部寄存器清零，下降沿使 A/D 转换开始。

8) 使用时不需进行零点和满刻度调节。

（2）内部结构和外部引脚。ADC0808/0809 的内部结构和外部引脚分别如图 2.22 和图 2.23 所示。内部各部分的作用和工作原理在内部结构图中已很清晰，在此就不再赘述，下面仅对各引脚定义分述如下：

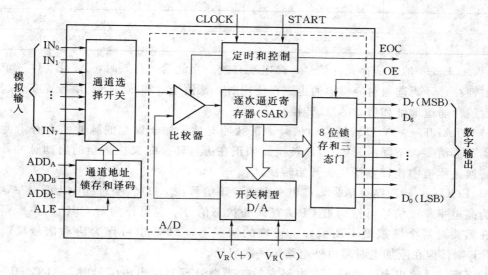

图 2.22 ADC0808/0809 内部结构框图

1) $IN_0 \sim IN_7$——8 路模拟输入，通过 3 根地址译码线 ADD_A、ADD_B、ADD_C 来选通一路。

2) $D_7 \sim D_0$——A/D 转换后的数据输出端，为三态可控输出，故可直接和微处理器数据线连接。8 位排列顺序是 D_7 为最高位，D_0 为最低位。

3) ADD_A、ADD_B、ADD_C——模拟通道选择地址信号，ADD_A 为低位，ADD_C 为高位。地址信号与选中通道对应关系如表 2.3 所示。

4) V_R（+）、V_R（-）——正、负参考电压输入端，用于提供片内 DAC 电阻网络的基准电压。在单极性输入时，V_R（+）＝5V，V_R（-）＝0V；双极性输入时，V_R（+）、V_R（-）分别接正、负极性的参考电压。

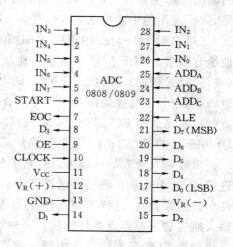

图 2.23 ADC0808/0809 外部引脚图

表 2.3　　　　　　　　　　　　地址信号与选中通道的关系

地　　址			选中通道
ADD_C	ADD_B	ADD_A	
0	0	0	IN_0
0	0	1	IN_1
0	1	0	IN_2
0	1	1	IN_3
1	0	0	IN_4
1	0	1	IN_5
1	1	0	IN_6
1	1	1	IN_7

5）ALE——地址锁存允许信号，高电平有效。当此信号有效时，A、B、C 三位地址信号被锁存，译码选通对应模拟通道。在使用时，该信号常和 START 信号连在一起，以便同时锁存通道地址和启动 A/D 转换。

6）START——A/D 转换启动信号，正脉冲有效。加于该端的脉冲的上升沿使逐次逼近寄存器清零，下降沿开始 A/D 转换。如正在进行转换时又接到新的启动脉冲，则原来的转换进程被中止，重新从头开始转换。

7）EOC——转换结束信号，高电平有效。该信号在 A/D 转换过程中为低电平，其余时间为高电平。该信号可作为被 CPU 查询的状态信号，也可作为对 CPU 的中断请求信号。在需要对某个模拟量不断采样、转换的情况下，EOC 也可作为启动信号反馈接到 START 端，但在刚加电时需由外电路第一次启动。

8）OE——输出允许信号，高电平有效。当微处理器送出该信号时，ADC0808/0809 的输出三态门被打开，使转换结果通过数据总线被读走。在中断工作方式下，该信号往往是 CPU 发出的中断请求响应信号。

（3）工作时序与使用说明。ADC0808/0809 的工作时序如图 2.24 所示。当通道选择地址有效时，ALE 信号一出现，地址便马上被锁存，这时转换启动信号紧随 ALE 之后（或与 ALE 同时）出现。START 的上升沿将逐次逼近寄存器 SAR 复位，在该上升沿之后的 $2\mu s + 8$ 个时钟周期内（不定），EOC 信号将变低电平，以指示转换操作正在进行中，直到转换完成后 EOC 再变高电平。微处理器收到变为高电平的 EOC 信号后，便立即送出 OE 信号，打开三态门，读取转换结果。

模拟输入通道的选择可以相对于转换开始操作独立地进行（当然，不能在转换过程中进行），然而通常是把通道选择和启动转换结合起来完成（因为 ADC0808/0809 的时间特性允许这样做）。这样可以用一条写指令既选择模拟通道又启动转换。在与微机接口时，输入通道的选择可有两种方法，一种是通过地址总线选择；另一种是通过数据总线选择。

如用 EOC 信号去产生中断请求，要特别注意 EOC 的变低相对于启动信号有 $2\mu s + 8$ 个时钟周期的延迟，要设法使它不致产生虚假的中断请求。为此，最好利用 EOC 上升沿产生中断请求，而不是靠高电平产生中断请求。

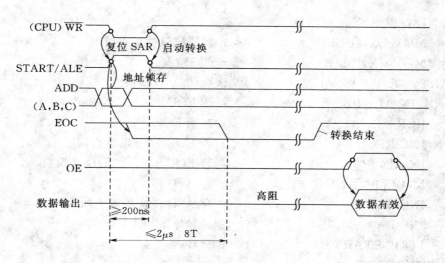

图 2.24 ADC0808/0809 工作时序

(4) AD0809 接口电路。A/D 转换器的接口电路主要是解决主机如何分时采集多路模拟量输入信号的，即主机如何启动 A/D 转换，如何判断 A/D 完成一次模数转换，如何读入并存放转换结果的。下面仅介绍两种典型的接口电路。

1）查询方式读 A/D 转换数。图 2.25 为采用程序查询方式的 8 路 8 位 A/D 转换接口电路，由 PC 总线、ADC0809 以及 138 译码器、74LS02 非与门（即或非门）与 74LS126 三态缓冲器组成。图中，启动转换的板址 PA = 0100 0000，每一路的口址分别为 000—111，故 8 路转换地址为 40H—47H。

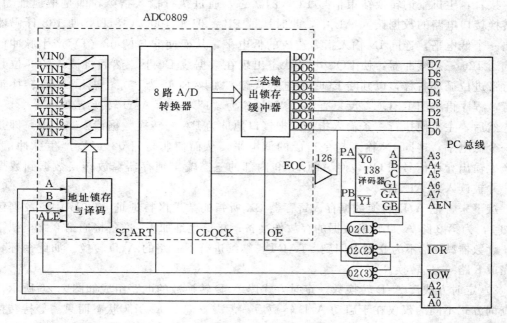

图 2.25 查询方式读 A/D 转换数

下面为接口程序：

```
        MOV BX, BUFF            ；置采样数据区首址
        MOV CX, 08H             ；8 路输入
START：OUT PA, AL               ；启动 A/D 转换
REOC：IN AL, PB                 ；读 EOC
        RCR AL, 01              ；判断 EOC
        JNC REOC                ；若 EOC＝0，继续查询
        IN AL, PA               ；若 EOC＝1，读 A/D 转换数
        MOV [BX], AL            ；存 A/D 转换数
        INC BX                  ；存 A/D 转换数地址加 1
        INC PA                  ；接口地址加 1
        LOOP START              ；循环
```

启动说明转换过程：

首先，主机执行一条启动转换第 1 路的输出指令，即是把 AL 中的数据送到地址为 PA 的接口电路中，此时 AL 中的内容无关紧要，而地址 PA＝40H 使 138 译码器的输出一个低电平，连同 OUT 输出指令造成的低电平，从而使非与门 02（3）产生脉冲信号到引脚 ALE 和 START，ALE 的上升沿将通道地址代码 000 锁存并进行译码，选通模拟开关中的第一路 VIN0，使该路模拟量进入到 A/D 转换器中；同时 START 的上升沿将 ADC0809 中的逐位逼近寄存器 SAR 清零，下降沿启动 A/D 转换，即在时钟的作用下，逐位逼近的模数转换过程开始。

接着，主机查询转换结束信号 EOC 的状态，通过执行输入指令，即是把地址为 PB 的转换接口电路的数据读入 AL 中，此时地址 PB＝0100 1000（48H），使 138 译码器的输出一个低电平，连同 IN 输入指令造成的低电平，从而使非与门 02（1）产生脉冲信号并选通 126 三态缓冲器，使 EOC 电平状态出现在数据线 D0 上。然后将读入的 8 位数据进行带进位循环右移，以判断 EOC 的电平状态。如果 EOC 为 "0"，表示 A/D 转换正在进行，程序再跳回 REOC，反复查询；当 EOC 为 "1"，表示 A/D 转换结束。

然后，主机便执行一条输入指令，把接口地址为 PA 的转换数据读入 AL 中，即是输出一个低电平，连同 IN 输入指令造成的低电平，从而使非与门 02（2）产生脉冲信号，即产生输出允许信号到 OE，使 ADC0809 内部的三态输出锁存器释放转换数据到数据线上，并被读入到 AL 中。

接下来，把 A/D 转换数据存入寄存器 BX 所指的数据区首地址 0000H 中，数据区地址加 1，为第 2 路 A/D 转换数据的存放作准备；接口地址加 1，准备接通第 2 路模拟量信号；计数器减 1，不为 0 则返回到 START，继续进行下一路的 A/D 转换。如此循环，直至完成 8 路 A/D 转换。

2）定时方式读 A/D 转换数。定时方式读 A/D 转换数的电路组成如图 2.26 所示，它与查询方式不同的仅仅在于启动 A/D 转换后，无需查询 EOC 引脚状态而只需等待转换时间，然后读取 A/D 转换数。因此，硬件电路可以取消 126 三态缓冲器及其控制电路，软件上也相应地去掉查询 EOC 电平的 REOC 程序段，而换之以调用定时子程序（CALL

DELAY）即可。

这里定时时间应略大于 ADC0809 的实际转换时间。图中，ADC0809 的 CLOCK 引脚（输入时钟频率）为 640kHz，因此转换时间为 8×8 个时钟周期，相当于 100μs。

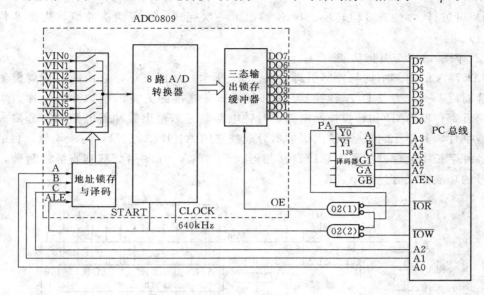

图 2.26　定时方式读 A/D 转换数

显然，定时方式比查询方式简单，但前提是必须预先精确地知道 A/D 转换芯片完成一次 A/D 转换所需的时间。

这两种方法的共同点是硬软件接口简单，但在转换期间独占了 CPU 时间，好在这种逐位逼近式 A/D 转换的时间只在微秒数量级。当选用双积分式 A/D 转换器时，因其转换时间在毫秒级，因此采用中断法读 A/D 转换数的方式更为适宜。因此，在设计数据采集系统时，究竟采用何种接口方式要根据 A/D 转换器芯片而定。

5. AD574A 及其接口电路

AD574A 是美国 AD 公司的产品，是目前国际市场上较先进的、价格低廉、应用较广的混合集成 12 位逐次逼近式 ADC 芯片。它分 6 个等级，即 AD574AJ、AK、AL、AS、AT、AU，前三种使用温度范围为 0～+70℃，后三种为 -55～+125℃。它们除线性度及其他某些特性因等级不同而异外，主要性能指标和工作特点是相同的。

（1）主要技术指标和特性。

1）非线性误差：±1LSB 或 ±1/2LSB（因等级不同而异）。

2）电压输入范围：单极性 0～+10V，0～+20V，双极性 ±5V，±10V。

3）转换时间：35μs。

4）供电电源：+5V，±15V。

5）启动转换方式：由多个信号联合控制，属脉冲式。

6）输出方式：具有多路方式的可控三态输出缓冲器。

7）无需外加时钟。

8）片内有基准电压源。可外加 VR，也可通过将 V_o（R）与 V_i（R）相连而自己提供 VR。内部提供的 VR 为（10.00±0.1）V（max），可供外部使用，其最大输出电流为 1.5mA。

9）可进行 12 位或 8 位转换。12 位输出可一次完成，也可两次完成（先高 8 位，后低 4 位）。

（2）内部结构与引脚功能。

AD574A 的内部结构与外部引脚如图 2.27 所示。从图可见，它由两片大规模集成电路混合而成：一片为以 D/A 转换器 AD565 和 10V 基准源为主的模拟片，一片为集成了逐次逼近寄存器 SAR 和转换控制电路、时钟电路、三态输出缓冲器电路和高分辨率比较器的数字片，其中 12 位三态输出缓冲器分成独立的 A、B、C 三段，每段 4 位，目的是便于与各种字长微处理器的数据总线直接相连。AD574A 为 28 引脚双列直插式封装，各引脚信号的功能定义分述如下：

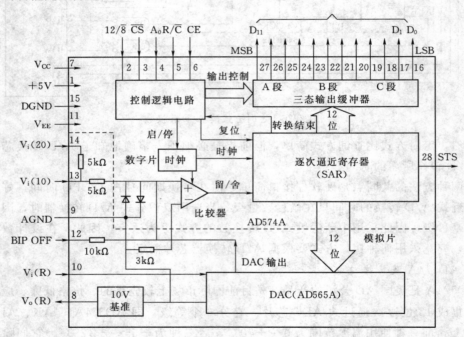

图 2.27　AD574A 的结构框图与引脚

1）$12/\overline{8}$——输出数据方式选择。当接高电平时，输出数据是 12 位字长；当接低电平时，是将转换输出的数变成两个 8 位字输出。

2）A_0——转换数据长度选择。当 A_0 为低电平时，进行 12 位转换；A_0 为高电平时，则为 8 位长度的转换。

3）$\overline{CS}$——片选信号。

4）$R/\overline{C}$——读或转换选择。当为高电平时，可将转换后数据读出；当为低电平时，启动转换。

5）CE——芯片允许信号，用来控制转换与读操作。只有当它为高电平时，并且 $\overline{CS}$

=0 时，R/$\overline{C}$ 信号的控制才起作用。CE 和 $\overline{CS}$、R/$\overline{C}$、12/$\overline{8}$、A_0 信号配合进行转换和读操作的控制真值表如表 2.4 所示。

6）V_{CC}——正电源，电压范围为 0～+16.5V。

7）$V_o(R)$ ——+10V 参考电压输出端，具有 1.5mA 的带负载能力。

表 2.4 　　　　　　　　　AD574A 的转换和读操作控制真值表

CE	$\overline{CS}$	R/$\overline{C}$	12 /$\overline{8}$	A_0	操 作 内 容
0	×	×	×	×	无操作
×	1	×	×	×	无操作
1	0	0	×	0	启动一次 12 位转换
1	0	0	×	1	启动一次 8 位转换
1	0	1	+5V	×	并行读出 12 位
1	0	1	DGND	0	读出高 8 位（A 段和 B 段）
1	0	1	DGND	1	读出 C 段低 4 位，并自动后跟 4 个 0

8）AGND——模拟地。

9）GND——数字地。

10）$V_i(R)$ ——参考电压输入端。

11）V_{EE}——负电源，可选加—11.4～—16.5V 之间的电压。

12）BIP OFF——双极性偏移端，用于极性控制。单极性输入时接模拟地（AGND），双极性输入时接 $V_o(R)$ 端。

13）$V_i(10)$ ——单极性 0～+10V 范围输入端，双极性±5V 范围输入端。

14）$V_i(20)$ ——单极性 0～+20V 范围输入端，双极性±10V 范围输入端。

15）STS——转换状态输出端，只在转换进行过程中呈现高电平，转换一结束立即返回到低电平。可用查询方式检测此端电平变化，来判断转换是否结束，也可利用它的负跳变沿来触发一个触发器产生 IRQ 信号，在中断服务程序中读取转换后的有效数据。

从转换被启动并使 STS 变高电平一直到转换周期完成这一段时间内，AD574A 对再来的启动信号不予理睬，转换进行期间也不能从输出数据缓冲器读取数据。

（3）工作时序。

AD574A 的工作时序如图 2.28 所示。对其启动转换和转换结束后读数据两个过程分别说明如下：

1）启动转换。在 $\overline{CS}$=0 和 CE=1 时，才能启动转换。由于是 $\overline{CS}$=0 和 CE=1 相与后，才能启动 A/D 转换，因此实际上这两者中哪一个信号后出现，就认为是该信号启动了转换。无论用哪一个启动转换，都应使 R/$\overline{C}$ 信号超前其 200ns 时间变低电平。从图 2.28 可看出，是由 CE 启动转换的，当 R/$\overline{C}$ 为低电平时，启动后才是转换，否则将成为读数据操作。在转换期间 STS 为高电平，转换完成时变低电平。

2）读转换数据。在 $\overline{CS}$=0 和 CE=1 且 R/$\overline{C}$ 为高电平时，才能读数据，由 12/$\overline{8}$ 决定是 12 位并行读出，还是两次读出。如图 2.28 所示，$\overline{CS}$ 或 CE 信号均可用作允许输出信号，看哪一个后出现，图中为 CE 信号后出现。规定 A_0 要超前于读信号至少 150ns，R/$\overline{C}$

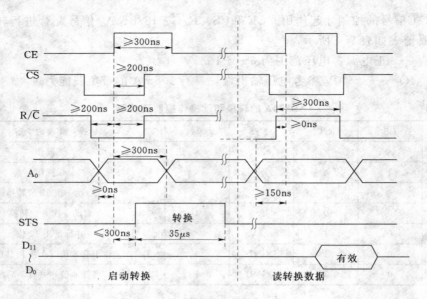

图 2.28　AD574A 的工作时序

信号超前于 CE 信号最小可到零。

从表 2.4 和图 2.28 可看出，AD574A 还能以一种单独控制（stand－alone）方式工作：CE 和 12/$\overline{8}$ 固定接高电平，$\overline{CS}$ 和 A$_0$ 固定接地，只用 R/$\overline{C}$ 来控制转换和读数，R/$\overline{C}$＝0 时启动 12 位转换，R/$\overline{C}$＝1 时并行读出 12 位数。具体实现办法可有两种：正脉冲控制和负脉冲控制。当使用 350ns 以上的 R/$\overline{C}$ 正脉冲控制时，有脉冲期间开启三态缓冲器读数，脉冲后沿（下降沿）启动转换。当使用 400ns 以上的 R/$\overline{C}$ 负脉冲控制时，则前沿启动转换，脉冲结束后读数。

（4）使用方法。AD574A 有单极性和双极性两种模拟输入方式。

1）单极性输入的接线和校准。单极性输入的接线如图 2.29（a）所示。AD574A 在单极性方式下，有两种额定的模拟输入范围：0～＋10V 的输入接在 V$_i$（10）和 AGND 间，0～＋20V 输入接在 V$_i$（20）和 AGND 间。R_1 用于偏移调整（如不需进行调整可把 BIP OFF 直接接 AGND，省去外加的调整电路），R_2 用于满量程调整（如不需调整，R_2 可用一个 50Ω±1‰ 的金属膜固定电阻代替）。为使量化误差为 ±1/2LSB，AD574A 的额定偏移规定为 1/2LSB。因此在作偏移调整时，使输入电压为 1/2LSB（满量程电压为 ＋10V 时是 1.22mV），调 R_1，使数字输出为 000000000000 到 000000000001 的跳变。在做满量程调整时，是通过施加一个低于满量程值 1/2LSB 的模拟信号进行的，这时调 R_2 以得到从 111111111110 到 111111111111 的跳变点。

2）双极性输入的接线和校准。双极性输入的接线如图 2.29（b）所示。和单极性输入时一样，双极性时也有两种额定的模拟输入范围：±5V 和 ±10V。±5V 输入接在 V$_i$（10）和 AGND 之间；±10V 接在 V$_i$（20）和 AGND 之间。

双极性校准也类似于单极性校准。调整方法是，先施加一个高于负满量程 1/2LSB（对于 ±5V 范围为 －4.9988V）的输入电压，调 R_1，使输出出现从 000000000000～

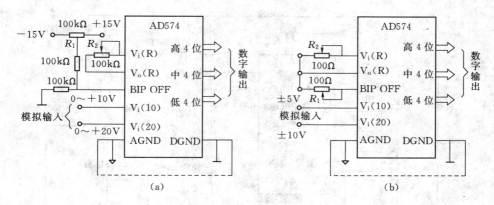

图 2.29 AD574A 的输入接线图

(a) 单极性输入；(b) 双极性输入

000000000001 的跳变；再施加一个低于正满量程 1/2LSB（对于 ±5V 范围为 +4.9963V）的输入信号，调 R_2 使输出现从 111111111110 到 111111111111 的跳变。如偏移和增益无需调整，则相应的调整电阻也和在单极性中一样，R_2 可用 50±1‰Ω 的固定电阻代替。

（5）AD574A 接口电路。

12 位 A/D 转换器 AD574A 与 PC 总线的接口有多种方式。既可以与 PC 总线的 16 位数据总线直接相连，构成简单的 12 位数据采集系统；也可以只占用 PC 总线的低 8 位数据总线，将转换后的 12 位数字量分两次读入主机，以节省硬件投入。

同样，在 A/D 转换器与 PC 总线之间的数据传送上也可以使用程序查询、软件定时或中断控制等多种方法。由于 AD574A 的转换速度很高，一般多采用查询或定时方式。

2.1.7 模拟量输入转换通道模板

在计算机控制系统中，模拟量输入通道是以模板或板卡形式出现的，A/D 转换模板也需要遵循 I/O 模板的通用性原则：符合总线标准，接口地址可选以及输入方式可选。前两条同 D/A 模板一样，而输入方式可选主要是指模板既可以接受单端输入信号也可以接受双端差动输入信号。

在结构组成上，A/D 转换模板也是按照 I/O 电气接口、I/O 功能逻辑和总线接口逻辑三部分布局的。其中。I/O 电气接口完成电平转换、滤波、隔离等信号调理作用，I/O 功能部分实现采样、放大、模/数转换等功能，总线接口完成数据缓冲、地址译码等功能。

图 2.30 是一种 8 路 12 位 A/D 转换模板的示例。图中只给出了总线接口与 I/O 功能实现部分，由 8 路模拟开关 CD4051、采样保持器 LF398、12 位 A/D 转换器 AD574A 和并行接口芯片 8255A 等组成。

该模板采集数据的过程如下：

（1）通道选择。将模拟量输入通道号写入 8255A 的端口 C 低 4 位（$PC_3 \sim PC_0$），可以依次选通 8 路通道。

（2）采样保持控制。把 AD574A 的信号通过反相器连到 LF398 的信号采样保持端，当 AD574A 未转换期间或转换结束时＝0，使 LF398 处于采样状态，当 AD574A 转换期间＝1，使 LF398 处于保持状态。

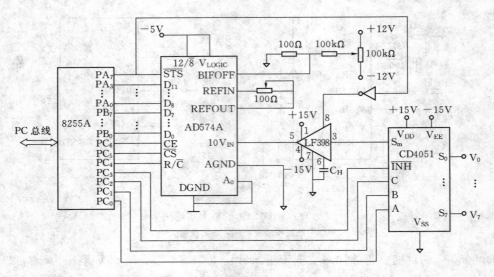

图 2.30　8 路 12 位 A/D 转换模板电路

（3）启动 AD574A 进行 A/D 转换。通过 8255A 的端口 $PC_6 \sim PC_4$ 输出控制信号启动 AD574A。

（4）查询 AD574A 是否转换结束。读 8255A 的端口 A，查询是否已由高电平变为低电平。

（5）读取转换结果。若已由高电平变为低电平，则读 8255A 端口 A、B，便可得到 12 位转换结果。

设 8255A 的 A、B、C 端口与控制寄存器的地址为 2C0H～2C3H，主过程已对 8255A 初始化，且已装填 DS、ES（两者段基值相同），采样值存入数据段中的采样值缓冲区 BUF，另定义一个 8 位内存单元 BUF1。

2.2　模拟量输出通道

模拟量输出通道是计算机控制系统实现控制输出的关键，它的任务是把计算机输出的数字量转换成模拟电压或电流信号，以便驱动相应的执行机构，达到控制的目的。模拟量输出通道一般由接口电路、D/A 转换器、V/I 变换等组成。

2.2.1　模拟量输出通道的结构形式

模拟量输出通道中要有输出保持器，这是因为计算机控制是分时的，每个输出回路只能周期的在一个时间片上得到输出信号，这时执行部件得到的是时间上离散的模拟信号，而实际的执行部件却要求连续的模拟信号，因此为了使执行部件在两个输出信号的间隔时间内仍然能得到输出信号，就必须有输出保持器，通过它将前一采样控制时刻的输出信号保持下来，直到下一个采样控制时刻到来，重新得到新的输出信号，这样执行部件就得到了连续的输出控制信号了。输出保持一般有两种方案，一种是数字量保持方案；另一种是模拟量保持方案，从而决定了模拟量输出通道也有两种基本结构形式。

1. 独占式

一个输出通路设置一个 D/A 转换器的形式，如图 2.31 所示。微处理器和通路之间通过独立的接口缓冲器传送信息，这是采用数字化保持的方案。前一采样时刻的输出值一直可以供 D/A 转换器使用，直到下一采样时刻的到来，才更新输出数据，数据寄存器起到了输出保持器的作用。这种结构通常用于混合计算，测试自动化和模拟量显示

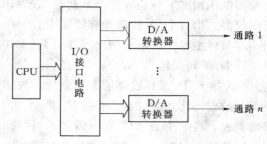

图 2.31 一个通道一个 D/A 转换器

的应用中。它的优点是速度快、精度高、工作可靠、节省多路开关。但是如果输出通道的数量太多，将意味着要使用很多的 D/A 转换器。

2. 共享式

多个通道共用一个 D/A 转换器的形式，如图 2.32 所示。由于多个通道共用一个 D/A 转换器，因此它要在微机控制下分时工作。这是一种采用模拟量保持的方案，在单片机的控制下，D/A 转换器分时工作，依次把 D/A 转换器转换成的模拟量，通过多路切换开关，传送给各路模拟量输出保持器。通常采用零阶保持器，即前一采样时刻的输出值原封不动保持到下一采样时刻的到来。这种结构形式的优点是节省了 D/A 转换器，但因为要分时工作，只适用于通路数量多且速度要求不高的场合。它需要多路模拟开关，且要求输出采样保持器的保持时间与采样时间之比较大，它的工作可靠性较差。通常用在监控和直接数字控制（DDC）的系统中。

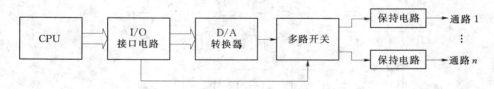

图 2.32 多个通道共用一个 D/A 转换器

常用的零阶保持器有两种：①采用步进电机走步后能保持其角位移不变，从多圈电位器取出的输出电压也就保持原值不动；②采用和模拟量输入通道中的采样保持器一样的电容保持电路。但这里应当指出，虽然输入采样保持器和输出保持器都是保持器，所采用的电路也有相同之处，但两者所起的作用和功能是不同的，不能混淆。

加输出保持器后，输出信号变成连续的模拟信号，但仍然是阶梯状的，必须经过滤波电路使阶梯变得平滑。有的执行部件本身（如电机）就能起滤波作用，一般不用另加滤波器。

2.2.2 D/A 转换器及其接口电路

D/A 转换器是把数字量转换为模拟量的器件，它是模拟量输出通道的重要组成部分，同时也是许多 A/D 转换器中的重要组成部分。

1. D/A 转换电路工作原理

D/A 转换器按其工作方式可分成并行和串行两种。并行 D/A 转换器又可分为电流相

加型和电压相加型，还有并行数据是二进制或其他进制数之别。并行 D/A 转换器速度快，应用较多。串行 D/A 转换器有特殊用途，在某些情况下必须采用它，如步进电动机的控制。本节将主要介绍电流相加型并行 D/A 转换器的基本原理、典型电路，同时也简单介绍串行 D/A 转换器。

（1）并行 D/A 转换器的工作原理。数字量是由一位一位的数位构成，每个数位都代表一定的权。比如二进制的最低位（b_0）的权是 $2^0=1$，第二位（b_1）的权是 $2^1=2$，余依次类推。各数位是"1"代码或"0"代码，当某位为"1"代码时，该位的值为该位对应的权的数值，为"0"时，则该位对应的数值为"0"。例如四位二进制数 1001，其数值为 $1\times2^3+0\times2^2+0\times2^1+1\times2^0=8+1=9$。

为了把一个数字量转化成模拟量，必须把每一位上的代码按其权的大小转换成相应的模拟量，再把代表各位的模拟量相加，这样得到的总的模拟量就是与数字量成正比的模拟量，从而实现了 D/A 转换。

按上述原理构成的 D/A 转换器主要由电阻网络和运算放大器两部分组成。电阻网络实现数字量向模拟电流的转换，运算放大器完成模拟电流相加并变为模拟电压输出。此外，D/A 转换器还需要位切换开关和基准电压。

常用的电阻网络有两种：权电阻网络和 T 型电阻网络。由于权电阻网络所用的电阻阻值范围很大，各电阻阻值都不相同，且对误差的要求比较高，工艺上难于制造，因此在集成 D/A 转换器时不采用权电阻网络而采用仅由 R 和 $2R$ 两种电阻构成的 T 型电阻网络。采用 T 型电阻网络的 D/A 转换器如图 2.33 所示。

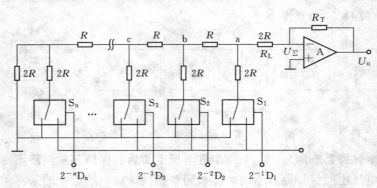

图 2.33　T 型电阻网络构成的 D/A 转换器

图 2.33 中，运算放大器的同相端接地，用反相端作输入端。输入点称为虚地，因为其电压 $U_\Sigma\approx0$。所以，$U_\Sigma-U_o=I_LR_f$，$-U_o\approx I_LR_f$，即输出端电压 U_o 可近似地等于反馈电阻上的电压降的负值。

T 型电阻网络只用两种数值的电阻 R 和 $2R$ 组成，该电路的特点是，任何一个节点的三个分支的等效电阻是相等的，该电路为线性网络，可以用叠加原理。

假定 S_1 接到电源电压 U_R，而 S_2，…，S_n 接地，即输入信号 D_1 为 1，$D_2\sim D_n$ 为零时，其等效电路如图 2.34 所示。在等效电路图中，从点 A 向左、向右、向下看，等效电阻都是 $2R$，可得分支电流 $I_L=I/2$。

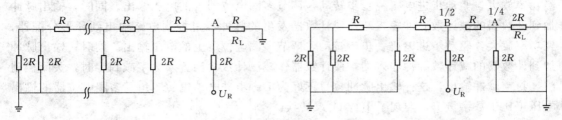

图 2.34　S_1 接通电源后的等效电路　　　　图 2.35　S_2 接通电源后等效电路

当输入信号中 $D_1=0$，$D_2=1$，$D_3 \sim D_n$ 为零时，即将 S_1 接地，S_2 接电源电压 U_R，$S_3 \sim S_n$ 接地，这时等效电路如图 2.35 所示。由图可见，流过第二支路电流 $I=U_R/3R$，而过节点 A 流经负载电阻 R_L 的电流 $I_L=I/4$。依此类推，当 S_i 接通电源，流过第 I 支路的电流仍为 $I=U_R/3R$，其中只有 2^{-i} 流经负载电阻 R_L。

根据叠加原理，可以写出流经负载电阻 I_L 的表达式为：

$$I_L=(2^{-1}D_1+2^{-2}D_2+\cdots+2^{-n}D_n)I=\frac{U_R}{3R(2^{-1}D_1+2^{-2}D_2+\cdots+2^{-n}D_n)I} \qquad (2.14)$$

取 $R_f=3R$，则：

$$-U_o=I_L R_f=U_R(2^{-1}D_1+2^{-2}D_2+\cdots+2^{-n}D_n) \qquad (2.15)$$

由式（2.15）可见，转换后的输出模拟电压与输入数字量成正比，实现了 D/A 转换。输出电压 U_o 除了和输入的二进制数有关外还与反馈电阻 R_f 和标准电压 U_R 有关。

（2）串行 D/A 转换器的工作原理。串行 D/A 转换器相对于并行 D/A 转换器来说，转换速度慢，但在微机控制系统中，也是时有采用的，这里作简单介绍。

串行 D/A 转换器的基本工作原理是先把数字量转换成一系列的脉冲，一个脉冲相当于数字量的一个单位，再把每一个脉冲变成单位模拟量，然后将所有单位模拟量相加，从而得到和数字量成正比的总的模拟量输出。常用步进电机构成串行 D/A 转换器，它每接收一个脉冲，就转动一个固定角度，通过它将一个个脉冲转换成角位移或线位移量。如果让步进电动机转轴带动多圈电位器，调节电压或电流，则完成了数字→转角→电信号的转换。

采用步进电动机的 D/A 转换器的原理框图如图 2.36 所示。数字量 D 先置入计数器中，然后开放脉冲控制电路，由脉冲发生器产生的脉冲经过控制电路输出到环形分配器，

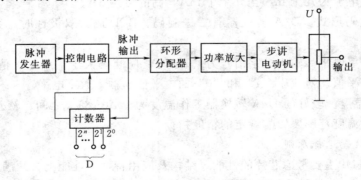

图 2.36　串行 D/A 转换器的原理框图

经功率放大，驱动步进电机一步步转动，调节多圈电位器上的电压输出。同时，输出脉冲加到计数器的减计数脉冲输入端，使计数器发生的脉冲经过控制电路输出到环形分配器，经功率放大，驱动步进电机一步步转动，调节多圈电位器上的电压输出。同时，输出脉冲加到计数器的减计数脉冲输入端，使计数器作减法计数。当置入数字减到零时，关闭控制门，封锁脉冲输出，这样输出脉冲数目正好为 D。步进电动机的转角及多圈电位器的输出电压正比于数字量 D，实现了串行 D/A 转换。

2. D/A 转换器的主要参数

（1）分辨率。D/A 转换是 A/D 转换的逆过程，由 A/D 转换器的分辨率可以定义 D/A 转换器的分辨率，即输入数字量最低有效位（LSB）从 0 变为 1（其余各位不变），相应的输出电压的增量为其分辨率，因为分辨率与输入数字量的位数有关。可见位数越多，输出电压增量越小，分辨率越高。8 位 D/A 转换器的分辨率为 0.004，10 位 D/A 转换器的分辨率为 0.001。

（2）线性度。通常用非线性误差的大小表示 D/A 转换器的线性度。实际输入输出特性曲线相对理想特性曲线的最大偏差与满刻度输出的百分比，定义为非线性误差。

（3）转换精度。转换精度是一项综合指标。它包括转换过程中产生的非线性误差、比例系数误差以及漂移误差等，器件性能说明中，只是分别给出各项误差。转换精度是指转换后所得实际值与理想值的接近程度，而分辨率是指最小输出增量。两者有区别，但应一致，高分辨率低精度的器件是不合理的。

（4）建立时间。所谓建立时间是指输入代码满刻度变化时，输出电压达到满刻度值附近所需时间。通常用输出电压与满刻度值差为 0.01% 所需时间表示建立时间，也可用输出电压为 FSR±1/2LSB 时所需时间表示。造成时间延迟的原因是电路中的电容、电感和开关时间引起的。如果输出量是电流，其 D/A 转换器建立时间短；如果输出量是电压，主要受输出运算放大器响应时间的影响使建立时间变长，因此其建立时间主要是该响应时间。

（5）温度系数。在满刻度输出时，温度升高 1℃ 输出变化的百分数为温度系数。

（6）电源抑制比。满量程输出电压变化的百分数与电源电压变化的百分数之比称作电源抑制比。对于高质量的 D/A 转换器，要求所用电源的电压变化对输出电压影响极小。

（7）输出电平。电压输出型输出电平一般为 5～10V，高压输出型可达 24～30V；电流输出型的输出电流为几个 mA 至几十个 mA，高的可达 3A。

（8）输入数码形式。D/A 转换器有二进制码、BCD 码。双极性时用数值码、补码、偏移二进制码等。

（9）输入数字电平。输入数字信号为"1"时，应起码大于某一电平值；为零时，应起码小于另一电平值。对应于"1"和"0"的电平值为输入数字电平。

（10）工作温度。较好的 D/A 转换器工作温度为 −40～85℃ 之间，较差的在 0～70℃ 之间，超过工作温度范围要影响规定的精度指标。

3. D/A 转换器选择原则

选择 DAC 芯片主要考虑芯片的性能、结构及应用特性。性能上必须满足 D/A 转换的技术要求，各种 D/A 转换器的主要技术指标由芯片的器件手册上给出。选择时，主要考虑转换精度（位数表示）和转换时间；在结构和应用特性上应满足接口方便，外围电路简单和价格低等要求。结构与应用特性主要表现为芯片内部结构配置状况。以下主要以输入特性和输出特性进行分析。

（1）输入特性。

1）输入数字的码制。目前，批量生产的 DAC 芯片一般只能接受自然码。对于补码、偏置码等双极性数码，要外接偏置电路才能接受。

2）输入数据的格式。一般输入数据的格式为并行码，配置移位寄存器的 DAC 芯片可接收串行码。

3）逻辑电平。不同的 DAC 芯片，对输入的逻辑电平要求不同。往往器件为此设置了"逻辑电平控制"或"阈值电平控制端"，用户需按规定外加电路实现逻辑电平转换才能工作。

4）输入锁存。D/A 转换器对输入数字量是否有锁存功能将直接影响与 CPU 的接口设计。如果没有输入锁存器，必须外加锁存器才能使用 CPU 直接传送数据，否则只能经有输出锁存功能的 I/O 口给 D/A 转换器输入数字量。对于用外部信号控制其转换和输出的 D/A 转换器，可以做到多路分时控制转换而同步输出，即锁存的输入数字量不一定立即转换。

（2）输出特性。具有电流源输出特性的 D/A 转换器只要输出端输出电压在允许范围内，输出电流与输入数字间就保持正确的转换关系，而与输出端电压大小无关。具有非电流源输出特性的 D/A 转换器只要在输出端电压允许范围内，电流输出端的电位应保持公共端电位或虚地，否则将改变其转换关系。

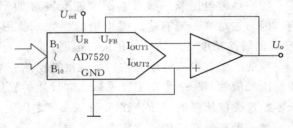

图 2.37　二象限工作的 D/A 转换器输出接口

目前由于多数 D/A 转换器的输出量均为电流量，必须使这个电流量通过一个反相输入的运算放大器才能转换成电压输出，如图 2.37 所示（以 AD7520 为例）。在这种情况下，模拟输出电压 U_o 与输入数字量 D 和参考电压 U_R 间关系为：

$$U_o = -DU_{ref} \quad (0 \leqslant D < 1) \tag{2.16}$$

这是一种工作范围为二象限的 DAC 接口，即单值数字量 D 和正负参考电压 $\pm U_R$，或者单值参考电压 U_{ref} 和正负数字量 $\pm D$。输出电压 U_o 的极性完全取决于输出参考电压的极性。参考电压极性不变时，只能获得单极性的输出电压，如果参考电压是交流的，可实现数字量至交流输出电压的转换。

如果参考电压 U_{ref} 极性不变，想得到双极性输出电压，就必须采用如图 2.38 所示的四象限工作的 DAC 接口电路，这种接口电路的输出电压为：

$$U_o = -(2D-1)U_{ref} \quad (0 \leqslant D < 1) \tag{2.17}$$

如果参考电压极性不变，输出模拟电压的极性完全取决于输入数字量的最高有效位（MSB）。MSB 为 0 或 1 加上 U_{ref} 为正或负，使输出模拟电压对应 4 种组合方式，故称作四象限工作方式接口电路。在二象限工作方式下的数字码称作原码，在原码全范围内对应于

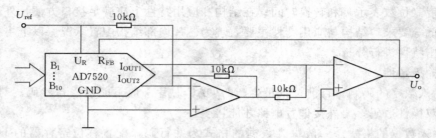

图 2.38　四象限工作的 D/A 转换器接口

单极性的输出电压。在四象限工作方式下的数字码称作偏移码，在偏移码全范围内对应于双极性的输出电压。

对于 10 位的 AD7520，单极性输出时的分辨率为：

$$1\text{LSB} = \frac{U_R}{2^{10}} = \frac{1}{1024} U_{ref} \qquad (2.18)$$

而双极性输出时，由于 MSB 为 0 或 1 决定输出电压极性，则分辨率为：

$$1\text{LSB} = \frac{U_R}{2^9} = \frac{1}{512} U_{ref} \qquad (2.19)$$

显然，双极性输出分辨率仅为单极性输出分辨率的 1/2。

（3）参考电压源。参考电压源的配置对 DAC 接口电路的工作性能和结构有很大影响，因为它是唯一影响输出模拟量的参数。使用内部低漂移精密参考电压源不仅可保证 DAC 的转换精度，而且可简化接口电路。

目前，多数参考电压源均由带温度补偿的齐纳二极管构成。一个负温度系数正向导通的稳压二极管与另一个正温度系数反向导通的稳压二极管串接，使两者温度系数之和接近于零。这类稳压管的稳压值在 5.5～6.5V 之间，温度系数为 $\pm 5 \times 10^{-6}/℃$。

另一种新出现的集成化精密参考电压源——能隙恒压源，其特点是输出电压低，而输入电压为 5～15V，温度系数为 $\pm 2 \times 10^{-5}/℃$。

DAC 接口中的外接参考电压源有多种接法。如图 2.39 所示是用各种形式的稳压电路接成的外接参考电源。图 2.39（a）是由简单稳压电路构成的；图 2.39（b）是带运算放大器，提供固定值的稳压电路构成的；图 2.39（c）是带运算放大器，提供可调电压的稳压电路构成的；图 2.39（d）是能隙恒压源。

4. 常用 D/A 转换器

（1）8 位 D/A 转换器 DAC0832。DAC0832 是双列直插式 20 引脚集成电路芯片。其主要功能：输入数字为 8 位二进制数；基准电压 U_{ref} 工作范围 +10～−10V；供电电源是单电源 +5～+15V；电流稳定时间 1μs；与 TTL 电平兼容；功耗 20mW。

如图 2.40 所示是 DAC0832 的构成框图。DAC0832 内部有一个 T 型电阻网络，用来实现 D/A 转换。它需要外接运算放大器，才能得到模拟电压输出。在 DAC0832 中有两级锁存器，第一级为 8 位 DAC 寄存器，它的锁存信号也称为通道控制信号 $\overline{\text{XFER}}$。因为有两级锁存器，所以，DAC0832 可以工作在双缓冲器工作方式，即在输出模拟信号的同时可以采集下一个数字，先存入输入寄存器而不影响此时的模拟电压的输出，可有效地提高

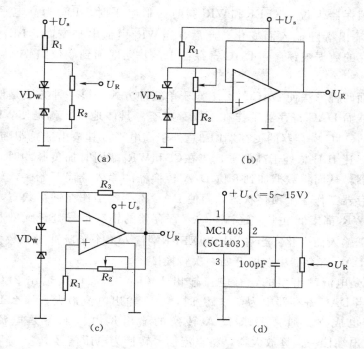

图 2.39 D/A 转换常用参考电压源电路

(a) 简单电路；(b) 固定值的稳压电路；(c) 可调电压的稳压电路；(d) 能隙恒压源

转换速度。另外，有了两级锁存器后，当多个 D/A 转换器要求同步输出时，就可以先将各个待转换数字——对应地存入各个输入寄存器中，然后向各个转换器同时发出第二级锁存信号而达到同步输出的目的。

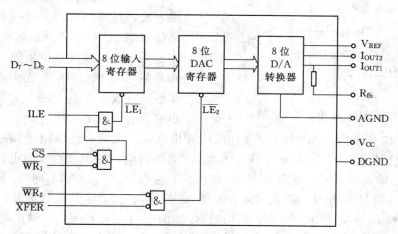

图 2.40 DAC0832 构成框图

图 2.40 中，当 ILE 为高电平，$\overline{CS}$ 和 $\overline{WR_1}$ 为低电平时，$\overline{LE_1}$ 为 1，此时输入寄存器的输出随输入而变化。此后，当 $\overline{WR_1}$ 由低电平变高时，$\overline{LE_1}$ 成为低电平，数据被锁存到输入寄存器中，输入寄存器的输出端不再随外部数据的变化而变化。

对第二级锁存器来说，$\overline{XFER}$ 和 $\overline{WR_2}$ 同时为低电平时，$\overline{LE_2}$ 为高电平，这时 8 位的 DAC 寄存器的输出端随输入而变化，此后，当 $\overline{WR_2}$ 由低电平变高，$\overline{LE_2}$ 变为低电平时，输入寄存器寄存的数据被锁存到 DAC 寄存器中，并立即加到 8 位 D/A 转换器的输入端，而开始转换。

可以用下面两种方法使 DAC0832 工作于单缓冲方式。第一种方法是使输入寄存器工作在锁存状态，而 DAC 寄存器工作在不锁存状态。具体地说，就是使 $\overline{WR_2}$ 和 $\overline{XFER}$ 都接低电平，这样，DAC 寄存器的锁存端 LE2 总处于高电平，其输出端总跟随输入数据变化。对输入寄存器，让 ILE 总处于高电平，当 $\overline{CS}$ 和 $\overline{WR_1}$ 端同时加负脉冲时，即可将数据锁存到输入寄存器，从而将数据加到 8 位 D/A 转换器的输入端而开始一次转换；第二种方法是使输入寄存器工作在不锁存状态，而使 DAC 寄存器工作在锁存状态，就是将 ILE 接高电平而 $\overline{CS}$ 和 $\overline{WR_1}$ 都接低电平，这样，输入寄存器的锁存信号处于无效状态，即输入寄存器的输出跟随输入而变化。当在 $\overline{WR_2}$ 和 $\overline{XFER}$ 端输入一个负脉冲时，数据将通过输入寄存器而锁存到 DAC 寄存器中，即开始一次转换。

DAC0832 是电流输出型的，有电流输出 1（I_{OUT1}）和电流输出 2（I_{OUT2}），I_{OUT1} ＋ I_{OUT2} ＝常数。当 DAC 寄存器中为全"1"时，I_{OUT1} 输出电流最大，那么 I_{OUT2} 的输出电流则最小，反之也成立。通常要求 D/A 转换的输出是电压而不是电流，因此，需在 DAC0832 的输出端接一运算放大器，将电流信号转换为电压信号。

按应用要求的不同，DAC0832 可以接成单极性电压输出方式，也可以接成双极性电压输出方式。如图 2.41 所示为 DAC0832 单极性电压输出电路。DAC0832 的 I_{OUT1} 和 R_{fb} 端短接起来即可，但为使调整输出电压方便，有时要加上外部反馈电阻 R_0 和电位器 R_P，输出电压 U_{OUT} 等于 I_{OUT} 乘反馈电阻值。其极性总是和基准电压 V_{REF} 相反。这样，改变 V_{REF} 的极性即可改变 U_{OUT} 的极性，得到正电压输出或负电压输出。

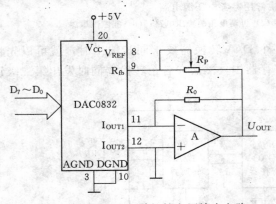

图 2.41　DAC0832 单极性电压输出电路

如图 2.42 所示为 DAC0832 双极性电压输出电路。比单极性输出增加一个运算放大器。运算放大器 A_2 的作用是把运算放大器 A_1 的单向电压输出变成双向电压输出。其原理是将 A_2 的输入端 Σ 通过电阻 R_1 与基准电压 V_{REF} 相连。V_{REF} 经 R_1 向 A_2 提供一个偏流 I_1，其电流方向与 I_2 相反，因此运算放大器 A_2 的输入为 I_1 与 I_2 之代数和。当选定 $R_2 ＝ R$ 时，则选择 $R_1 ＝ R_3 ＝ 2R$。那么，在通过 R_1 的偏流 I_1 的作用下，在输出端可以得到正、负极性的电压输出 U_O，改变基准电压极性，则可以得到四个象限的乘积输出，$\pm V_{REF} \times$（±数字码）＝ $\pm U$。

（2）12 位 D/A 转换器 DAC1210。DAC1210 是双列直插式 24 引脚集成电路芯片。其内部有输入寄存器和 DAC 寄存器两个缓冲输入寄存器，一个精密硅铬 R—2RT 形网络和 12 个 CMOS 电流开关；是电流相加型 D/A 转换器。

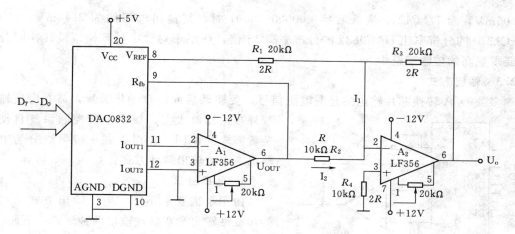

图 2.42　DAC0832 双极性电压输出电路

DAC1210 主要技术指标：输入数字为 12 位二进制数字；分辨率 12 位；电流建立时间 1μs；供电电源 +5～+15V；基准电压 V_{REF} 范围 −10～+10V。

DAC1210 具有下列特点：线性规范只有零位和满量程调节；与所有的通用微处理机直接接口；单缓冲、双缓冲或直通数字数据输入；与 TTL 逻辑电平兼容；全四象限相乘输出。

DAC1210 也是电流相加型 D/A 转换器，有 I_{OUT1} 和 I_{OUT2} 两个电流输出端，通常要求转换后的模拟量输出为电压信号，因此，外部应加运算放大器将其输出的电流信号转换为电压输出。加一个运算放大器可构成单极性电压输出电路，加两个运算放大器则可构成双极性电压输出电路。如图 2.43 所示为 DAC1210 单缓冲单极性电压输出电路原理图。

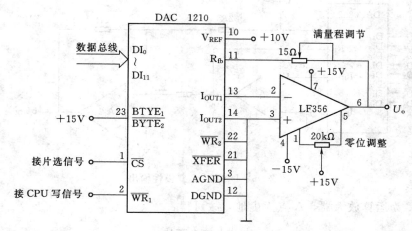

图 2.43　DAC1210 单缓冲单极性电压输出电路

由上面分析可知，DAC1210 与 DAC0832 有许多相似之处，其主要差别在于分辨率不同，DAC1210 具有 12 位的分辨率，而 DAC0832 只有 8 位分辨率。例如，若取 V_{REF} = 10V，按单极性输出方式，当 DAC0832 输入数字 00000001 时，其输出电压约为

39.06mV，而 DAC1210 输入数字 000000000001 时，其输出电压约为 2.44mV。可见，DAC1210 的分辨率比 DAC0832 的分辨率高 16 倍，适用于对数字量到模拟量转换时分辨率要求更高的控制系统中。

2.2.3　输出方式

多数 D/A 转换芯片输出的是弱电流信号，要驱动后面的自动化装置，需在电流输出端外接运算放大器。根据不同控制系统自动化装置需求的不同，输出方式一般可以分为电压输出、电流输出两种方式。

1. 电压输出

由于系统要求不同，电压输出方式又可分为单极性输出和双极性输出两种形式。下面以 8 位的 DAC0832 芯片为例作一说明。

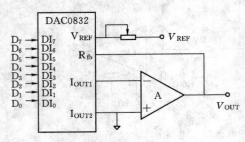

图 2.44　DAC0832 单极性输出

（1）单极性输出。DAC 单极性输出方式如图 2.44 所示，可得输出电压 V_{OUT} 的单极性输出表达式为：

$$V_{\text{OUT}} = -B \times \frac{V_{\text{REF}}}{2^8} \tag{2.20}$$

式中：$B = D_7 \times 2^7 + D_6 \times 2^6 + \cdots + D_1 \times 2^1 + D_0 \times 2^0$，$V_{\text{REF}}/2^8$ 为常数。

显然，V_{OUT} 和 B 成正比关系，输入数字量 B 为 00H 时，V_{OUT} 也为 0；输入数字量 B 为 FFH 即 255 时，V_{OUT} 为与 V_{REF} 极性相反的最大值。

（2）双极性输出。DAC 双极性输出方式如图 2.45 所示。

V_{OUT1} 为单极性电压输出，V_{OUT2} 为双极性电压输出。

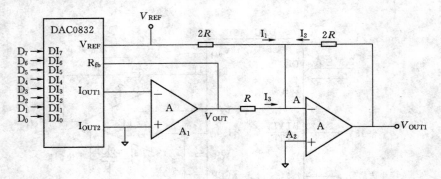

图 2.45　DAC0832 双极性输出

A_1 和 A_2 为运算放大器，A 点为虚地，故可得：

$$I_1 + I_2 + I_3 = 0 \tag{2.21}$$

$$V_{\text{OUT}} = -B \times \frac{V_{\text{REF}}}{2^8} \tag{2.22}$$

$$I_1 = \frac{V_{\text{REF}}}{2R} \tag{2.23}$$

$$I_2 = \frac{V_{OUT2}}{2R} \tag{2.24}$$

$$I_3 = \frac{V_{OUT1}}{R} \tag{2.25}$$

解上述方程可得双极性输出表达式：

$$V_{OUT2} = (B - 2^{8-1}) \times \frac{V_{REF}}{2^{8-1}} \tag{2.26}$$

或

$$V_{OUT2} = V_{REF} + \left(\frac{B}{2^{8-1}} - 1\right) \tag{2.27}$$

图中运放 A_2 的作用是将运放 A_1 的单向输出变为双向输出。当输入数字量小于 80H 即 128 时，输出模拟电压为负；当输入数字量大于 80 H 即 128 时，输出模拟电压为正。其他 n 位 D/A 转换器的输出电路与 DAC0832 相同，计算表达式中只要把 2^{8-1} 改为 2^{n-1} 即可。

2. 电流输出

电流信号易于远距离传送，且不易受干扰，特别是在过程控制系统中，自动化仪表只接收电流信号，所以在微机控制输出通道中常以电流信号来传送信息，这就需要将电压信号再转换成电流信号，完成电流输出方式的电路称为 V/I 变换电路。

(1) 普通运放 V/I 变换电路。

1) $0 \sim 10$mA 的输出。图 2.46 为 $0 \sim 10$V/$0 \sim 10$mA 的变换电路，由运放 A 和三极管 VT_1、VT_2 组成，R_1 和 R_2 是输入电阻，R_f 是反馈电阻，R_L 是负载的等效电阻。输入电压 V_{in} 经输入电阻进入运算放大器 A，放大后进入三极管 VT_1、VT_2。由于 VT_2 射极接有反馈

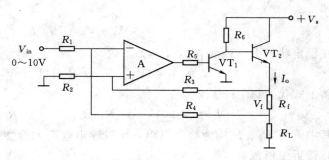

图 2.46　$0 \sim 10$V/$0 \sim 10$mA 的变换电路

电阻 R_f，得到反馈电压 V_f 加至输入端，形成运放 A 的差动输入信号。该变换电路由于具有较强的电流反馈，所以有较好的恒流性能。

输入电压 V_{in} 和输出电流 I_o 之间关系如下：

若 R_3、$R_4 \gg R_f$、R_L，可以认为 I_o 全部流经 R_f，由此可得：

$$V_- = V_{in}R_4/(R_1 + R_4) + I_oR_LR_1/(R_1 + R_4) \tag{2.28}$$

$$V_+ = I_o(R_f + R_L)R_2/(R_2 + R_3) \tag{2.29}$$

对于运放，有 $V_- \approx V_+$，则

$$V_{in} \cdot R_4/(R_1 + R_4) + I_oR_LR_1/(R_1 + R_4) = I_o(R_f + R_L)R_2/(R_2 + R_3) \tag{2.30}$$

若取 $R_1 = R_2$，$R_3 = R_4$，则由上式整理可得

$$I_o = V_{in}R_3/(R_1R_f) \tag{2.31}$$

可以看出，输出电流 I_o 和输入电压 V_{in} 呈线性对应的单值函数关系。$R_3/(R_1R_f)$ 为

常数，与其他参数无关。

若取 $V_{in} = 0 \sim 10V$，$R_1 = R_2 = 100k\Omega$，$R_3 = R_4 = 20k\Omega$，$R_f = 200\Omega$，则输出电流 $I_o = 0 \sim 10mA$。

2）$4 \sim 20mA$ 的输出。图 2.47 为 $1 \sim 5V / 4 \sim 20mA$ 的变换电路，两个运放 A_1、A_2 均接成射极输出形式。

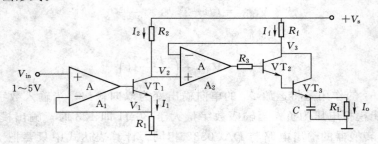

图 2.47　$1 \sim 5V / 4 \sim 20mA$ 的变换电路

在稳定工作时 $V_{in} = V_1$，所以

$$I_1 = V_1 / R_1 = V_{in} / R_1 \tag{2.32}$$

又因为 $I_1 \approx I_2$，所以

$$V_{in} / R_1 = I_2 = (V_s - V_2) / R_2 \tag{2.33}$$

即

$$V_2 = V_s - V_{in} \cdot R_2 / R_1 \tag{2.34}$$

在稳定状态下，$V_2 = V_3$，$I_f \approx I_o$，故

$$I_o \approx I_f = (V_s - V_3) / R_f = (V_s - V_2) / R_f \tag{2.35}$$

将上式代入得

$$I_o = (V_s - V_s + V_{in}R_2 / R_1) / R_f = V_{in}R_2 / (R_1 R_f) \tag{2.36}$$

其中 R_1、R_2、R_f 均为精密电阻，所以输出电流 I_o 线性比例于输入电压 V_{in}，且与负载无关，接近于恒流。

若 $R_1 = 5k\Omega$，$R_2 = 2k\Omega$，$R_3 = 100\Omega$，当 $V_{in} = 1 \sim 5V$ 时输出电流 $I_o = 4 \sim 20mA$。

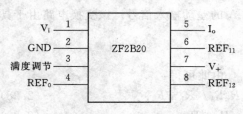

图 2.48　集成 V/I 转换器
ZF2B20 的引脚图

（2）集成芯片 V/I 变换电路。

图 2.48 是集成 V/I 转换器 ZF2B20 的引脚图，采用单正电源供电，电源电压范围为 $10 \sim 32V$，ZF2B20 的输入电阻为 $10k\Omega$，动态响应时间小于 $25\mu s$，非线性小于 $\pm 0.025\%$。

通过 ZF2B20 可以产生一个与输入电压成比例的输出电流，其输入电压范围是 $0 \sim 10V$，输出电流是 $4 \sim 20mA$。它的特点是低漂移，在工作温度为 $-25 \sim 85℃$ 范围内，最大温漂为 $0.005\% / ℃$。

2.2.4　模拟量输出通道转换模板

计算机控制系统中的模板，是指把 D/A 转换器芯片及其接口以及输出电路组合集成在一块模板上。

1. 模板的通用性

为了便于系统设计者的使用，D/A 转换模板应具有通用性，它主要体现在三个方面：符合总线标准、接口地址可选、输出方式可选。

（1）符合总线标准。这里的总线是指计算机内部的总线结构，D/A 转换模板及其他所有电路模板都应符合统一的总线标准，以便设计者在组合计算机控制系统硬件时，只需往总线插槽上插上选用的功能模板而无需连线，十分方便灵活。例如，STD 总线标准规定模板尺寸为 165mm×114mm，模板总线引脚共有 56 根，并详细规定了每只引脚的功能。

（2）接口地址可选。一套控制系统往往需配置多块功能模板，或者同一种功能模板可能被组合在不同的系统中。因此，每块模板应具有接口地址的可选性。

（3）输出方式可选。为了适应不同控制系统对执行器的不同需求，D/A 转换模板往往把各种电压输出和电流输出方式组合在一起，然后通过短接柱来选定某一种输出方式。

一个实际的 D/A 转换模板，供用户选择的输出范围常常是：0～5V、0～10V、±5V、0～10mA、4～20mA 等。

2. 模板设计实例

D/A 转换模板设计主要考虑以下几点：

（1）安全可靠：尽量选用性能好的元器件，并采用光电隔离技术。

（2）性能/价格比高：既要在性能上达到预定的技术指标，又要在技术路线、芯片元件上降低成本。

（3）通用性：D/A 转换模板应符合总线标准，其接口地址及输出方式应具备可选性。

D/A 转换模板的设计步骤是：确定性能指标，设计电路原理图，设计和制造印制线路板，最后焊接和调试电路板。其中，数字电路和模拟电路应分别排列走线，尽量避免交叉，连线要尽量短。模拟地和数字地分别走线，通常在总线引脚附近一点处接地。光电隔离前后的电源线和地线要相互独立分开。调试时，一般是先调数字电路部分，再调模拟电路部分，并按性能指标逐项考核。

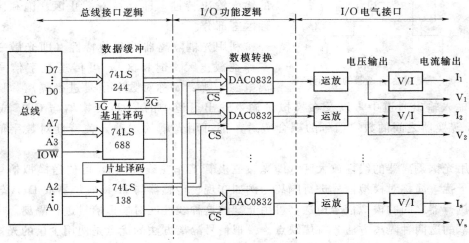

图 2.49　8 路 8 位 D/A 转换模板的结构组成框图

图 2.49 给出了 8 路 8 位 D/A 转换模板的结构组成框图，它是按照总线接口逻辑、I/O 功能逻辑和 I/O 电气接口等三部分布局电子元器件的。图中，总线接口逻辑部分主要由数据缓冲与地址译码电路组成，完成 8 路通道的分别选通与数据传送；I/O 功能逻辑部分由 8 片 DAC0832 组成，完成数模转换；而 I/O 电气接口部分由运放与 V/I 变换电路组成，实现电压或电流信号的输出。

2.3　数字量输入/输出通道

计算机用于生产过程的自动控制，需要处理一类最基本的输入输出信号，即数字量（开关量）信号。这些信号的共同特征是以二进制的逻辑"1"和"0"出现的。在计算机控制系统中，对应的二进制数码的每一位都可以代表生产过程的一个状态，这些状态作为控制的依据。

2.3.1　光电耦合隔离技术

在数字量输入输出通道中，为防止现场强电磁干扰或工频电压通过输入输出通道反串到检测系统中，一般需采用通道隔离技术。在输入输出通道的隔离中，最常用的是光电隔离技术，因为光信号的传达不受电场、磁场的干扰，可以有效地隔离电信号。

光耦合器（Optical Coupler，英文缩写为 OC）亦称光电隔离器，简称光耦。光耦合器以光为媒介传输电信号。它对输入、输出电信号有良好的隔离作用。

光电耦合隔离器按其输出级不同可分为三极管型、单向晶闸管型、双向晶闸管型等几种。它们的原理是相同的，即都是通过电—光—电这种信号转换，利用光信号的传送不受电磁场的干扰而完成隔离功能的。

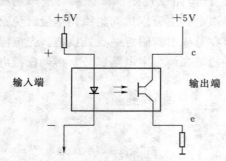

图 2.50　光电耦合隔离器的结构原理

以三极管型光电耦合隔离器为例来说明光电隔离器的结构原理。光耦合器一般由三部分组成：光的发射、光的接收及信号放大，见图 2.50。

光电耦合隔离器的输入输出类似普通三极管的输入输出特性，即存在着截止区、饱和区与线性区三部分。

利用光耦隔离器的开关特性（即光敏三极管工作在截止区、饱和区），可传送数字信号而隔离电磁干扰，简称对数字信号进行隔离。例如在数字量输入输出通道中，以及在模拟量输入输出通道中的 A/D 转换器与 CPU 或 CPU 与 D/A 转换器之间的数字信号的耦合传送，都可用光耦的这种开关特性对数字信号进行隔离。

利用光耦隔离器的线性放大区（即光敏三极管工作在线性区），可传送模拟信号而隔离电磁干扰，简称对模拟信号进行隔离。例如在现场传感器与 A/D 转换器或 D/A 转换器与现场执行器之间的模拟信号传送，可用光耦的这种线性区对模拟信号进行隔离。

光耦的这两种隔离方法各有优缺点。模拟信号隔离方法的优点是使用少量的光耦，成本低；缺点是调试困难，如果光耦挑选得不合适，会影响 A/D 或 D/A 转换的精度和线性度。数字信号隔离方法的优点是调试简单，不影响系统的精度和线性度；缺点是使用较多的光耦器件，成本较高。

2.3.2 数字量输入通道

数字量输入通道（DI 通道）的主要任务是把生产过程中的数字信号转换成计算机易于接受的形式。数字量信号一般以开关量和频率量居多。

1. 开关量输入通道

凡在电路中起到通、断作用的各种按钮、触点、开关，其端子引出均统称为开关信号。在开关输入电路中，主要是考虑信号调理技术，如电平转换、RC 滤波、过电压保护、反电压保护、光电隔离等。

电平转换是用电阻分压法把现场的电流信号转换为电压信号。RC 滤波是用 RC 滤波器滤出高频干扰。过电压保护是用稳压管和限流电阻作过电压保护；用稳压管或压敏电阻把瞬态尖峰电压箝位在安全电平上。反电压保护是串联一个二极管防止反极性电压输入。光电隔离用光耦隔离器实现计算机与外部的完全电隔离。

开关量输入信号调理电路如图 2.51 所示。点划线右边是由开关 S 与电源组成的外部电路，图 2.51（a）是直流输入电路，图 2.51（b）是交流输入电路。交流输入电路比直流输入电路多一个降压电容和整流桥块，可把高压交流（如 380VAC）变换为低压直流（如 5V DC）。开关 S 的状态经 RC 滤波、稳压管 VZ_1 箝位保护、电阻 R_2 限流、二极管 VD_2 防止反极性电压输入以及光耦隔离等措施处理后送至输入缓冲器，主机通过执行输入指令便可读取开关 S 的状态。比如，当开关 S 闭合时，输入回路有电流流过，光耦中的发光管发光，光敏管导通，数据线上为低电平，即输入信号为"0"对应外电路开关 S 的闭合；反之，开关 S 断开，光耦中的发光管无电流流过，光敏管截止，数据线上为高电平，即输入信号为"1"对应外电路开关 S 的断开。

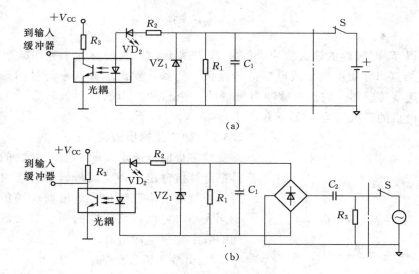

图 2.51 开关量输入信号调理电路
（a）直流输入电路；（b）交流输入电路

2. 频率量输入通道

频率信号具有抗干扰能力强、易于传输、测量精度高等特点，已广泛用于长传输的测控系统中，如在野外观测以及低速测量中，人们经常将传感信号转化为频率量进行测量。

图 2.52 为一种定时计数输入接口电路，传感器发出的脉冲频率信号，经过简单的信号调理，引到 8254 芯片的计数通道 1 的 CLK_1 口。8254 是具有 3 个 16 位计数器通道的可编程计数器/定时器。图中，计数通道 0 工作于模式 3，CLK_0 用于接收系统时钟脉冲，OUT_0 输出一个周期为系统时钟脉冲 N 倍（N 为通道 0 的计数初值）的连续方波脉冲，其高、低电平时段是计数通道 1 的采样时间和采样间隔时间，分别记为 T_s、T_w；计数通道 1 和 2 均选为工作模式 2，且 OUT_1 串接到 CLK_2，使两者构成一个计数长度为 2^{32} 的脉冲计数器，以对 T_s 内的输入脉冲计数。

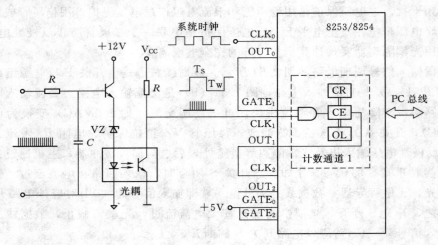

图 2.52　定时计数输入接口电路

如果获得 T_s 时间内的输入脉冲个数为 n，则单位时间内的脉冲个数即脉冲频率为 n/T_s，从而可换算出介质的流量或电机的转速值。比如，发出脉冲频率信号的是涡轮流量计或磁电式速度传感器，它们的脉冲当量（即一个脉冲相当的流量或转数）为 K，则介质的流量或电机的转数就为 $n/T_s \cdot K$。

2.3.3　数字量输出通道

数字量输出通道（DO 通道），它的主要任务是把计算机输出的微弱信号转换成能对生产过程进行控制的数字驱动信号。根据现场负荷功率的不同大小，可以选用不同的功率放大器件构成不同的数字量驱动输出通道。

1. 小功率驱动电路

驱动电流只有几十毫安时，如驱动发光二极管、小功率继电器时，只要采用一个普通的功率三极管就可以构成驱动电路，见图 2.53。

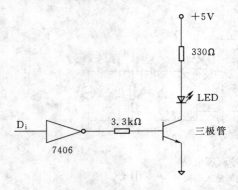

图 2.53　小功率三极管输出电路

当驱动电流需要几百毫安时，如驱动中功率继电器、电磁开关等装置，输出电路必须采取多级放大或提高三极管增益的办法。达林顿阵列驱动器 MC1416 是由多个两个三极管组成的达林顿复合管构成，具有高输入阻抗、高增益、输出功率大及保护措施完善的特点。见图 2.54。

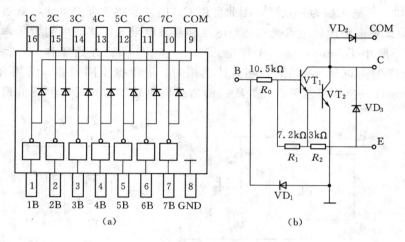

图 2.54　MC1416 达林顿阵列驱动器

(a) MC14716 结构图；(b) 复合管内部结构

2. 大功率驱动电路

外界为交流或直流的高电压、大电流设备时，则需要通过弱电控制。此时，驱动电路多采用电磁继电器。图 2.55 为经光耦隔离器的继电器输出驱动电路，当 CPU 数据线 D_i 输出数字"1"即高电平时，经 7406 反相驱动器变为低电平，光耦隔离器的发光二极管导通且发光，使光敏三极管导通，继电器线圈 KA 得电，动合触点闭合，从而驱动大型负荷设备。

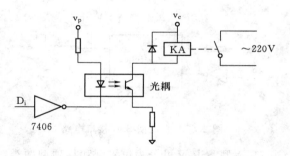

图 2.55　继电器输出驱动电路

晶闸管又称可控硅（SCR），是一种大功率的半导体器件，具有用小功率控制大功率、开关无触点等特点，在交直流电机调速系统、调功系统、随动系统中应用广泛。单向晶闸管具有单向导电功能，在控制系统中多用于直流大电流场合，也可以在交流系统中用于大功率整流回路。双向晶闸管具有双向导通功能，因此特别适用于交流大电流场合。

下面具体介绍固态继电器。

固态继电器（SSR）是近年发展起来的一种新型电子继电器，其输入控制电流小，用 TTL、HTL、CMOS 等集成电路或加简单的辅助电路就可直接驱动，因此适宜于在微机测控系统中作为输出通道的控制元件；其输出利用晶体管或可控硅驱动，无触点。与普通的电磁式继电器和磁力开关相比，具有无机械噪声、无抖动、无回跳、开关速度快、体积小、重量轻、寿命长、工作可靠等特点，并且耐冲击、抗潮湿、抗腐蚀，因此在微机测控等领域中，已逐步取代传统的电磁式继电器和磁力开关作为开关量输出控制元件。固态继电器按其负载类型分类，可分为直流型和交流型。

直流型 SSR 又可分为三段型和两端型，其中两端型是近年发展起来的多用途开关，如图 2.56 所示是这种 SSR 的电路原理图，这种 SSR 主要用于直流大功率控制场合。由它的原理图可知，其输入端为一光隔，因此可用 OC 门或晶体管直接驱动，驱动电流一般小于 15mA，因此在电路设计时可选用适当电压和限流电阻 R；其输出端为晶体管输出，输出断态电流一般小于 5mA，输出工作电压 30～180V（5V 开始工作），开关时间小于 200μs，绝缘度为 7500V/s，因此，在具体选用时，可根据不同需要，选用合适的类型。如图 2.57 所示为一典型接线图，此处所接的为感性负载，对一般电阻型负载，可直接加负载设备。

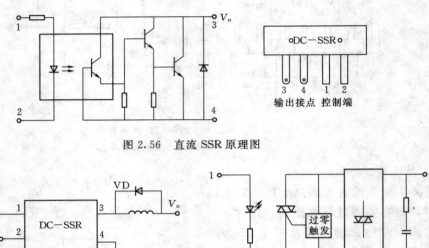

图 2.56　直流 SSR 原理图

图 2.57　直流型 SSR 接口电路　　　　图 2.58　交流 SSR 原理图

交流型 SSR 又可分为过零型和移项型两类，这是用双向可控硅作为开关器件，用于交流大功率驱动场合，如图 2.58 所示为其电路原理图，外引线图类同于图 2.56。对于非过零型 SSR，在输入信号时，不管负载电源电压相位如何，负载端立即导通；而过零型必须在负载电源电压接近零且输入控制信号有效时，输出端负载电源才导通。而当输入端的控制电压撤销后，流过双向可控硅负载为零时才关断。对于交流型 SSR，其输入电压为 4～32V，开关时间小于 200μs，输入电流小于 500mA，因此对其驱动可加接一晶体管直接驱动；输出工作电压为交流，可用于 380V、220V 等常用电的场合；输出断态电流一般小于 10mA。由于采用电子开关（可控硅）作为开关器件，存在通态压降和断态漏电流，SSR 的通态压降一般小于 2V，断态漏电流通常为 5～10mA，因此在使用中要考虑这两项参数，否则在控制小功率执行器时容易产生误动作。一般在电路设计时，应让 SSR 的开关电流至少为断态电流的 10 倍。当使用感性负载时，也可使用这种方法，以避免误动作。

2.3.4　数字量输入/输出模板

图 2.59 为含有 DI 通道和 DO 通道的 PC 总线数字量 I/O 模板的结构框图，由 PC 总

线接口逻辑、I/O 功能逻辑、I/O 电气接口等三部分组成。

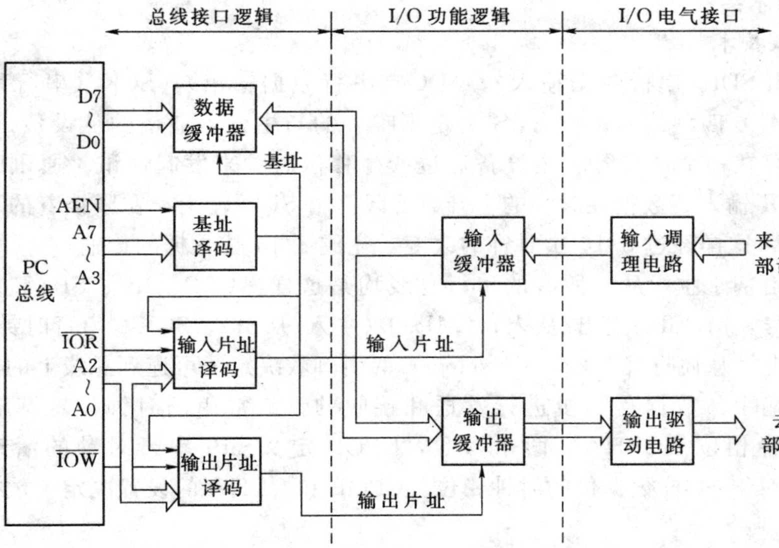

图 2.59　数字量 I/O 模板结构框图

PC 总线接口逻辑部分由 8 位数据总线缓冲器、基址译码器、输入和输出片址译码器组成。

I/O 功能逻辑部分只有简单的输入缓冲器和输出锁存器。其中，输入缓冲器起着对外部输入信号的缓冲、加强和选通作用；输出锁存器锁存 CPU 输出的数据或控制信号，供外部设备使用。I/O 缓冲功能可以用可编程接口芯片如 8255A 构成，也可以用 74LS240、74LS244、74LS373、74LS273 等芯片实现。

I/O 电气接口部分的功能主要是：电平转换、滤波、保护、隔离、功率驱动等。

各种数字量 I/O 模板的前两部分大同小异，不同的主要在于 I/O 电气接口部分，即输入信号的调理和输出信号的驱动，这是由生产过程的不同需求所决定的。

2.4　总 线 接 口 技 术

2.4.1　总线技术概论

为了简化硬件电路设计、简化系统结构，常用一组线路，配置以适当的接口电路，与各部件和外围设备连接，这组共用的连接线路被称为总线。采用总线结构便于部件和设备的扩充，尤其制定了统一的总线标准则容易使不同设备间实现互联。

微机中总线一般有内部总线、系统总线和外部总线。内部总线是微机内部各外围芯片与处理器之间的总线，用于芯片一级的互联，例如 I^2C 总线、SPI 总线、SCI 总线；而系统总线是微机中各插件板与系统板之间的总线，用于插件板一级的互联，例如 ISA 总线、EISA 总线、VESA 总线、PCI 总线、Compact PCI；外部总线则是微机和外部设备之间的总线，微机作为一种设备，通过该总线和其他设备进行信息与数据交换，它用于设备一级的互联，例如 RS—232—C 总线、RS—485 总线、IEEE—488 总线、USB 总线。

2.4.2　总线技术实例

1. SPI 总线技术

SPI 接口由 SDI（串行数据输入），SDO（串行数据输出），SCK（串行移位时钟），CS（从使能信号）四种信号构成，CS 决定了唯一的与主设备通信的从设备，如没有 CS 信号，则只能存在一个从设备，主设备通过产生移位时钟来发起通讯。通讯时，数据由 SDO 输出，SDI 输入，数据在时钟的上升或下降沿由 SDO 输出，在紧接着的下降或上升沿由 SDI 读入，这样经过 8/16 次时钟的改变，完成 8/16 位数据的传输。

该总线通信基于主—从（所有的串行总线均是这样，USB、IIC、SPI 等）配置，它有以下 4 个信号：MOSI（主出/从入）、MISO（主入/从出）、SCK（串行时钟）、SS［从属选择，芯片上"从属选择"（slave‐select）的引脚数决定了可连到总线上的器件数量］。

在 SPI 传输中，数据是同步进行发送和接收的。最常用的时钟设置基于时钟极性（CPOL）和时钟相位（CPHA）两个参数，CPOL 定义 SPI 串行时钟的活动状态，而 CPHA 定义相对于 SO—数据位的时钟相位。CPOL 和 CPHA 的设置决定了数据取样的时钟沿。

SPI 传输串行数据时首先传输最高位。波特率可以高达 5Mbit/s，具体速度大小取决于 SPI 硬件。

2. Compact PCI 总线技术

Compact PCI（Compact Peripheral Component Interconnect，简称 CPCI）中文又称紧凑型 PCI，是国际工业计算机制造者联合会（PCI Industrial Computer Manufacturer's Group，简称 PICMG）于 1994 年提出来的一种总线接口标准。是以 PCI 电气规范为标准的高性能工业用总线。

CPCI 的出现不仅让诸如 CPU、硬盘等许多原先基于 PC 的技术和成熟产品能够延续应用，也由于在接口等地方做了重大改进，使得采用 CPCI 技术的服务器、工控电脑等拥有了高可靠性、高密度的优点。CPCI 是基于 PCI 电气规范开发的高性能工业总线，适用于 3U 和 6U 高度的电路插板设计。CPCI 电路插板从前方插入机柜，I/O 数据的出口可以是前面板上的接口或者机柜的背板。它的出现解决了多年来电信系统工程师与设备制造商面临的棘手问题，比如传统电信设备总线 VME（Versa Module Euro card）与工业标准 PCI（Peripheral Component Interconnect）总线不兼容问题。

CPCI 技术是在 PCI 技术基础之上经过改造而成，具体有三个方面特点：

（1）继续采用 PCI 局部总线技术。

（2）抛弃 IPC 传统机械结构，改用经过 20 年实践检验了的高可靠欧洲卡结构，改善了散热条件、提高了抗振动冲击能力、符合电磁兼容性要求。

（3）抛弃 PCI 的金手指式互联方式，改用 2mm 密度的针孔连接器，具有气密性、防腐性，进一步提高了可靠性，并增加了负载能力。

CPCI 所具有可热插拔（Hot Swap）、高开放性、高可靠性。CPCI 技术中最突出、最具吸引力的特点是热插拔（Hot Swap）。简言之，就是在运行系统没有断电的条件下，拔出或插入功能模板，而不破坏系统的正常工作的一种技术。热插拔一直是电信应用的要求，也为每一个工业自动化系统所渴求。它的实现是：在结构上采用三种不同长度的引脚插针，使得模板插入或拔出时，电源和接地、PCI 总线信号、热插拔启动信号按序进行；采用总线隔离装置和电源的软启动；在软件上，操作系统要具有即插即用功能。目前 CPCI 总线热插拔技术正在从基本热切换技术向高可用性方向发展。

2.4.3　总线扩展技术

1. I/O 端口与地址分配

（1）I/O 端口及其操作。接口内部一般设置若干寄存器，用以暂存 CPU 和外设之间传输的数据、状态和控制信息。相应的寄存器分别称为数据寄存器、状态寄存器和控制寄存器。这些能够被 CPU 直接访问的寄存器统称为端口（Port），分别叫做数据端口、状态端口和控制端口。每个端口具有个独立的地址，作为 CPU 区分各个端口的依据。接口功能不同，内部包含的端口数目也不尽相同。

数据端口（Data Port）用以存放外设送往 CPU 的数据以及 CPU 输出到外设去的数据。这些数据是主机和外设之间交换的最基本信息，长度一般为 1~2 个字节。数据端口主要起数据缓冲作用。

状态端口（State Port）主要用来指示外设的当前状态。每种状态用一个二进制位表示，每个外设可以有几个状态位，它们可被 CPU 读取，以测试或检查外设的状态，决定程序的流程。一般接口电路中常见的状态位有："准备就绪位（Ready）"、"外设忙位（Busy）"、"错误位（Error）"等。

命令端口（Command Port）也称控制端口（Control Port），用来存放 CPU 向接口发出的各种命令和控制字，以便控制接口或设备的动作。接口功能不同，接口芯片的结构也就不同，控制字的格式和内容自然各不相同。一般可编程接口芯片往往具有工作方式命令字、操作命令字等。

CPU 可以对端口进行读写操作。归根到底，CPU 和外设的数据交换实质就是 CPU 的内部寄存器和接口内部的端口之间的数据交换。CPU 对数据端口进行一次读或写操作也就是与该接口连接的外设进行一次数据传送；CPU 对状态端口进行一次读操作，就可以获得外设或接口自身的状态代码；CPU 把若干位控制代码写入控制端口，则意味着对该接口或外设发出一个控制命令，要求该接口或外设按规定的要求工作。

（2）I/O 端口编址方式。类似于 CPU 读写存储器需要通过存储器地址区分内存单元，CPU 通过端口地址实现对多个端口的读写选择。给 I/O 端口编址时，一种方式是把端口看作特殊的内存单元，和存储器统一编址，称为存储器映射方式；另一种是把 I/O 端口和存储单位分开，独立编址，称为 I/O 映射方式。

统一编址就是把系统中的每一个 I/O 端口看作个存储单元，与存储单元一样统一编址，访问存储器的所有指令均可用来访问 I/O 端口，不用设置专门的 I/O 指令，所以称为存储器映射 I/O（Memory Mapped I/O）编址方式。该方式实质上是把 I/O 地址映射到存储空间，作为整个存储空间的一小部分。优点是系统指令集中不必包含专门的 I/O 指令，简化指令系统设计；可以使用种类多、功能强的存储器指令访问外设端口；I/O 地址空间可大可小，灵活性强。缺点是 I/O 地址具有与存储器地址相同的长度，增大了译码复杂程度，延长了译码时间降低了输入输出效率。

独立编址就是对系统中的 I/O 端口单独编址，构成独立的 I/O 地址空间，采用专门的 I/O 指令来访问具有独立空间的 I/O 端口，称为 I/O 映射方式。Intel 的 80×86 系列机采用单独编址方式访问外设。优点是将输入输出指令和访问存储器指令明显区分开，使程序清晰，可读性好；I/O 地址较短，I/O 指令长度短，译码电路简单，指令执行速度快。不足之处是指令系统必须设置专门的 I/O 指令，其功能不如存储器指令强大。

（3）I/O 端口地址分配。不同类型的计算机系统采用不同的 I/O 地址编排方式，I/O 地址空间的划分也是各不相同的。就 Inter 的 80×86 而言，采用独立编址方式，I/O 端口地址为 16 位，最大数寻址范围为 64K 个地址。但是，在 PC 系列微机及其兼容机的设计中，主板上只应用了 10 位 I/O 端口地址线，因此支持的 I/O 端口数为 1024 个，地址空间为 000H～3FFH，有效地址线为 A_0～A_9。

按照 PC 系列微机系统中 I/O 接口电路的复杂程度及应用形式，可以把 I/O 接口硬件分为两类：板内接口和扩展接口。同时，PC 系列微机的 I/O 端口地址空间分为两部分，把 1024 个端口的前 256 个（000H～0FFH）专供系统板上的 I/O 接口芯片使用，后 768 个（100H～3FFH）为 I/O 接口扩展卡使用。

系统板上的 I/O 接口也称为板内接口，寻址到的都是可编程大规模集成电路，完成相应的板内接口。操作在 IBMPC/XT 机中，主板上主要有实时时钟、协处理器、Inter 公司开发 82×× 系列的接口芯片等，这些接口芯片一般是独立焊接在主板上的。随着微机主板体系结构的不断发展，主板上的接口功能越来越强大，如增加 Cache 控制器、DRAM 控制器、PCI 桥连控制器、数据缓冲控制器等。随着大规模集成电路的发展，所有 I/O 接口芯片或控制器都已经集成在一片或几片大规模集成电路芯片中，形成了主板芯片组，并命名为南/北桥、MCH/LCH 等。

扩展卡主要是指插接在主板插槽上的接口卡，通过系统总线与 CPU 系统相连。这些扩展卡一般由若干个集成电路安一定的逻辑组成一个部件，如图形卡、串行通信卡、网络接口卡等。

2.I/O 端口地址译码技术

微机系统中有多个接口存在，接口内部往往包含多个端口，I/O 操作就是 CPU 对端口寄存器的读写操作。CPU 是通过地址对不同的接口或端口加以区分的。把 CPU 送出的地址转变为芯片选择和端口区分依据的就是地址译码电路。每当 CPU 执行输入输出指令时，就进入 I/O 端口读写周期，此时首先是端口地址有效，然后是 I/O 读写控制信号有效，把对端口地址译码产生的译码信号同 I/O 读写控制信号结合起来一同控制对 I/O 端口的读或写操作。

（1）三选译码方式。从寻址方式上看，地址译码方法基本上可以分为线选法、全译码法和部分译码。3 种方法各有特点，在硬件设计过程中，可以根据具体需求来适当选择。

线选法，即高位地址线不经过译码，直接（或经反相器）分别接各存储器芯片或者端口的片选端的来区别各芯片或端口的地址。如果采用线选法，会造成地址重叠，且各芯片地址不连续，因此在软件上必须保证这片选线每次寻址时只能有一个部件有效。

全译码法就是最终目标是唯一确定一个端口或寄存器的地址，需要所有地址线都参加译码。一般情况下，片内寻址未用的全部高位地址线都参加译码，译码输出作为片选信号，并再与片内寻址地址线一起译码生成一个唯一地址。全译码的优点是每个芯片的地址范围是唯一确定的，而且各片之间是连续的。缺点是译码电路比较复杂。

部分译码则是用片内寻址外的高位地址的一部分译码产生片选信号。部分译码较全译码简单，但存在地址重叠区。因此，也必须通过软件保证这些片选线每次寻址时只能有一个部件有效。

(2) I/O 端口地址译码电路信号。在译码过程中，译码电路不仅与地址信号有关，而且与控制信号有关。它把地址和控制信号进行组合，产生对芯片或端口的选择信号。以 ISA 总线为例，I/O 译码电路除了受 $A_0 \sim A_9$ 与这 10 根地址线所确定的地址范围的限制之外，还要用到其他一些控制信号。如：利用 $\overline{IOR}$ 或 $\overline{IOW}$ 信号控制对端口的读写、利用 AEN 信号控制非 DMA 传送、用 $\overline{IO16}$ 控制对 8 位还是 16 位端口操作、用信号 $\overline{SBHE}$ 控制端口的奇偶地址。

可见，在设计地址译码电路时，不仅要选择地址范围，还要根据 CPU 与 I/O 端口交换数据时的流向（读/写）、数据宽度（8 位/16 位），以及是否采用奇偶地址等要求来引入相应的控制信号，从而形成端口地址译码电路。

(3) I/O 端口地址译码方法及电路形式。基于 ISA 总线的工控机系统由主板和系列工业过程通道板卡组成。ISA 总线底板的每个插槽的总线信号是互联互通的，可以将多块过程通道板卡插在机箱内的总线底板的各个插槽。为避免多块板卡出现总线争用情况，必须为每块过程通道板卡和外设接口板片设置不同的 I/O 地址空间。在设计通道板卡时，一般使用地址空间 I/O 端口的译码电路实现这一要求。

I/O 端口地址译码的方法灵活多样，通常可由地址信号和控制信号的不同组合来选择端口地址。与存储器的地址单元类似，一般是把地址信号分为两部分：一部分是高位地址线与 CPU 或总线的控制信号组合，经过译码电路产生一个片选信号去选择某个 I/O 接口芯片，从而实现接口芯片的片间选择；另一部分是低位地址线直接连到 I/O 接口芯片，经过接口芯片内部的地址译码电路选择该接口电路的某个寄存器端口，实现接口芯片的片内寻址。

I/O 端口的译码一般有两种，即固定地址译码、开关选择译码。

1) 固定地址译码。固定地址译码是目前 PC 系统板卡译码常用的方法，它是根据确定的地址字段来设计译码电路。

2) 开关选择译码。固定译码方法的一个缺点是，它可能会与将来加入系统的同类板卡地址译码冲突。ISA 板卡的地址一般设计成用户可以设置的，通常采用数据比较器和一组逻辑开关来实现 ISA 板卡高位地址的设定。

应该指出，除了上述两种常用的地址译码方法外，目前流行的很多可编程逻辑器件（PLD）都被广泛地应用于译码电路，如通用阵列逻辑（GAL）和可编程阵列逻辑（PAL）器件、可擦除可编程门阵列 EPLD、现场可编程门阵列 FPLD、复杂可编程门阵列 CPLD 等。

3.RS—232C 总线端口扩展

下面是一个利用 PC 机的 RS—232 串口加上若干电路来实现多串口需求的实例。

RTS 和 DTR 是 PC 机中 8250 芯片的 MODEM 控制寄存器的两个输出引脚 D_1 和 D_0

位，口地址为 COM_1 的是 3FCH，口地址为 COM_2 的是 2FCH。我们可以利用对 MO-DEM 控制寄存器 3FCH 或 2FCH 的写操作对其进行控制。从而利用该操作和扩展电路实现对 TXD 和 RXD 进行多线扩展，图 2.60 是扩展电路。

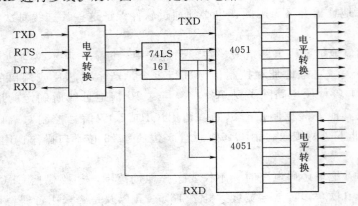

图 2.60   RS—232C 总线扩展电路

在图 2.60 所示的 PC 机串口扩展电路中，74LS161 是二进制计数器，1 脚是清零端，2 脚是计数端，计数脉冲为负脉冲信号，4051 是八选一双向数字/模拟电子开关电路，其中一片用于正向输出，一片用于反向输出。该扩展电路工作原理是通过控制 PC 机串口的 DTR 输出的高低电平来形成 74LS161 的 P2 脚计数端的负脉冲信号，使 74LS161 的输出端 P14（QA）、P13（QB）、P12（QC）、P11（QD）脚依次在 0000 到 1111 十六个状态中变化，本电路仅使用了 QA、QB、QC 三个输出来形成对 4051 的 ABC 控制，最终使得 4051（1）的输入端 TXD 依次通过与 TX1～TX8 导通而得到输出信号，4051（2）的输出端 RXD 与 RX1～RX8 依次导通形成输入信号。由于 RXD 和 TXD 的导通是一一对应的，因此串口通信就可以依次通过与多达 8 个带有三线基本串口的外部设备进行通信传输以实现数据传送。PC 机端的电平转换电路是将 RS—232 电平转换为 TTL 电平，外设端的电平转换电路是将 TTL 电平转换为 RS—232 电平。

由于该扩展的多路接口在通信时共用一个子程序，因此在与某一路导通时，系统只能与这一路的外部设备进行通信联络。

使用十六选一双向数字/模拟电子开关电路，将 74LS161 的 QA、QB、QC、QD 四个输出端接至电子开关的四个控制端 A、B、C、D，这样就达到了一个 PC 机的 RS—232 口与 16 个带有串口的外设的数据通信。

4.RS—485 总线端口扩展

下面是一个基于单片机的 RS—485 总线网络扩展实例。

系统由 AT89C51 单片机 RS—485，通信芯片 MAX491，兼有看门狗功能、电源电压监控和 E^2PROM 功能的 X25045 芯片以及光电隔离芯片 TLP521—4 等组成，并附有其他附加电路。系统原理图见图 2.61。

通信芯片使用 MAXIM 公司的 MAX491，它是带驱动器和接收器使能的全双工方式的 RS—485 接口芯片，可达到 10Mbps 的数据速率，在总线上允许 32 个收发器，MAX491 引脚排列和典型应用电路图见图 2.62。

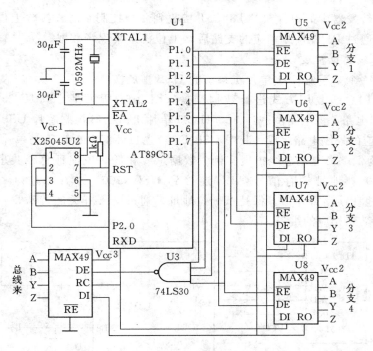

图 2.61 RS-485 总线端口扩展系统原理图

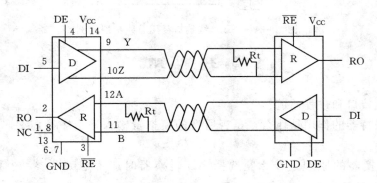

图 2.62 MAX491 引脚排列和典型应用电路图

为防止现场环境引起原程序机器码读误，造成程序执行混乱，跑飞或死循环导致整个系统故障，采用 Xicor 公司的 X25045 芯片，为 AT89C51 提供上电复位。当程序紊乱或电压失常时，启动内部的看门狗电路以强制单片机复位，使程序从头开始执行。另外使用 TLP521—4 组成光电隔离电路，减少现场信号干扰，确保系统稳定运行。

单片机 AT89C51 内部的串行接口是全双工的，仅使用其接收数据。RXD 端接在连接总线的通信芯片 U4 的数据接收端 RO，上位机送来的支路控制字通过 P1 口分别控制 4 片通信芯片 U5、U6、U7 和 U8 的使能端 $\overline{RE}$ 和 DE 从而选择分支。连接总线的通信芯片 U4 的接收使能端 $\overline{RE}$ 始终有效，发送使能端 DE 由连接各个分支的通信芯片 U5、U6、U7 和 U8 的接收使能端 $\overline{RE}$ 通过八输入与非门 74LS30 与非后控制，只要有一支路打开，通信芯片 U4 的发送使能端 DE 就有效。上位机需要现场实时数据时，通过总线发出命令控制字给转发器，当转发器中的单片机 AT89C51 接收到命令控制字时，接收上位机送出的分支选择控制字，通过 P1 口打开相应的支路后，上位机采集现场数据。

5. USB 总线端口扩展

下面给出一个基于 C8051 单片机系统的 USB 扩展实例。

本设计采用总线复用方式进行数据交换。图 2.63 所示是 C8051F020 单片机和 US-BN9604 的接口电路，该电路由一片 C8051F020 单片机、USB 控制芯片 USBN9604、时钟振荡电路以及相应的外围电路组成。其中 USBN9604 通过外部中断 INT 与单片机进行通信。

图 2.63 为低端口复用总线扩展实例。数据总线和低 8 位地址总线共享相同的端口引脚：AD [7：0]，地址锁存信号 ALE 连接到 USBN9604 的 AO 引脚，用于控制 US-BN9604 内部地址锁存寄存器，保持低 8 位地址。通过交叉开关的特殊寄存器将数据总线和数据总线定义到相应的端口。

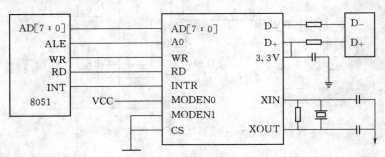

图 2.63　USB 总线端口复用总线扩展实例

习　　题

1. 什么是接口和过程通道？

2. 采样保持器的作用是什么？是否所有的模拟量输入通道中都需要采样保持器？为什么？

3. AD 转换器的原理是什么？选择 AD 转换器时应考虑哪些参数？需要注意哪些问题？

4. 设计一个 8 路 12 位 A/D 转换电路，实现模拟量数据输入。

5. D/A 转换器的原理是什么？选择 D/A 转换器时应考虑哪些参数？需要注意哪些问题？

6. 设计一个 8 路 8 位 D/A 转换电路，实现模拟量数据输出。

7. 数字量输入通道是什么？分为哪些类？

8. 设计一个数字量输出驱动电路，要求实现大功率驱动，外界为交流的高电压、大电流设备。

9. 什么是总线技术？总线技术分几类？

10. 设计一个 RS—232C 总线扩展电路，实现多串口需求。

第3章 数据处理技术

数据处理离不开数值计算，而最基本的数值计算为四则运算。由于控制系统中遇到的现场环境不同，采集的数据种类与数值范围不同，精度要求也不一样，各种数据的输入方法及表示方法也各不相同。因此，为了满足不同系统的需要，设计出了许多有效的数据处理技术方法，如预处理、数字滤波、标度变换、查表等。

3.1 测量数据的预处理技术

在计算机控制系统中，经常需要对生产过程的各种信号进行测量。测量时，一般先用传感器把生产过程的信号转换成电信号，然后用 A/D 转换器把模拟信号变成数字信号读入计算机中。对于这样得到的数据，一般要进行一些预处理，以下便是最为基本的预处理类型。

3.1.1 系统误差的自动校准

系统误差是指在相同条件下，经过多次测量，误差的数值（包括大小符号）保持恒定，或按某种已知的规律变化的误差。这种误差的特点是，在一定的测量条件下，其变化规律是可以掌握的，产生误差的原因一般也是知道的。因此，原则上讲，系统误差是可以通过适当的技术途径来确定并加以校正的。在系统的测量输入通道中，一般均存在零点偏移和漂移，产生放大电路的增益误差及器件参数的不稳定等现象，它们会影响测量数据的准确性，这些误差都属于系统误差。有时必须对这些系统误差进行自动校准，自动校准的基本思想是在系统开机后

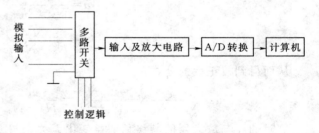

图 3.1 数字调零电路

或每隔一定时间自动测量基准参数。除了全自动校准和人工自动校准外，偏移校准在实际中应用最多，并且常采用程序来实现，称为数字调零。调零电路如图 3.1 所示。

在测量时，先把多路输入接到所需测量的一组输入电压上进行测量，测出这时的输入值为 x_1，然后把多路开关的输入接地，然后把多路开关的输入接地，测出零输入时 A/D 转换器的输出为 x_0，用 x_1 减去 x_0 即为实际输入电压 x。采用这种方法，可以去掉输入电路、放大电路及 A/D 转换器本身的偏移及随时间和温度而发生的各种漂移的影响，从而大大降低对这些电路器件的偏移值的要求，简化硬件成本。

1. 全自动校准

全自动校准的特点是由系统自动完成，不需要人为介入，可以实现零点和量程的自动

校准。全自动校准结构图如图 3.2 所示。

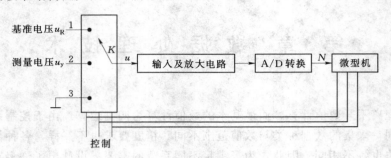

图 3.2 全自动校准结构

系统由多路转换开关（可以用 CD4051 实现）、输入及放大电路、A/D 转换电路、计算机组成。可以在通电或每隔一定时间，自动进行一次校准，找到 A/D 输出 N 与输入测量电压 u_y 之间的关系，以后再求测量电压时则按照该修正后的公式计算。校准步骤如下：

（1）计算机控制多路开关使 K 与 3 接通，则输入电压 $u=0$，测出此时的 A/D 值 N_0。

（2）计算机控制多路开关使 K 与 1 接通，则输入电压 $u=u_R$，测出此时的 A/D 值 N_R。

设测量电压 u 与 N 之间为线性关系，表达式为 $u=aN+b$，则上述测量结果满足：

$$\begin{cases} u_R=aN_R+b \\ 0=aN_0+b \end{cases} \tag{3.1}$$

联立求解上式，得

$$\begin{cases} a=\dfrac{u_R}{N_R-N_0} \\ b=\dfrac{u_R N_0}{N_0-N_R} \end{cases} \tag{3.2}$$

从而得到校正后的公式：

$$u=\frac{u_R}{N_R-N_0}N+\frac{u_R N_0}{N_0-N_R}=\frac{u_R}{N_R-N_0}(N-N_0)=k(N-N_0) \tag{3.3}$$

这时的 u 与放大器的漂移和增益变化无关，与 u_R 的精度也无关，可大大提高测量精度，降低对电路器件的要求。

程序设计时，每次校准后根据 u_R、N_R、N_0 计算出 k，将 k 与 N_0 放在内存单元中，按式（3.3），则可以计算出 u 值。

如果只校准零点时，实际的测量值为 $u=a(N-N_0)+b$。

2. 人工自动校准

全自动校准只适合于基准参数是电信号的场合，并且它不能校正由传感器引入的误差，为了克服这种缺点，可采用人工自动校准。

人工自动校准不是自动定时校准，而是由人工在需要时接入标准的参数进行校准测量，并将测量的参数存储起来以备使用。人工校准一般只测一个标准输入信号 y_R，零信号的补偿由数字调零来完成。设数字调零（即 $N_0=0$）后，输入 y_R，输出为 N_R，输入 y，

输出为 N，则可得

$$y = \frac{y_R}{N_R} N \qquad (3.4)$$

计算 $\frac{y_R}{N_R}$ 的比值，并将其输入计算机中，即可实现人工自动校准。

当校准信号不容易得到时，可采用当前的输入信号。校准时，给系统加上输入信号，计算机测出对应的 N_i，操作者再采用其他的高精度仪器测出这时的 y_i，把此时的 y_i 当成标准信号，则式（3.4）变为

$$y = \frac{y_i}{N_i} N \qquad (3.5)$$

人工自动校准特别适合于传感器特性随时间会发生变化的场合。如电容式湿敏传感器，一般一年以上其特性会超过精度允许值，这时可采用人工自动校准。即每隔一段时间（1 个月或 3 个月）用高精度的仪器测出当前的湿度值，然后把它作为校准值输入计算机测量系统，以后测量时，就可以自动用该值来校准测量值。

3.1.2　数据极性的预处理

控制系统中处理的信号很多是双极性的，如温度、压力、位置、角度信号等。这就要求在实施控制时，不仅要考虑信号的幅度，还要考虑到信号的极性。为此，在对 A/D 转换后的数据和 D/A 转换前的数据进行处理前，必须根据数据的极性先进行预处理，才能保证得到正确的结果。

系统中有的输入信号是单极性的，而输出信号则要求是双极性的，如流量、压力等控制回路；有的则是要求输入和输出信号都是双极性的，如位子、角度等控制回路。下面就这两种情况分别加以讨论。

1. 输入、输出信号同为双极性

在输入、输出都是双极性信号的控制系统中，程序处理的输入和输出数据不仅反映信号幅度的大小，也反映信号的极性。假设喜好的变化范围为 $-5 \sim +5$V，信号经 A/D 转换得到的数字量为 00H～FFH，数字量的最高位 D_7 表示信号的极性。当 $D_7 = 0$ 时，表示输入信号为负极性，即数字量 00H～7FH 表示 $-5 \sim 0$V 的模拟信号；当 $D_7 = 1$ 时，表示输入信号为正极性，即数字量 7HF～FFH 表示 $0 \sim +5$V 的模拟信号。

在由双极性信号组成的闭环定值控制系统中，设给定信号为 R，采样输入信号为 Z，则偏差值 $E = R - Z$。因为 R 和 Z 的值对应的是双极性信号，所以偏差值 E 也是双极性信号，因此在参加运算前也必须进行预处理才能保证最终结果的正确。

预处理的规则：如果偏差值的绝对值大于 80H（此为无符号数），则偏差信号取最大值，即信号极性为负时取 00H，信号极性为正时取 FFH。否则，将运算结果直接作为偏差信号。

2. 输入、输出信号分为单双极性

在控制系统中，有时会出现输入信号和给定信号是单极性的，即数字量 00H～FFH 对应同极性的信号，如 $0 \sim +5$V；而输出信号则要求是双极性的，即数字量 00H～FFH 对应的是双极性的，如 $-5 \sim +5$V。

这类系统的数据预处理与双极性的输入、输出系统的方法相同，由于系统的输入是单

极性的,因此不必判断极性,只需根据偏差值的大小和符号判断即可。系统的数据预处理程序流程图如图 3.3 所示。

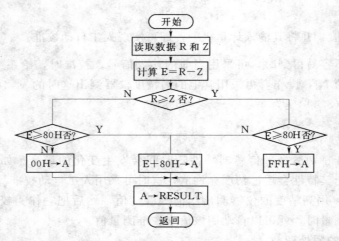

图 3.3　输入单极性输出双极性的数据预处理程序流程图

3.1.3　数据字长的预处理

在计算机控制系统中经常会出现数据字长不一致的情况。如有的系统采用 12 位 A/D 转换器采样数据,而输出采用 8 位 A/D 转换器进行采样,而为了提高计算的精度,此用双字节运算程序计算。为了满足不同的精度要求,数据在进行数字滤波、标度变换和控制运算后必须对数字量的位数加以处理。

1. 输入位数大于输出位数

当输入期间的分辨率高于输出器件时,如采用 10 位 A/D 转换器采样,而 CPU 把处理后的 10 位二进制数通过 8 位 D/A 转换器输出,就会出现输入位数大于输出位数的情况。

对输入位数大于输出位数的处理方法就是忽略高位数的最低几位。如 10 位 A/D 转换器的输入值为 0011111010,此值经处理后送入 8 位 D/A 转换器的值就变为 00111110。这在计算机中通过向右移位的方法是很容易实现的。

由于 10 位 A/D 转换器的采样分辨率要比 8 位 A/D 转换器要高得多,因此,虽然舍去了最低的两位数会产生一定的误差,但这一误差仍要比采用 8 位输入 8 位输出系统的误差小。

2. 输入位数小于输出位数

当输入器件的分辨率比输出器件低时,如采用 8 位 A/D 转换器采样,而通过 10 位 D/A 转换器进行输出,就会出现输入位数小于输出位数的情况。

输入位数小于输出位数的最好处理方法是:将 8 位数左移两位构成 10 位,10 位数的最低两位用"0"填充。如:

转换前的 8 位输入值为××××××××;

转换后的 10 位输出值为××××××××00。

这种处理方法的优点在于构成的 10 位数接近 10 位 A/D 转换器的满刻度值,其误差在 10 位数字量的 3 个步长电压之内。

3.2 常用的几种数字滤波方法

在工业过程控制系统中，由于被控对象所处环境比较恶劣，常存在干扰，如环境温度、电场、磁场等，使采样值偏离真实值。因此，为了提高提高系统性能，达到准确的测量与控制，一般情况下还需要进行数字滤波。

所谓数字滤波，就是计算机系统对输入信号采样多次，然后用某种计算方法进行数字处理，以削弱或滤除干扰噪声造成的随机误差，从而获得一个真实信号的过程。数字滤波器与模拟滤波器相比，具有如下优点：

（1）由于数字滤波采用程序实现，所以无需增加任何硬件设备，可以实现多个通道共享一个数字滤波程序，从而降低了成本。

（2）由于数字滤波器不需要增加硬件设备，所以系统可靠性高、稳定性好，各回路间不存在阻抗匹配问题。

（3）可以对频率很低（如 0.01Hz）的信号实现滤波，克服了模拟滤波器的缺陷。

（4）可以根据需要选择不同的滤波方法，或改变滤波器的参数。较改变模拟滤波器的硬件电路或元件参数灵活、方便。

数字滤波器因具有上述优点，而受到相当的重视，并得到了广泛的应用。数字滤波的方法有很多种，可以根据不同的测量参数进行选择。以下介绍几种常用的数字滤波方法。

3.2.1 平均值滤波

平均值滤波就是对多个采样值进行平均算法，这是消除随机误差最常用的方法。具体又可分为如下几种。

1. 算术平均值滤波

算术平均值法滤波的实质即把一个采样周期内对信号的 n 次采样值进行算术平均，作为本次的输出 $\overline{Y}(n)$，即

$$\overline{Y}(n) = \frac{1}{n} \sum_{i=1}^{n} Y(n) \tag{3.6}$$

n 值决定了信号平滑度和灵敏度。随着 n 值的增大，平滑度提高，灵敏度降低。应视具体情况选取 n，以便得到满意的滤波效果。为方便求平均值，n 值一般取 4、8、16 类的 2 的整数幂，以使用移位来代替除法。通常流量信号取 12 项，压力信号取 6 项，温度、成分等缓慢变化的信号取 2 项甚至不平均。

设 8 次采样值依次存放在以 DIGIT 为首地址的连续单元中，求出平均值后，结果保留在 SAMP 单元中。计算的中间结果存放在 FLAG 和 TEMP 单元中，程序清单如下：

```
PUSH        PSW              ；现场保护
PUSH        A
MOV         FLAG，#00H        ；进位位清零
MOV         R0，#DIGIT        ；设置数据存储区首址
MOV         R7，#08H          ；设置采样数据个数
```

	CLR	A	;清累加器
LOOP:	ADD	A, @R0	;两数相加
	JNC	NEXT	;无进位,转 NEXT
	INC	FLAG	;有进位,进位位加 1
NEXT:	INC	R0	;数据指针加 1
	DJNZ	R7, LOOP	;未加完,继续加
	MOV	R7, ♯03H	;设置循环次数
DIVIDE:	MOV	TEMP, A	;保存累加器中的内容
	MOV	A, FLAG	;累加结果除 2
	CLR	C	
	RRC	A	
	MOV	FLAG, A	
	MOV	A, TEMP	
	RRC	A	
	DJNZ	R7, DIVIDE	;未结束,继续执行
	MOV	SAMP, A	;保存结果至 SAMP 中
	POP	A	;恢复现场
	POP	PSW	
	RET		

2. 加权平均值滤波

由上面的表达式可以看出,算术平均值滤波法对每次采样值给出相同的加权系数,即 $\frac{1}{n}$。实际上某些场合需要增加新采样值在平均值中的比重,可采用加权平均值滤波法,滤波公式为:

$$\overline{Y} = \sum_{i=0}^{n-1} k_i Y_i = k_0 Y_0 + k_1 Y_1 + \cdots + k_{n-1} Y_{n-1} \tag{3.7}$$

式中:k_0、k_1、$\cdots$、k_{n-1} 为加权系数,体现了各次采样值在平均值中所占的比例,它们都为大于 0 的常数项,且满足

$$\sum_{i=0}^{n-1} k_i = 1 \tag{3.8}$$

一般采样次数越靠后,取的比例越大,这样可增加新的采样值在平均值中的比例。这种滤波方法可以根据需要突出信号的某一部分,抑制信号的另一部分,适用于纯滞后较大的被控对象。

3. 去极值平均滤波

算术平均滤波不能将明显的脉冲干扰消除,只是将其影响削弱。因明显干扰使采样值远离真实值,可比较容易地将其剔除,不参加平均值计算。从而使平均滤波的输出值更接近真实值。去极值平均滤波的算法是:连续采样 n 次,去掉一个最大值,再去掉一个最小值,求余下 $n-2$ 个采样值的平均值。根据上述思想可做出去极值平均滤波程序的流程图,如图 3.4 所示。为使平均滤波方便,$n-2$ 应为 2、4、8、16,故 n 常取 4、6、10、18。

4. 滑动平均滤波

以上介绍的各种平均滤波算法有一个共同点，都需要连续采样 n 个数据，然后求算术平均值或加权平均值。这种方法适合有脉动干扰的场合。但由于必须采样 n 次，需要时间较长，故检测速度慢。为了克服这一缺点，可采用滑动平均滤波法。滑动平均滤波法把 n 个测量数据看成一个队列，队列的长度固定为 n，每进行一次新的采样，把测量结果放入队尾，而去掉原来队首的一个数据，这样在队列中始终有 n 个"最新"的数据。然后把队列中的 n 个数据进行算术平均运算，就可获得新的滤波结果。

滑动平均滤波对周期性干扰有良好的抑制作用，平滑度高，灵敏度低，但对偶然出现的脉冲性干扰的抑制作用差，不易消除由于脉冲干扰引起的采样值的偏差，因此它不适合于脉冲干扰比较严重的场合，而适用于高频振荡系统。通过观察不同 n 值下滑动平均的输出响应来选取 n 值，以便既少占有时间，又能达到最好的滤波效果。通常对流量信号，n 取 12，压力信号 n 取 4，液面参数 n 取 4~12，温度信号 n 取 1~4。

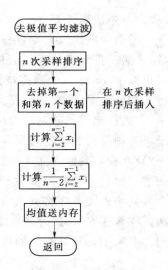

图 3.4 去极值平均滤波

假定 n 个双字节型采样值，40H 单元为采样队列内存单元首地址，n 个采样值之和不大于 16 位。新的采样值存于 3EH、3FH 单元，滤波值存于 60H、61H 单元。FARFIL 为算数平均滤波程序。程序清单如下：

```
        MOV     R2，#N-1         ；采样个数
        MOV     R0，#42H         ；队列单元首地址
        MOV     R1，#43H
LOOP：  MOV     A，@R0           ；移动低字节
        DEC     R0
        DEC     R0
        MOV     @R0，A
        MOV     A，R0            ；修改低字节地址
        ADD     A，#04H
        MOV     R0，A
        MOV     A，@R1           ；移动高字节
        DEC     R1
        DEC     R1
        MOV     @R1，A
        MOV     A，R1            ；修改高字节地址
        ADD     A，#04H
        MOV     R1，A
        DJNZ    R2，LOOP
        MOV     @R0，3EH         ；存新的采样值
        MOV     @R1，3FH
        ACALL   FARFIL          ；求算术平均值
        RET
```

3.2.2　中值滤波

所谓中值滤波是对某一参数连续采样 n 次（一般 n 取奇数），然后把 n 次的采样值从小到大或从大到小进行排队，然后再取中间值。n 个数据按大小顺序排队的具体做法是两两进行比较，设 R_1 为存放数据区首地址，先将 $((R_1))$ 与 $((R_1)+1)$ 进行比较，若是 $((R_1)) < ((R_1)+1)$ 则不交换位子，否则将两数位置对调。继而再取 $((R_1)+1)$ 与 $((R_1)+2)$ 比较，判断方法亦然，直到最大数沉底为止。然后再重新进行比较，把次大值放到 $n-1$ 位，如此做下去，则可将 n 个数从小到大顺序排列。设采样值从 8 位 A/D 转换器输入 5 次，存放在 SAMP 为首地址的内存单元中，其程序流程图如图 3.5 所示，与其对应的程序清单如下：

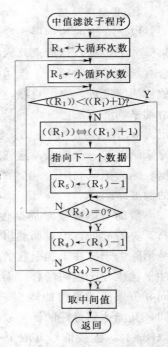

图 3.5　中值滤波
程序流程图

```
         ORG    8000H
INTER：  MOV    R4, ♯04H      ；置大循环次数
SORT：   MOV    A, R4         ；小循环次数→R5
         MOV    R5, A
         MOV    R1, ♯SAMP     ；采样数据存放首地址→R1
LOOP：   MOV    A, @R1        ；比较
         INC    R1
         MOV    R2, A
         CLR    C
         SUBB   A, @R1
         MOV    A, R2
         JC     DONE
         MOV    A, @R1        ；（(R1)）←→（(R1)+1）
         DEC    R1
         XCH    A, @R1
         INC    R1
         MOV    @R1, A
DONE：   DJNZ   R5, LOOP      ；R5≠0，小循环继续进行
         DJNZ   R4, LOOP      ；R5≠0，大循环继续进行
         INC    R1
         MOV    @R1, A
         RET
```

中值滤波对于去掉由于偶然因素引起的波动或采样器不稳定而造成的误差所引起的脉动干扰比较有效。若变量变化比较缓慢，采用中值滤波效果比较好，但对快速变化过程的参数（如流量），则不宜采用。一般 n 取 3～5 次。

如果把中值滤波法和平均值滤波法结合起来使用，则滤波效果会更好。即在每个采样周期，先用中值滤波法得到 n 个滤波值，再对这 n 个滤波值进行算术平均，得到可用的被控参数。

3.2.3 限幅滤波

由于大的随机干扰或采样器的不稳定，使得采样数据偏离实际值太远，为此采用上、下限限幅，即

当 $y(n) \geqslant y_H$ 时，则取 $y(n) = y_H$ （上限值）；

当 $y(n) \leqslant y_L$ 时，则取 $y(n) = y_L$ （下限值）；

当 $y_L < y(n) < y_H$ 时，则取 $y(n)$。

而且采用限速（亦称限制变化率），即

当 $| y(n) - y(n-1) | \leqslant \Delta y_0$ 时，则取 $y(n)$；

当 $| y(n) - y(n-1) | > \Delta y_0$ 时，则取 $y(n) = y(n-1)$。

其中 Δy_0 为两次相邻采样值之差的可能最大变化量。Δy_0 值的选取，取决于采样周期 T 及被测参数 y 应有的正常变化率。因此，一定要按照实际情况来确定 Δy_0、y_H 及 y_L，否则，非但达不到滤波效果，反而会降低控制品质。

3.2.4 惯性滤波

常用的 RC 滤波器的传递函数是

$$\frac{y(s)}{x(s)} = \frac{1}{1 + T_f s} \tag{3.9}$$

其中 $T_f = RC$，它的滤波效果取决于滤波时间常数 T_f。因此，RC 滤波器不可能对极低频率的信号进行滤波。为此，人们模仿式（3.9）做成一阶惯性滤波器亦称低通滤波器。

即将式（3.9）写成差分方程：

$$T_f \frac{y(n) - y(n-1)}{T_s} + y(n) = x(n) \tag{3.10}$$

稍加整理得

$$y(n) = \frac{T_s}{T_f + T_s} x(n) + \frac{T_f}{T_f + T_s} y(n-1)$$
$$= (1 - \alpha) x(n) + \alpha y(n-1) \tag{3.11}$$

其中，$\alpha = \dfrac{T_f}{T_f + T_s}$ 称为滤波系数，且 $0 < \alpha < 1$；T_s 为采样周期；T_f 为滤波器时间常数。

根据惯性滤波器的频率特性，若滤波系数 α 越大，则带宽越窄，滤波频率也越低。因此，需要根据实际情况，适当选取 α 值，使得被测参数既不出现明显的纹波，反应又不太迟缓。

3.3 标 度 变 换 算 法

生产中的各个参数都有着不同的量纲，如测温元件用热电偶或热电阻，温度单位为℃。又如测量压力用的弹性元件膜片、膜盒以及弹簧管等，其压力范围从几帕到几十兆帕。而测量流量则用节流装置，其单位为 m^3/h 等。在测量过程中，所有这些参数都经过变送器或传感器再利用相应的信号调理电路，将非电量转换成电量，并进一步转换成 A/D 转换器能接收的统一电压信号，又由 A/D 转换器将其转换成数字量送到计算机进行显

示、打印等相关的操作。而 A/D 转换后的这些数字量并不一定等于原来带量纲的参数值，它仅仅与被测参数的幅值有一定的函数关系，所以必须把这些数字量转换为带有量纲的数据，以便显示、记录、打印、报警以及操作人员对生产过程进行监视和管理。将 A/D 转换后的数字量转换成与实际被测量相同量纲的过程称为标度变换，也称为工程量转换。

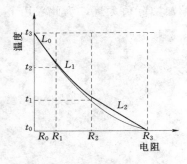

图 3.6　热敏电阻特性及
分段线性化

标度转换有各种不同类型，它主要取决于被测参数测量传感器的类型，设计时应根据实际情况选择适当的标度变换方法。

3.3.1　线性式变换

线性参数标度变换是最常用的标度变换，其前提条件是被测参数值与 A/D 转换结果为线性关系。设 A/D 转换结果 N 与被测参数 A 之间的关系如图 3.6 所示，则得到其线性标度变换的公式如下：

$$A_x = \frac{A_{max} - A_{min}}{N_{max} - N_{min}} (N_x - N_{min}) + A_{min} \tag{3.12}$$

式中：A_{min} 为被测参数量程的最小值；A_{max} 为被测参数量程的最大值；A_x 为被测参数值；N_{max} 为 A_{max} 对应的 A/D 转换后的数值；N_{min} 为 A_{min} 对应的 A/D 转换后的数值；N_x 为被测量 A_x 对应的 A/D 转换后数值。

当 $N_{min} = 0$ 时，式（3.12）可以写成：

$$A_x = \frac{A_{max} - A_{min}}{N_{max}} N_x + A_{min} \tag{3.13}$$

在许多测量系统中，被测参数量程的最小值 $A_{min} = 0$，对应 $N_{min} = 0$，则式（3.13）可以写成：

$$A_x = \frac{A_{max}}{N_{max}} N_x \tag{3.14}$$

根据上述公式编写的程序称为标度变换程序。编写标度变换程序时，A_{min}、A_{max}、N_{max}、N_{min} 为已知值，可将式（3.12）变换为 $A_x = A(N_x - N_{min}) + A_{min}$，事先计算出值 A 值，则计算过程包括一次减法、一次乘法、一次加法。相对于按式（3.12）直接计算简单。

3.3.2　非线性式变换

前面的标度变换公式只适用于 A/D 转换结果与被测量为线性关系的系统。但实际中有些传感器测得的数据与被测物理量之间不是线性关系，存在着由传感器测量方法所决定的函数关系，并且这些函数关系可以用解析式表示。一般而言，非线性参数的变化规律各不相同，故其标度变换公式亦需要根据各自的具体情况建立。这时可以直接采用公式变换法计算。

例如，在流量测量中，流量与差压间的关系式为：

$$Q = K \sqrt{\Delta P} \tag{3.15}$$

式中：Q 为流量；K 为刻度系数，与流体的性质及节流装置的尺寸相关；ΔP 为节流装置的差压。

可见，流体的流量与被测流体流过节流装置前后产生的差压的平方根成正比。如果后续的信号处理及 A/D 转换后为线性转换，则 A/D 数字量输出与差压信号成正比，所以流量值与 A/D 转换后的结果成正比。

根据式（3.14）可以推导出流量计算时的标度变换公式为：

$$Q_x = \frac{Q_{max} - Q_{min}}{\sqrt{N_{max} - N_{min}}} (\sqrt{N_x - N_{min}}) + Q_{min} \tag{3.16}$$

式中：Q_{min} 为被测流量量程的最小值；Q_{max} 为被测流量量程的最大值；Q_x 为被测流体流量值。

实际测量中，一般流量流程的最小值为 0，所以式（3.16）可以化简为：

$$Q_x = \frac{Q_{max}}{\sqrt{N_{max} - N_{min}}} (\sqrt{N_x - N_{min}}) \tag{3.17}$$

若流量量程的最小值对应的数字量 $N_{min} = 0$，则式（3.17）进一步化简为：

$$Q_x = Q_{max} \frac{\sqrt{N_x}}{\sqrt{N_{max}}} = \frac{Q_{max}}{\sqrt{N_{max}}} \sqrt{N_x} \tag{3.18}$$

根据上述公式编写标度变换程序时，Q_{min}、Q_{max}、N_{max}、N_{min} 为已知值，可将式（3.16）、式（3.17）、式（3.18）变换为：

$$Q_x = A_1 \sqrt{N_x - N_{min}} + Q_{min} \tag{3.19}$$

$$Q_x = A_2 \sqrt{N_x - N_{min}} \tag{3.20}$$

$$Q_x = A_3 \sqrt{N_x} \tag{3.21}$$

式（3.19）、式（3.20）、式（3.21）为常用条件下的流量计算公式。编程时先计算出 A_1、A_2、A_3 值，再按上述公式计算。

3.3.3 多项式变换

还有些传感器的输出信号与被测参数之间虽为非线性关系，但它们的函数关系无法用一个解析式来表示，或者解析式过于复杂而难于直接计算。这时可以采用一种既计算简便又能满足实际工程要求的近似表达式——插值多项式来进行标度变换。

插值多项式是用一个 n 次多项式来代替某种非线性函数关系的方法。其插值原理是：被测参数 y 与传感器的输出值 x 具有的函数关系为 $y = f(x)$，只知道在 $n+1$ 个相异点处的函数值为：$f(x_0) = y_0$，$f(x_1) = y_1$，…，$f(x_n) = y_n$。现构造一个 n 次多项式 $P_n(x) = a_n x_n + a_{n-1} x_{n-1} + \cdots + a_1 x + a_0$ 去逼近函数 $y = f(x)$，把 $y = f(x)$ 中这 $n+1$ 个相异点处的值作为插值代入 n 次多项式 $P_n(x)$，便可以获得 $n+1$ 个一次方程组：

$$\begin{cases} a_n x_0 + a_{n-1} x_0 + \cdots + a_1 x_0 + a_0 = y_0 \\ a_n x_1 + a_{n-1} x_1 + \cdots + a_1 x_1 + a_0 = y_1 \\ a_n x_2 + a_{n-1} x_2 + \cdots + a_1 x_2 + a_0 = y_2 \\ \cdots \\ a_n x_n + a_{n-1} x_n + \cdots + a_1 x_n + a_0 = y_n \end{cases} \tag{3.22}$$

式中：x_0，x_1，…，x_n 为已知的传感器的输出值；y_0，y_1，…，y_n 被测参量，可以求出

$n+1$ 个待定系数 a_0, a_1, …, a_n, 从而构造成功一个可代替这种函数关系的可插值多项式 $P_n(x)$。

下面用热敏电阻测量温度的例子来说明这一过程。热敏电阻具有灵敏度高、价格低廉等特点，但是热敏电阻的阻值与温度之间的关系是非线性的，而且只能以表 3.1 的方式表示。现构造一个三阶多项式 $P_3(R)$ 来逼近这种函数关系。

表 3.1　　　　　　　　　　　　热敏电阻的温度—电阻特性

温度 t (℃)	阻值 R (kΩ)	温度 t (℃)	阻值 R (kΩ)
10	8.0000	26	6.0606
11	7.8431	27	5.9701
12	7.6923	28	5.8823
13	7.5471	29	5.7970
14	7.4074	30	5.7142
15	7.2727	31	5.6337
16	7.1428	32	5.5554
17	7.0174	33	5.4793
18	6.8965	34	5.4053
19	6.7796	35	5.3332
20	6.6670	36	5.2630
21	6.5574	37	5.1946
22	6.4516	38	5.1281
23	6.3491	39	5.0631
24	6.2500	40	5.0000
25	6.1538		

取三阶多项式为

$$t = P_3(R) = a_3 R + a_2 R + a_1 R + a_0 \tag{3.23}$$

并取 $t=10$, 17, 27, 39 这 4 点为插值点，便可以得到以下方程组：

$$\begin{cases} 8.0000^3 a_3 + 8.0000^2 a_2 + 8.0000 a_1 + a_0 = 10 \\ 7.0174^3 a_3 + 7.0174^2 a_2 + 7.0174 a_1 + a_0 = 17 \\ 5.9701^3 a_3 + 5.9701^2 a_2 + 5.9701 a_1 + a_0 = 27 \\ 5.0631^3 a_3 + 5.0631^2 a_2 + 5.0631 a_1 + a_0 = 39 \end{cases} \tag{3.24}$$

解上述方程组，得：

$a_3 = -0.2346989$,　$a_2 = 6.120273$,　$a_1 = -59.28043$,　$a_0 = 212.7118$

因此，所求的逼近多项式为：

$$t = -0.2346989 R_3 + 6.120273 R_2 - 59.28043 R + 212.7118$$

这就是用来标度变换的插值多项式，将采样测得的电阻值 R 代入上式，即可获得被测温度 t。

显然，插值点的选择对于逼近的精度有很大的影响。通常在函数 $y=f(x)$ 的曲线上曲率大的地方应适当加密插值点。

一般来说，增加插值点和多项式的次数能提高逼近精度。但同时会增加计算时间，而且在某些情况下反而可能会造成误差的摆动；另一方面，对于那些带拐点的函数，如果用一个多项式去逼近，将会产生较大的误差。

为了提高逼近精度，且不占用过多的机时，较好的方法是采用分段插值法。分段插值法是将被逼近的函数根据其变化情况分成几段，然后将每一段区间分别用直线或抛物线去逼近。分段插值的分段点的选取可按实际曲线的情况灵活决定，既可以采用等距分段法，又可采用非等距分段法。

如上例热敏电阻温度 t 与阻值 R 的插值多项式，其计算量较大，程序也较复杂。为使计算简单，提高实时性，可采用分段线性插值公式或称分段线性化的方法，即用多段折线代替曲线进行计算。

根据表 3.1 中的数据制成如图 3.6 所示的热敏电阻特性及分段线性化，图中曲线为热敏电阻的负温度—电阻特性，折线 L_0、L_1、L_2 代替或逼近曲线。当获取某个采样值 R 后，先判断 R 的大小处于哪一折线段内，然后就可按相应段的线性化公式计算出标度变换值。其计算公式是：

$$t=\begin{cases} -k_0(R-R_0)+t_3, & R_0 \leqslant R \leqslant R_1 \\ -k_1(R-R_1)+t_2, & R_1 \leqslant R \leqslant R_2 \\ -k_2(R-R_2)+t_1, & R_2 \leqslant R \leqslant R_3 \end{cases} \tag{3.25}$$

式中：k_0、k_1、k_2 分别为线段 L_0、L_1、L_2 的斜率。

同样，分段数越多，线性化精度越高，软件开销也相应增加，分段数应视具体情况和要求而定。当分段数多到线段缩成一个点时，实际上就是另外一种方法——查表法。

3.3.4 查表法

所谓查表法就是把事先计算或测得的数据按照一定顺序编制成表格，查表程序的任务就是根据被测参数的值或者中间结果，查出最终所需要的结果。它是一种非数值计算方法，利用这种方法可以完成数据的补偿、计算、转换等各种工作。例如输入通道中对热电偶特性的处理，可以用非线性插值法进行标度变换，也可以采用精度更高效果更好的查表法进行标度变换——利用热电偶的 mV—℃分度表，通过计算机的查表指令就能迅速便捷地由电势 mV 值查到相应的温度℃值；当然控制系统中还会有一些其他参数或表格也是如此，如对数表、三角函数表、模糊控制表等。

查表程序的繁简程度及查询时间的长短，除与表格的长短有关外，很重要的因素在于表格的排列方法。一般来讲，表格有两种排列方法：①无序表格，即表格中的数据是任意排列的；②有序表格，即表格中的数据按一定的顺序排列。表格的排列不同，查表的方法也不尽相同。具体的查表方法有：顺序查表法，计算查表法，对分搜索法等。

1. 顺序查表法

顺序查表法是针对无序排列表格的一种方法。其查表方法累死人工查表。因为无序表格中所有各项的排列均无一定的规律，所以只能按照顺序从第一项开始逐项寻找，直到找到所要查找的关键字为止。顺序查表法虽然比较"笨"，但对于无序表格或较短表格而言，仍是一种比较常用的方法。

2. 计算查表法

在计算机数据处理中，一般使用的表格都是线性表，它是若干个数据元素 X_1、X_2、$\cdots$、X_n 的集合，各数据元素在表中的排列方法及所占的存储器单元个数都是一样的。因此，要搜索的内容与表格的排列有一定的关系。只要根据所给的数据元素 X_i，通过一定的计算，求出元素 X_i 所对应的数值的地址，然后将该地址单元的内容取出即可。

这种有序表格要求各元素在表中的排列格式及所占用的空间必须一致，而且各元素是严格按顺序排列。其关键在于找出一个计算表地址的公式，只要公式存在，查表的时间与表格的长度无关。正因为它对表格的要求比较严格，并非任何表格均可采用。通常它适用于某些数值计算程序、功能键地址转移程序以及数码转换程序等。

3. 对分查表法

在前面介绍的两种查表方法中，顺序查表法速度比较慢，计算查表法算然速度很快，但对表格的要求比较挑剔，因而具有一定的局限性。在实际应用中，很多表格都比较长，且难以用计算查表法进行查找，但它们一般都满足从大到小或从小到大的排列顺序，如热电偶 mV－℃ 分度表，流量测量中差压与流量对照表等。对于这样的表格，通常采用快速而有效的对分查表法。

对分查表法的具体做法是：先去数组的中间值 $D = \dfrac{n}{2}$ 进行查找，与要搜索的 X 进行比较，若相等，则找到。对于从小到大的顺序来说，如果 $X > \dfrac{n}{2}$ 项，则下一次取 $\dfrac{n}{2} \sim n$ 间的中间值，即 $\dfrac{3n}{4}$ 项与 X 进行比较；若 $X < \dfrac{n}{2}$ 项，则取 $\dfrac{0 \sim n}{2}$ 的中值，取 $\dfrac{n}{4}$ 项与 X 进行比较。如果比较下去，则可逐次逼近要搜索的关键字，直到找到为止。

习　　题

1. 测量数据预处理技术包含哪些技术？

2. 系统误差如何产生？如何实现系统误差的全自动校准？

3. 简述数字滤波及其特点。

4. 简述各种数字滤波方法的原理或算法及适用场合。

5. 标度变换在工程上有什么意义？在什么情况下使用标度变换？说明热电偶测量、显示温度时，实现标度变换的过程。

6. 某温度测量系统（假设为线性关系）的测温范围为 0～150℃，经 ADC0809 转换后对应的数字量为 00H～FFH，试写出它的标度变换算式。

7. 某压力测量仪表的量程为 400～1200Pa，采用 8 位 A/D 转换器，设某采样周期计算机中经采样及数字滤波后的数字量为 ABH，求此时的压力值。

8. 某电阻炉温度变化范围为 0～1600℃，经温度变送器输出电压为 1～5V，再经 AD574A 转换，AD574A 输入电压范围为 0～5V，计算当采样值为 D5H 时，电阻炉温度是多少？

9. 某炉温度变化范围为 0～1500℃，要求分辨率为 3℃，温度变送器输出范围为 0～5V。若 A/D 转换器的输入范围也为 0～5V，求 A/D 转换器的位数应为多少位？若 A/D 不变，现在通过变送器零点迁移而将信号零点迁移到 600℃，此时系统对炉温的分辨率为多少？

10. 在数据处理中，何为查表法？它能完成哪些功能？一般有哪些查表法？

第4章 抗干扰技术

计算机控制系统实际应用对象为工业生产过程，而工业生产过程的工作环境通常十分恶劣，干扰严重。大量实践证明，这些干扰轻则影响检测精度，重则检测结果失常，甚至破坏系统内的器件和程序，因此系统的抗干扰性能是一个非常重要的问题。为此，研究干扰来源与排除和抑制各种干扰已成为控制系统所必须探讨和解决的迫切问题。

4.1 干扰的来源与传播途径

干扰的来源是多方面的，有时甚至是错综复杂的。干扰有的来自外部，有的来自内部。不管什么样的干扰源，总要以某种途径进入计算机控制系统的。

4.1.1 干扰的来源

干扰来自干扰源，在工业现场和环境中，干扰源是各式各样的。为了便于讨论分析和综合采取措施的需要，可以按不同特征，对干扰进行分类。按干扰的因素分类，主要存在空间辐射干扰、信号通道干扰、电源干扰和数字电路引起的干扰；按干扰的来源，可以把干扰分成外部干扰和内部干扰两大类。

1. 外部干扰

外部干扰是指那些与系统结构无关，由使用条件和外界环境因素所决定的干扰。它主要来自自然界的干扰以及周围电气设备的干扰。

自然干扰产生的原因来自自然现象，如闪电、雷击、宇宙辐射、太阳黑子活动等，它们主要来自天空，因此，自然干扰主要对通信设备、导航设备有较大影响。然而，在检测装置中已广泛使用半导体器件，在光线作用下将激发出电子——空穴对而产生电势，从而影响检测装置的正常工作，所以半导体元器件均封装在不透光的壳体内。对于具有光敏作用的元器件，尤其要注意光的屏蔽问题。

各种电气设备所产生的干扰有电磁场、电火花、电弧焊接、高频加热、可控硅整流等强电系统所造成的干扰，这些干扰主要是通过供电电源对测量装置和微型计算机产生影响。在大功率供电系统中，大电流输电线周围所产生的交变电磁场，对安装在其附近的智能仪器也会产生干扰。此外，地磁场的影响及来自电源的高频干扰也可视为外部干扰。

2. 内部干扰

内部干扰是指装置内部的各种元件引起的各种干扰，它又包括过渡干扰和固定干扰。过渡干扰是电路在动态工作时引起的干扰。固定干扰包括电阻中随机性的电子热运动引起的热噪声；半导体及电子管内载流子的随机运动引起的散粒噪声；由于两种导电材料之间的不完全接触，接触面的电导率的不一致而产生的接触噪声，如继电器的动静触头接触时发生的噪声等；因布线不合理、寄生参数、泄漏电阻等耦合形成寄生反馈电流所造成的干扰；多点接地造成的电位差引起的干扰；寄生振荡引起的干扰；热骚动的噪声干扰等。

4.1.2 干扰的传播途径

干扰传播的途径主要有电场耦合、磁场耦合、漏电流耦合和共阻抗耦合，分别介绍如下。

1. 电场耦合

电场耦合是由于两个电路之间存在寄生电容，使一个电路的电荷通过寄生电容影响到另一条支路，因此，又称为电容性耦合。

如图 4.1 所示为仪表测量线路受电场耦合而产生干扰的示意图及等效电路，A 导体为对地具有电压 E_N 的干扰源，B 为受干扰的输入测量电路导体，C_m 为 A 与 B 之间的寄生电容，Z_i 为放大器输入阻抗，U_{nc} 为测量电路输出的干扰电压。

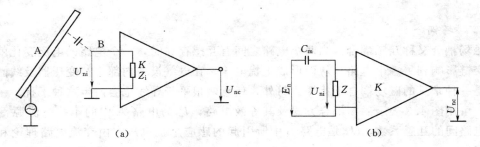

图 4.1　电场耦合对测量线路的干扰

（a）放大器输入受电容性耦合干扰；（b）等效电路

为便于分析，设噪声源电压 E_N 为正弦量，则 B 点的干扰电压为：

$$U_{ni} = \frac{E_N}{\frac{1}{\omega C_m} + Z_i} Z_i \tag{4.1}$$

若 $Z_i \leqslant \dfrac{1}{\omega C_m}$，则：

$$U_{ni} = E_N \omega C_m Z_i$$

设 $C_m = 0.01 \text{pF}$，$Z_i = 0.1 \text{M}\Omega$，$K = 100$，$E_N = 5\text{V}$，$f = 1\text{MHz}$，则有：

$$U_{ni} = 5 \times 2\pi \times 10^6 \times 0.01 \times 10^{-12} \times 10^5 = 31.4 \ (\text{mV})$$

而在放大器输出端的干扰电压为：

$$U_{nc} = KU_{ni} = 3.14\text{V}$$

显而易见，这样大的干扰电压是不能承受的。

推广到一般情况，电场耦合传输干扰等效电路可由图 4.2 表示。E_N 为干扰源电压，Z_i 为被干扰电路的输入阻抗。为分析方便，设噪声源电压为正弦量，于是被干扰电路的干扰电压 U_{nc} 为：

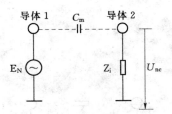

图 4.2　电场耦合等效电路

$$U_{nc} = \frac{j\omega C_m Z_i}{1 + j\omega C_m Z_i} E_N \tag{4.2}$$

式中：ω 为噪声源 E_N 的角频率。

考虑到一般情况下有：$|\mathrm{j}\omega C_{\mathrm{m}}Z_{\mathrm{i}}| \leqslant 1$

则上式可化简为：

$$U_{\mathrm{nc}} \approx \mathrm{j}\omega C_{\mathrm{m}}Z_{\mathrm{i}}E_{\mathrm{N}} \tag{4.3}$$

从上式可以得到下列结论：

（1）干扰源的频率越高，电场耦合而引起的干扰也越严重。对频率很高的射频段影响最严重，但对频率较低的音频范围，电容耦合干扰也不能忽视。

（2）干扰电压 U_{nc} 与接收电路的输入阻抗 Z_{i} 成正比，因此，降低接收电路输入阻抗，可减少电场耦合干扰，从这个角度分析放大器的输入阻抗应尽可能低，一般希望在几百欧姆以下。然而，这与一般放大器对输入阻抗要求愈高愈好的情况正好相反。

（3）应通过合理布线和适当防护措施，减少分布电容 C_{m}，有利于减少电场耦合引起的干扰。

2. 磁场耦合

磁场耦合又称互感耦合。当两个电路之间有互感存在时，一个电路的电流变化就会通过磁交链影响到另一个电路，从而形成干扰电压。在电气设备内部中，变压器及线圈的漏磁就是一种常见的磁场耦合干扰源。另外，任意两根平行导线也会产生这种干扰。一般情况下，可用图 4.3 表示磁场耦合方式及其等效电路，I_{n} 为电路 A 中的干扰电流源，M 为两支电路间的互感系数，U_{nc} 是电路 B 中所引起的感应干扰电压。由交流电路理论和等效电路可得：

$$U_{\mathrm{nc}} = \mathrm{j}\omega M I_{\mathrm{n}} \tag{4.4}$$

式中：ω 为电流噪声源 I_{n} 的角频率。

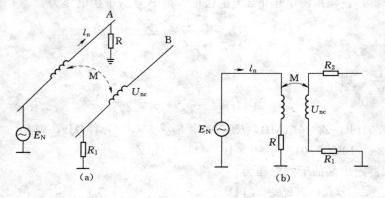

图 4.3　磁场耦合及等效电路

（a）磁场耦合的实际关系；（b）等效电路

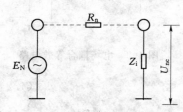

图 4.4　漏电流干扰等效电路

从式中可以看出，干扰电压 U_{nc} 正比于干扰源的电流 I_{n}、干扰源的电流 ω 和互感系数 M。低电压大电流干扰源的干扰耦合方式主要为磁场耦合。

3. 漏电流耦合

由于电子电路内部的元件支架、接线柱、印刷板等绝缘不良，流经绝缘电阻的漏电流也会引起干扰。如图 4.4

所示表示漏电流引起干扰的等效电路，E_n 表示噪声电势，R_n 为漏电阻，Z_i 为漏电流流入电路的输入阻抗，U_{nc} 为干扰电压，则作用在 Z_i 上的干扰电压为：

$$U_{nc}=E_N=\frac{Z_i}{Z_i+R_n}\approx\frac{Z_i}{R_n}E_n \tag{4.5}$$

式（8.5）表明，漏电流所引起的干扰与输入阻抗 Z_i 成正比，与绝缘电阻成反比。

4. 共阻抗耦合

共阻抗耦合干扰是由于两个以上电路有公共阻抗，当一个电路中的电流流经公共阻抗产生压降，就形成其他电路的干扰电压，其大小与公共电阻的阻值及干扰源的电流大小成比例。共阻抗耦合干扰在测量电路的内部电路结构中是一种常见的干扰，对多级放大来说，也是一种寄生反馈，当满足正反馈条件时，还会引起自激振荡。

（1）电源内阻抗的耦合干扰。如图 4.5 所示，当用一个电源同时对几个电路供电时，电源内阻 R_0 和线路电阻 R 就成为几个电路的公共阻抗，某一电路中的电流的变化，在公共阻抗上产生的电压就成了对其他电路的干扰源。

为了抑制电源内阻抗的耦合干扰，可采取以下措施：①减小电源的内阻；②在电路中增加电源退耦滤波电路。

（2）公共地线阻抗的耦合干扰。在测量电路的各单元电路上都有各自的地线，如果这些地线不是一点接地，各级电流就流经公共地线，从而在地线电阻上产生电压，该电压就成为其他电路的干扰电压。

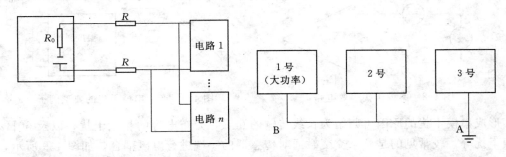

图 4.5 电源内阻产生的共阻抗干扰　　图 4.6 公共接地线阻抗引起的共阻抗干扰

如图 4.6 所示为三块插件板的接地情况。设 3 号板工作电流最大，通过公共地线 BA 段接地，并在 BA 段阻抗上形成电压降 ΔU_{BA}。1 号板接地点在 A 点，故其影响甚小，而 2 号板接地点设在 B 附近点，ΔU_{BA} 就构成了它的干扰电压。同样，2 号板放大器的输出电流亦流过 BA 段，又进一步改变 ΔU_{BA} 而形成对 3 号板的干扰电压，产生一个闭环的寄生反馈。当满足一定条件时，这个环路就会产生自激振荡。

（3）输出阻抗的耦合干扰。当信号输出电路同时向几路负载供电时，任何一路负载电压的变化都会通过线路公共阻抗（包括信号输出电路的输出阻抗和输出接线阻抗）耦合影响其他路的输出，产生

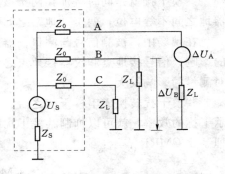

图 4.7 输出阻抗的耦合干扰

干扰。

如图 4.7 所示表示一个信号输出电路同时向三路负载提供信号的示意图，Z_S 为信号输出电路的输出阻抗，Z_0 为输出接线阻抗，Z_L 为负载阻抗。

如果 A 路输出电压产生变化 ΔU_A，它将在负载 B 上引起 ΔU_B 的变化，ΔU_B 就是干扰电压。一般 $Z_L \gg Z_S \gg Z_0$，故有：

$$\Delta U_B \approx \frac{Z_S}{Z_L}\Delta U_A \tag{4.6}$$

上式表示，减小输出阻抗 Z_S，可以减小有输出阻抗耦合产生的干扰 ΔU_B。

4.2　硬件抗干扰措施

了解了干扰的来源与传播途径，我们就可以采取相应的抗干扰措施。在硬件抗干扰措施中，除了按照干扰的 3 种主要作用方式——串模、共模及长线传输干扰来分别考虑外，还要从电源、接地等方面考虑。

4.2.1　串模干扰的抑制

所谓串模干扰就是在输入通道中与信号源串联的干扰，其特点是干扰信号与有用信号按电势源的形式相串联，等效电路如图 4.8 所示 U_S 为有用信号，U_{NM} 为串模干扰信号。

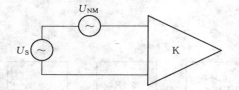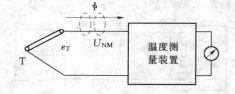

图 4.8　串模干扰等效电路　　　　图 4.9　产生串模干扰的典型例子

形成串模干扰的原因可归结为长线传输的互感，分布电容的相互干扰，以及 50 Hz 的工频干扰等。较常见的是外来交变磁通对传感器的一端进行电磁耦合，如图 4.9 所示，外来交变磁通 Φ 穿过其中一条传输线，产生的感应干扰电势 U_{NM} 便与热电偶电势 e_t 相串联。

消除这种干扰的方法通常是采用低通滤波器、双绞信号传输及屏蔽等措施。

4.2.2　共模干扰的抑制

共模干扰就是同时叠加在两条被测信号线上的外界干扰信号，由于被测信号的地和仪器地之间不等电位，两个"地"之间的电位差 E_{cm} 就成为共模干扰源。

在现场中，被测信号与测量仪器之间常常相距几十米甚至上百米。由于地电流等因素的影响，信号接地点和仪器接地点之间的电位差可达几十伏甚至上百伏。因此，共模干扰对测量的影响很大。

共模干扰转换成串模干扰之后，才对测量产生干扰。如果降低共模干扰转换成串模表示干扰的效率，就可以抑制共模干扰引起的误差。衡量仪器对共模干扰的抑制效果用共模抑制比 CMRR 表示：

$$CMRR = 20\lg\frac{E_{cm}}{E_{nm}}(dB) \tag{4.7}$$

式中：E_{cm}为共模干扰电压；E_{nm}为由共模干扰电压E_{cm}转换成的等效串模干扰电压。

抑制共模干扰的方法主要有以下几种：

（1）利用双端输入的运算放大器作为输入通道的前置放大器，抑制共模干扰。有关内容参见模拟电子技术运算放大器部分。

（2）利用隔离放大器、变压器或光电耦合器将信号源和仪器隔离，使两个地之间没有直接导通回路。隔离放大器中利用光电耦合器或变压器来隔离两个电路。如图4.10所示利用隔离放大器对信号源的微小信号进行放大，将信号源和仪器隔离开来，既抑制了共模干扰，又提高了传输信号的信噪比。

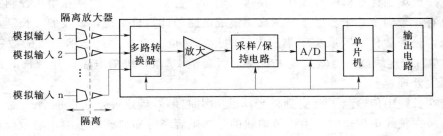

图 4.10　用隔离放大器将信号和仪器隔离

（3）利用浮地输入双层屏蔽放大器。具有双层屏蔽的数字电压表的结构及其接线方法如图4.11所示。仪表的外层屏蔽S_1是仪表的金属外壳，它和内层屏蔽S_2之间的绝缘阻抗为Z_3，仪表的模拟部分在内层屏蔽的内部。仪表高、低输入端为H和L，它们与内屏蔽之间的绝缘阻抗分别为Z_1、Z_2，且$Z_1 \approx Z_2$。L端是仪表的模拟地。内层屏

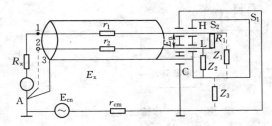

图 4.11　双层屏蔽数字电压表及其屏蔽

蔽也称"数字地"，仪表的数字电路在内、外屏蔽层之间。具有内阻为R_x的被测信号，E_x用双芯屏蔽线与仪表连接，其中1端连接H，2端连接L。导线1和导线2的电阻为r_1 $\approx r_2$，导线屏蔽层的电阻为r_3，它的两端分别与被测信号地A点及仪表的内屏蔽层C点相连。仪表的外屏蔽层接大地。

采用上述方法连接后，若$R_x \gg r_3$，则共模干扰源在A、C两点之间产生的电压V_{ac}为：

$$V_{ac} \approx \frac{r_3}{Z_3 + r_3} E_{cm} \tag{4.8}$$

如果不考虑外层屏蔽，把V_{ac}看作是共模干扰，则V_{ac}在H、L两端引起的干扰E_n相当于单层屏蔽情况，即：

$$E_n \approx \frac{R_x}{Z_1} V_{ac} \tag{4.9}$$

把式（8.8）代入式（8.9），得：

$$E_n = \frac{R_x}{Z_1} \times \frac{r_3}{Z_3} E_{cm} \tag{4.10}$$

从式（8.10）可见，加上外层屏蔽以后，共模干扰源衰减了 $\frac{r_3}{Z_3}$ 倍，所以干扰大大降低，即降低了 E_{cm} 转换成误差 E_n 的能力。若 $R_x = 10\text{k}\Omega$，$Z_1 = Z_2 = Z_3 = 10^6\,\Omega$，可由式（4.7）和式（4.8）求得双屏蔽的仪表共模抑制比为：

$$\text{CMRR} = 20\lg\frac{Z_1 Z_3}{r_3 R_x} = 160\,(\text{dB})$$

也就是当 $E_{cm} = 1\text{V}$ 时，$E_n = 0.01\mu\text{V}$，可见基本上消除了共模干扰。

4.2.3　长线传输干扰的抑制

由生产现场到计算机的连线往往长达几十米，甚至数百米。即使在中央控制室内，各种连线也有几米到十几米。对于采用高速集成电路的计算机来说，长线的"长"是一个相对的概念，是否"长线"取决于集成电路的运算速度。例如，对于纳秒级的数字电路来说，1 米左右的连线就应当做长线来看待；而对于 10 微妙级的电路，几米长的连线才需要当做长线处理。

信号在长线中传输除了会受到外界干扰和引起信号延迟外，还可能会产生波反射现象。当信号在长线中传输时，由于传输线的分布电容和分布电感的影响，信号会在传输线内部产生正向前进的电压波和电流波，称为入射波。

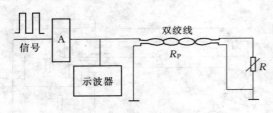

图 4.12　传输线波阻抗的测量

1. 波阻抗的测量

为了进行阻抗匹配，必须事先知道信号传输线的波阻抗 R_P，波阻抗 R_P 的测量如图 4.12 所示。图中的信号传输线为双绞线，在传输线始端通过与非门加入标准信号，用示波器观察门 A 的输出波形，调节传输线终端的可变电阻 R，当门 A 输出的波形不畸变时，即是传输线的波阻抗与终端阻抗完全匹配，反射波完全消失，这时的 R 值就是该传输线的波阻抗，即 $R_P = R$。

为了避免外界干扰的影响，在计算机中常常采用双绞线和同轴电缆作信号线。双绞线的波阻抗一般在 $100 \sim 200\Omega$ 之间，绞花愈密，波阻抗愈低。同轴电缆的波阻抗约 $50 \sim 100\Omega$ 范围。

2. 终端阻抗匹配

最简单的终端阻抗匹配方法如图 4.13（a）所示。如果传输线的波阻抗是 R_P，那么当 $R = R_P$ 时，便实现了终端匹配，消除了波反射。此时终端波形和始端波形的形状一致，只是时间上滞后。由于终端电阻变低，则加大负载，使波形的高电平下降，从而降低了高电平的抗干扰能力，但对波形的低电平没有影响。

为了克服上述匹配方法的缺点，可采用如图 4.13（b）所示的终端匹配方法。

适当调整 R_1 和 R_2 的阻值，可使 $R = R_P$。这种匹配方法也能消除波反射，优点是波形的高电平下降较少，缺点是低电平抬高，从而降低了低电平的抗干扰能力为了同时兼顾高电平和低电平两种情况，可选取 $R_1 = R_2 = 2R_P$，此时等效电阻 $R = R_P$。实践中宁可使高电平降低得稍多一些，而让低电平抬高得少一些，可通过适当选取电阻 R_1 和 R_2，并使

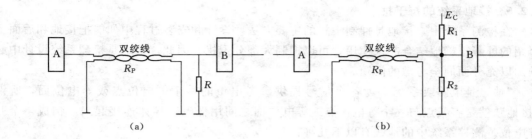

图 4.13 终端阻抗匹配

$R_1 > R_2$ 来达到此目的，当然还要保证等效电阻 $R = R_P$。

3. 始端阻抗匹配

在传输线始端串入电阻 R，如图 4.14 所示，也能基本上消除反射，达到改善波形的目的。一般选择始端匹配电阻 R 为

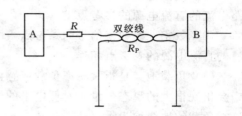

$$R = R_P - R_{SC}$$

式中：R_{SC} 为门 A 输出低电平时的输出阻抗。

图 4.14 始端阻抗匹配

这种匹配方法的优点是波形的高电平不变，缺点是波形低电平会抬高。其原因是终端门 B 的输入电流在始端匹配电阻 R 上的压降所造成的。显然，终端所带负载门个数越多，则低电平抬高得越显著。

4.2.4 电源系统的抗干扰

由于系统所处的工业环境，电机的起停、接触器的通断，往往会造成电源电压波动，必须采取有效措施进行抑制。

（1）用压敏电阻抑制尖峰、浪涌电压。压敏电阻两端的电压如超过其限定值时，电流会迅速增大，呈短路状态，利用这一特点，可以用它吸收瞬间的尖峰、浪涌电压。压敏电阻并联在电源变压器的初、次级，加入压敏电阻后，电源干扰造成嵌入式系统程序失控的可能性减小。

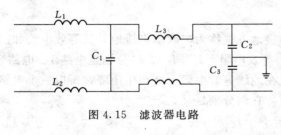

图 4.15 滤波器电路

（2）用滤波器抑制高频干扰。市电中含有多种高次谐波，它们很容易经电源进入嵌入式系统，电源干扰可以以"共模"或"差模"方式存在。图 4.15 是对共模和差模噪声都有效的低通滤波器电路。其中，L_1、L_2、C_1 抑制差模噪声；L_3、C_2、C_3 抑制共模噪声。

（3）设计电源电压监视电路。电源监视电路的设计是抗干扰的一个有效方法，如 X25045、TT7705、MAX813L 等芯片均可设计该电路。一般可达到以下功能：一是监视电源电压瞬时短路、瞬时降压、微秒级脉冲干扰和掉电；二是及时输出供 CPU 接受的复位信号及中断信号。

4.2.5 接地系统的抗干扰

在检测系统中，接地是抑制干扰的主要方法。设计和安装过程中如能把接地和后面要介绍的屏蔽正确地结合起来使用，可以抑制大部分干扰。因此，接地是检测系统设计中必须加以充分而周全考虑的问题。

"地"是电路或系统中为各个信号提供参考电位的一个等电位点或等电位面，所谓"接地"就是将某点与一个等电位点或等电位面之间用低电阻导体连接起来，构成一个基准电位。测控系统中的地线有以下几种：

(1) 信号地。在测控系统中，原始信号是用传感器从被测对象获取的，信号（源）地是指传感器本身的零电位基准线。

(2) 模拟地。模拟信号的参考点，所有组件或电路的模拟地最终都归结到供给模拟电路电流的直流电源的参考点上。

(3) 数字地。数字信号的参考点，所有组件或电路的数字地最终都与供给数字电路电流的直流电源的参考点相连。

(4) 负载地。是指大功率负载或感性负载的地线。当这类负载被切换时，它的地电流中会出现很大的瞬态分量，对低电平的模拟电路乃至数字电路都会产生严重干扰，通常把这类负载的地线称为噪声地。

(5) 系统地。为避免地线公共阻抗的有害耦合，模拟地、数字地、负载地应严格分开，并且要最后汇合在一点，以建立整个系统的统一参考电位，该点称为系统地。系统或设备的机壳上的某一点通常与系统地相连接，供给系统各个环节的直流稳压或非稳压电源的参考点也都接在系统地上。

检测系统接地的目的是消除各电路电流经一公共地线阻抗时所产生的噪声电压；避免磁场和地电位差的影响，不使其形成地环路，避免噪声耦合。

检测系统接地可分为两种情况：①保护接地，它是为了避免工作人员因设备的绝缘损坏或性能下降时遭受触电危险和保证系统安全而采取的安全措施；②工作接地，它是为了保证系统稳定可靠地运行，防止地环路引起干扰而采取的防干扰措施。

检测系统分布广，信号传输线路长，因而其地线标准要求比较高，接地阻值应小于100Ω，最好在$4\sim5\Omega$之内。

1. 单点接地

两个或两个以上的电路共用一段地线的接地方法称为串联单点接地，其等效电路如图4.16所示，R_1、R_2 和 R_3 分别是各段地线的等效电阻，I_1、I_2 和 I_3 分别是电路1、电路2和电路3的入地（返回）电流。因为地电流在地线等效电阻上会产生压降，所以三个电路与地线的连接点的对地电位具有不同的数值，它们分别是

$$V_A = (I_1 + I_2 + I_3)R_1 \tag{4.11}$$

$$V_B = V_A + (I_2 + I_3)R_2 \tag{4.12}$$

$$V_C = V_B + I_3R_3 \tag{4.13}$$

显然，在串联接地方式中，任一电路的地电位都受到别的电路地电流变化的调制，使电路的输出信号受到干扰，这种干扰是由地线公共阻抗耦合作用产生的。离接地点越远，电路中出现的噪声干扰越大，这是串联接地方式的缺点。但是，与其他接地方式相比，串

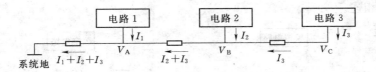

图 4.16 串联单点接地方式

联单点接地方式布线最简单，费用最省。

串联接地通常用来连接地电流较小且相差不太大的电路。为使干扰最小，应把电平最低的电路安置在离接地点（系统地）最近的地方与地线相接。

2. 并联接地

各个电路的地线只在一点（系统地）汇合称为并联接地，如图 4.17 所示。各电路的对地电位只与本电路的地电流和地线阻抗有关，因而没有公共阻抗耦合噪声。

这种接地方式的缺点在于所用地线太多，对于比较复杂的系统，这一矛盾更加突出。此外，这种方式不能用于高频信号系统，因为这种接地系统中地线一般都比较长，在高频情况下，地线的等效电感和各个地线之间杂散电容耦合的影响是不容忽视的。

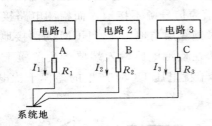

图 4.17 并联单点接地方式

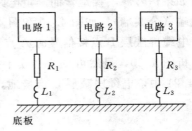

图 4.18 多点接地方式

3. 多点接地

上述两种接地都属于一点接地方式，主要用于低频系统。在高频系统中通常采用多点接地方式，如图 4.18 所示。在这种系统中各个电路或元件的地线以最短的距离就近连到地线汇流排（通常是金属底板）上，因为地线很短（通常远小于 25mm），底板表面镀银，所以它们的阻抗都很小。多点接地不能用在低频系统中，因为各个电路的地电流流过地线汇流排的电阻会产生公共阻抗耦合噪声。

一般的选择标准是，在信号频率低于 1MHz 时，应采用单点接地方式；而当频率高于 10MHz 时，采用多点接地系统是最好的。对于频率处于 1～10MHz 之间的系统，可以采用单点接地方式，但地线长度应小于信号波长的 1/20。如不能满足这一要求，应采用多点接地。

4. 模拟地和数字地

系统中各电路板上既有模拟电路，又有数字电路，它们应该分别接到系统中的模拟地和数字地上。因为数字信号波形具有陡峭的边缘，数字电路的地电流呈现脉冲变化。如果模拟电路和数字电路共用一根地线，数字电路地电流通过公共地阻抗的耦合将给模拟电路引入瞬态干扰，特别是电流大、频率高的脉冲信号，干扰更大。系统的模拟地和数字地最后汇集到一点上，即与系统地相连。正确的接地方法如图 4.19 所示，模拟地和数字地分开，仅在一点相连。

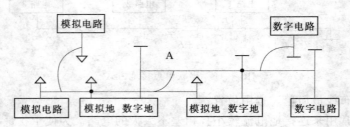

图 4.19 模拟地和数字地的正确接法

另外，有的系统带有功率接口，驱动耗电大的功率设备，对于大电流电路的地线，一定要和信号线分开，要单独走线。

5.电缆屏蔽层的接地

如果检测电路是一点接地，电缆的屏蔽层也应一点接地。下面通过具体例子说明接地点的选择准则。

（1）如果信号源不接地，而测量电路（放大器）接地时，电缆屏蔽层则应接到检测电路的接地端（公共端）。如图 4.20 和图 4.21 所示为信号源不接地，而检测电路接地的检测系统。电缆屏蔽层 B 点接信号源 A 点，电缆过绝缘层与地相连，UCM 为两接地点的电位差。分析图 4.20，显然可见，共模干扰 UCM 在检测电路输入端要产生差模干扰电压 U_{12}。图 4.21 中，电缆屏蔽层 C 点接地，由共模干扰电压 UCM 产生的差模干扰电压 U_{12} ≈0。

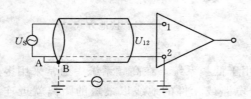

图 4.20 电缆屏蔽层不正确接地方式之一   图 4.21 电缆屏蔽层正确接地方式之一

（2）如果信号源接地，而检测装置（放大器）不接地时，电缆屏蔽层应接到信号源的接地端（公共端）。如图 4.22 和图 4.23 所示为信号端接地，而检测装置不接地的检测系统。在图 4.22 中，共模干扰电压 U_{CM} 在检测装置的输入端产生差模干扰电压 U_{12}，而在图 4.23 中，差模电压 U_{12} ≈0，因而是正确的接地方式。

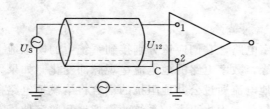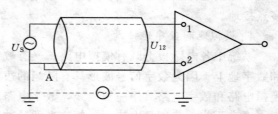

图 4.22 电缆屏蔽层不正确接地方式之二   图 4.23 电缆屏蔽层正确接地方式之二

6. 交流地与信号地

在一段电源地线的两点间会有数毫伏，甚至几伏电压。对低电平的信号电路来说，这是一个非常严重的干扰，必须加以隔离和防止，因此，交流地和信号地不能共用。

7. 浮地与接地

检测系统的浮地就是将系统的各个部分全部与大地浮置起来，即浮空。浮地方法简单，但全系统与地的绝缘电阻不能小于 $50M\Omega$。这种方法有一定的抗干扰能力，但一旦绝缘下降便会带来干扰；另外，浮空易于产生静电，导致干扰。还有一种方法是将检测系统的各机壳接地，其余部分浮空。这种方法抗干扰能力强，而且安全可靠，但制造工艺复杂。

多数检测系统应接大地，但飞行器和船舰上的智能检测系统不可能接大地，应采用浮地方式。

4.2.6　其他抗干扰措施

除了上述 5 类抗干扰措施外，还有其他一些硬件抗干扰措施，分别介绍如下。

1. 浮置技术

浮置又称浮空、浮接，它是指测量仪表的输入信号放大器的公共线（即模拟信号地）不接机壳或大地。对于被浮置的测量系统，测量电路与机壳或大地之间无直接联系。

2. 平衡电路

平衡电路又称为对称电路，它是指双线电路中的两根导线与连接到这两根导线的所有电路，对地或对其他导线电路结构对称，对应阻抗相等。例如，电桥电路和差分放大器等电路就属于平衡电路。采用平衡电路可以使对称电路结构中所获得的噪声相等，并可以在负载上自行抵消。

3. 滤波器

滤波器是一种只允许某一频带信号通过或只阻止某一频带信号通过的电路，是抑制噪声干扰的最有效手段之一。特别是对抑制经导线传导耦合到电路中的噪声干扰，它是一种被广泛采用的技术手段。

4. 光耦合器

使用光耦合器对切断地环路电流干扰十分有效。由于两个电路之间采用光束耦合，所以能把两个电路的地电位隔离开，两电路的地电位即使不同也不会造成干扰。光耦合对数字电路很适用，但在模拟电路中需要光反馈技术，以解决光耦合器特性的线性度较差的问题。

4.3　软件抗干扰措施

硬件抗干扰措施的目的是尽可能切断干扰进入智能化测量控制仪表的通道，因此是十分必要的。但是由于干扰存在的随机性，尤其是在一些较恶劣的外部环境下工作的仪表，尽管采用了硬件抗干扰措施，但并不能将各种干扰完全拒之门外。这时就应该充分发挥智能化测量控制仪表中单片机在软件编程方面的灵活性，采用各种软件抗干扰措施，与硬件措施相结合，提高工作的可靠性。

4.3.1 指令冗余技术

程序"跑飞"后往往将一些操作数当作指令码来执行，从而引起整个程序的混乱。采用"指令冗余"是使"跑飞"的程序恢复正常的一种措施。所谓"指令冗余"就是在一些关键的地方人为地插入一些单字节的空操作指令 NOP。当程序"跑飞"到某条单字节指令上时，就不会发生将操作数当成指令来执行的错误。以 MCS—51 来说，所有的指令都不会超过 3 个字节，因此，在某条指令前面插入两条 NOP 指令，则该条指令就不会被前面冲下来的失控程序拆散，而会得到完整的执行，从而使程序重新纳入正常轨道。通常是在一些对程序的流向起关键作用的指令前面插入两条 NOP 指令。应该注意的是，在一个程序中"指令冗余"不能使用过多，否则会降低程序的执行效率。

对于程序流向起决定作用的指令（如 RET、RETI、ACALL、LCALL、LJMP、JZ、JNZ、JC、JNC、DJNZ 等）和某些对系统工作状态起重要作用的指令（如 SETB EA 等）后面，可重复写上这些指令，以确保这些指令的正确执行。

采用"指令冗余"使"跑飞"的程序恢复正常是有条件的。首先，"跑飞"的程序必须落到程序区，其次，必须执行到所设置的冗余指令。如果"跑飞"的程序落到非程序区，或在执行到冗余指令之前已经形成了一个死循环，则"指令冗余"措施就不能使"跑飞"的程序恢复正常了。这时可以采用另一种软件抗干扰措施，即所谓"软件陷阱"。

4.3.2 软件陷阱技术

微处理器在受到干扰后会产生很复杂的情况，干扰信号会使程序脱离正常运行轨道，为了使"跑飞的"的程序安定下来，可以设立软件陷阱。所谓软件陷阱就是一条引导指令，强行将捕获的程序引向一个指定的地址，在那里有一段专门对出错程序进行处理的程序。软件陷阱可采用两种形式，如表 4.1 所示。

表 4.1   **软 件 陷 阱 形 式**

形式 \ 程序	软件陷阱形式	对应入口形式
形式之一	NOP NOP LJMP 0000H	0000H：LJMP MAIN；运行程序 ⋮
形式之二	LJMP 0202H LJMP 0000H	0000H：LJMP MAIN；运行主程序 ⋮ 0202H：LJMP 0000H ⋮

形式之一的机器码为：0000020000

形式之二的机器码为：0202020200

根据"跑飞"的程序落入陷阱区的位置不同，可选择执行空操作、转到 0000H 和直转 0202H 单元的形式之一，使程序纳入正轨，指定运行到预定位置。

软件陷阱安排在下列几种地方。

1. 未使用的中断向量区

当干扰使未使用的中断开放，并激活这些中断时，就会进一步引起混乱。如果在这些

地方布上陷阱，就能及时捕捉到错误中断。在中断服务程序中要注意：返回指令用
LJMP，也可用 RETI。返回指令用 LJMP 的中断服务程序为：

```
NOP
NOP
POP         direct1         ;将断点弹出堆栈区
POP         direct2         ;转到 0000H 处
LJMP        0000H
```

返回指令用 RETI 的中断服务程序为：

```
NOP
NOP
POP         direct1         ;将原先断点弹出
POP         direct2
PUSH        00H             ;断点地址改为 0000H
PUSH        00H
RETI
```

中断程序中的 direct1、direct2 为主程序中非使用单元。

2. 未使用的大片 EPROM 空间

现在使用的 EPROM 一般都是 2764 或 27128，很少有将其全部用完的情况。对于剩余的大片未编程的 ROM 空间，一般均维持原状（0FFH），0FFH 在 8051 指令系统中是一条单字节指令（MOV R7，A），程序"跑飞"到这一区域后将顺流而下，不再跳跃（除非受到新的干扰）。这时只要每隔一段设置一个陷阱，就一定能捕捉到"跑飞"的程序。有的编程者使用 020000（即 LJMP START）来填充 ROM 未使用的空间，以为两个00H 既是可设置陷阱的地址，又是 NOP 指令，起到双重作用，实际上这样并不合适。如果程序出错后直接从头开始执行，将有可能发生一系列麻烦。软件陷阱一定要指向出错处理过程 ERR，可以将 ERR 安排在 0030H 开始的地方，程序无论如何修改，编译后 ERR的地址总是固定的（因为它前面的中断向量区是固定的）。这样，可以用 00 00 02 00 30五个字节作为陷阱来填充 ROM 中未使用的空间，或者每隔一段设置一个陷阱（02 0030），其他单元保持 0FFH 不变。

3. 表格

有两类表格，一类是数据表格，供 MOVC A，@A＋PC 指令或 MOVC A，@A＋DPTR 指令使用，其内容完全不是指令；另一类是跳转表格，供 JMP @A＋DPTR 指令使用，其内容为一系列的三字节指令 LJMP 或两字节指令 AJMP。由于表格内容和检索值有一一对应关系，在表格中间安排陷阱将会破坏其连续性和对应关系，只能在表格的最后安排五字节陷阱（NOP NOP LJMP ERR）。由于表格区一般较长，安排在最后的陷阱不能保证一定捕捉住"跑飞"的程序，有可能在中途再次飞走，这时只好指望别处的陷阱或冗余指令来制服它了。

4. 程序区

程序区是由一串串执行指令构成的，不能在这些指令串中间任意安排陷阱，否则影响正常执行程序。但是，在这些指令串之间常有一些断裂点，正常执行的程序到此便不会往

下执行了，这类指令有 LJMP、SJMP、AJMP、RET、RETI，这时 PC 的值应发生正常跳变。如果还要顺次往下执行，必然就出错了。当然，弹飞的程序刚好落在断裂点的操作数上或落到前面指令的操作数上（又没有在这条指令之前使用冗余指令），则程序就会越过断裂点，继续往前执行。若在这种地方安排陷阱，就能有效地捕捉到它，而又不影响正常执行的程序流程。例如，在一个根据累加器 A 中内容的正、负、零情况进行三分支的程序中，软件陷阱的安置方式如下：

```
JNZ XYZ
…                  ；零处理
…
AJMP ABC      ；断裂点
NOP                ；陷阱
NOP
LJMP ERR
XYZ:    JB ACC. 7, UVW
…                  ；正处理
…
AJMP ABC      ；断裂点
NOP                ；陷阱
NOP
LJMP ERR
UVW: …                  ；负处理
…
RET            ；断裂点
NOP            ；陷阱
```

由于软件陷阱都安排在正常程序执行不到的地方，故不影响程序执行效率。在当前 EPROM 容量不成问题的条件下，还是多多设置陷阱有益。在打印程序清单时不加（或删去）所有的软件陷阱和冗余指令，在编译前再加上冗余指令和尽可能多的软件陷阱，生成目标代码后再写入 EPROM 中。

5. 中断服务程序区

设用户主程序区间为 ADD1～ADD2，并设定时器 T0 产生 10ms 定时中断。当程序"跑飞"落入该区间外，若在该区间外又发生了定时中断，可在中断服务程序中判断中断断点地址 ADDX。若 ADDX＜ADD1 或 ADDX＞ADD2，说明发生了程序"跑飞"，则应使程序返回到复位入口地址 0000H，使"跑飞"程序纳入正轨。假设 ADD1＝0100H，ADD2＝1000H，2FH 为断点地址高字节暂存单元，2EH 为断点地址低字节暂存单元。编写中断服务程序为：

```
POP        2FH                    ；断点地址弹入 2FH，2EH
POP        2EH
PUSH       2EH                    ；恢复断点
PUSH       2FH
CLR        C                      ；断点地址与下限地址 0100H 比较
```

```
MOV              A, 2EH
SUBB             A, ♯00H
MOV              A, 2FH
SUBB             A, ♯01H
JC               LOPN              ; 断点小于 0100H 则转
MOV              A, ♯00H
SUBB             A, 2EH            ; 断点地址与上限地址 1000H 比较
MOV              A, ♯10H
SUBB             A, 2FH
JC               LOPN              ; 断点大于 1000H 则转
...                                ; 中断处理内容
...
RETI                               ; 正常返回
LOPN:  POP       2FH               ; 修改断点地址
POP              2EH
PUSH             00H               ; 故障断点为 0000H
PUSH             00H
RETI                               ; 故障返回
```

4.4　程序运行监视系统

　　工业现场难免会出现瞬间的尖峰高能脉冲，使正在执行的程序跑飞到一个临时构成的死循环中，指令冗余和软件陷阱技术也无能为力。这时就需要一个独立于 CPU 之外的监控系统，在程序陷入死循环时，能及时发现并自动复位系统，这就是程序运行监视系统，国外称为 "Watchdog Timer"，即看门狗定时器或看门狗。

4.4.1　Watchdog Timer 工作原理

　　当程序飞到一个临时构成的死循环中，PC 指针落到在全地址（在 EPROM 芯片范围之外）时，系统将完全瘫痪。如果操作者在场，就可以按下人工复位按钮强制系统复位。但操作者不能一直监视着系统，即使监视着系统，往往是在发现不良后果之后才进行人工复位。"看门狗"可以代替人自动复位，能使 CPU 从死循环和"跑飞"状态中进入正常的程序流程。

　　1. 硬件"看门狗"

　　硬件"看门狗"是独立于 CPU 的硬件，CPU 在一个固定的时间间隔和"看门狗"打一次交道，表明系统工作正常。如果程序失常，系统陷于死循环中，"看门狗"得不到来自 CPU 的信息，就向 CPU 发出复位信号，使系统复位。现在许多单片机芯片中已有"看门狗"电路，使用非常方便。下面介绍一个由 MAX705 构成的硬件"看门狗"电路。

　　MAX705 是一组 CMOS 监控电路，能够监控电源电压、电池故障和微处理器（MPU 或 P）或微控制器（MCU 或 C）的工作状态。MAXIM 公司价格低廉的微处理器监控芯片，将常用的多项功能集成到一片 8 脚封装的小芯片内，与采用分立元件或单一功能芯片组合的电路相比，大大减小了系统电路的复杂性和元器件的数量，显著提高了系统可靠性

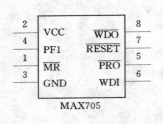

图 4.24 MAX705 引脚图

和精确度，MAX705 的引脚图如图 4.24 所示。

MAX705 具有以下几方面功能：

（1）系统上电、掉电以及供电电压降低时，产生复位输出，复位脉冲宽度的典型值为 200ms，低电平有效。

（2）"看门狗"电路输出，如果在 1.6s 内没有触发该电路，则输出一个低电平信号。

（3）1.25V 门限值检测器，可用于电源故障或其他外电源的监控。

（4）手动复位输入，低电平有效。

在如图 4.25 所示的 MAX705 应用中，MAX705 的功能一是上电复位；二是程序监视。89C51 正常工作时，不断从 P1.6 输出脉冲信号至 MAX705 的 WDI 脚，当单片机程序"跑飞"后，P1.6 不再输出脉冲信号，MAX705 的 WDI 脚在 1.6s 内收不到脉冲信号，将产生复位信号。这时，MAX705 的 $\overline{\text{RESET}}$ 脚变为低电平，通过一个反向器 74LS00 得到高电平，触发单片机高优先级外部中断 0，中断程序将清除中断激活标志，并迫使程序复位到入口处，使单片机复位。使用"看门狗"可增加抗干扰能力。单片机即使受到干扰出现死机现象，通过 MAX705 也可使其恢复工作。

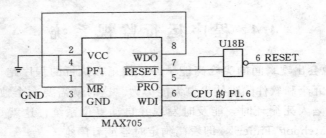

图 4.25 MAX705 应用

WDI 为"看门狗"输入端，该端的作用是启动"看门狗"定时器开始计数。在 $\overline{\text{RESET}}$ 有效或 WDI 输入为高阻态，则"看门狗"定时器被清零且不计数。当复位信号 $\overline{\text{RESET}}$ 变为高电平，且 WDI 发生电平变化（即发生上升或下降沿变化），定时器开始计数。若 WDI 悬空，则"看门狗"不起作用。

当"看门狗"一旦被驱动之后，若在 1.6s 内不再重新触发 WDI，或 WDI 也不呈高阻态，也不发生复位信号时，则会使定时器发生计数溢出，$\overline{\text{WDO}}$ 变为低电平。通常"看门狗"可使 CPU 摆脱死循环的困境，因为陷入死循环后不可能再发 WDI 的触发脉冲了，最多经过 1.6s 后，发出 $\overline{\text{WDO}}$ 信号。

在本系统中，将 $\overline{\text{WDO}}$ 和 $\overline{\text{MR}}$ 相连，则通过"看门狗"可以产生一个复位脉冲。该脉冲可使 WDO 恢复成高电平，"看门狗"定时器被清零。

2. 软件"看门狗"

由硬件"看门狗"技术可以有效地克服主程序或中断服务程序由于陷入死循环而带来的不良后果。但在工业应用当中，严重的干扰有时会破坏中断方式控制字，导致中断关闭，这时硬件"看门狗"电路的功能将不能实现，依靠软件进行双重监视，可以弥补上述不足。

软件"看门狗"技术的基本思想是：在主程序中对 T0 中断服务程序进行监视；在 T1 中断服务程序中对主程序进行监视；T0 中断监视 T1 中断。从概率观点，这种互相依存、相互制约的抗干扰系统将使系统运行的可靠性大大提高。

4.4.2 Watchdog Timer 实现方法

前面列举的各项措施只解决了如何发现系统受到干扰和如何捕捉"跑飞"程序，但仅此还不够，还要能够让单片机根据被破坏的残留信息自动恢复到正常工作状态。

用软件抗干扰措施来使系统恢复到正常状态，是对系统的当前状态进行修复和有选择的部分初始化，这种操作又称为"热启动"。热启动时首先要对系统进行软件复位，也就是执行一系列指令来使各专用寄存器达到与硬件复位时同样的状态，这里需要注意的是还要清除中断激活标志。如用"看门狗"使系统复位时，程序出错有可能发生在中断子程序中，中断激活标志已经置位，它将组织同级的中断响应；而软件看门狗是高级中断，它将阻止所有的中断响应。由此可见清除中断激活标志的重要性。

在进行热启动时，为使启动过程能顺利进行，首先应关中断并重新设置堆栈。因为热启动过程是由软件复位引起的，这时中断系统未被关闭，有些中断请求也许正在排队等待响应，因此，使系统复位的第一条指令应为关中断指令。第二条指令应为重新设置栈底指令，因为在启动过程中要执行各种子程序，而子程序的工作需要堆栈的配合，在系统得到正确恢复的 I/O 设备都设置成安全模式，封锁 I/O 操作，以免干扰造成的破坏进一步扩大。接下来即可根据系统中残留的信息进行恢复工作。系统遭受干扰后会使 RAM 中的信息受到不同程度的破坏，对系统进行恢复实际上就是恢复各种关键的状态信息和重要的数据信息，同时尽可能地纠正由于干扰而造成的错误信息。对于那些临时数据则没有必要进行恢复。在恢复了关键的信息之后，还要对各种外围芯片重新写入它们的命令控制字，必要时还需要补充一些新的信息，才能使系统重新进入工作循环。

对于系统信息的恢复工作是至关重要的。系统中的信息以代码的形式存放在 RAM 中，为了使这些信息在受到破坏后能得到正确的恢复，在存放系统信息时应该采取代码冗余措施。下面介绍一种三重冗余编码，它是将每个重要的系统信息重复存放在三个互不相关的地址单元中，建立双重数据备份。当系统受到干扰后，就可以根据这些备份的数据进行系统信息的恢复。这三个地址应当尽可能的独立，如果采用了片外 RAM，则应在片外 RAM 中对重要的系统信息进行双重数据备份。在对系统信息进行恢复时，通常采用如图 4.26 所示的三中取二的表决流程。

首先将要恢复的单字节信息及它的两个备份信息分别存放到工作寄存器 R2、R3 和 R4 中，再调用表决子程序。子程序出口时若 F0＝

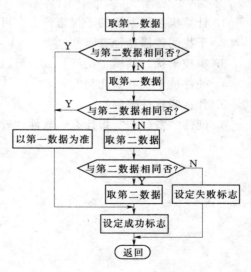

图 4.26　三中取二表决流程

0 表示表决成功，即三个数据中有两个是相同的；若 F0＝1 表示表决失败，即三个数据互不相同。表决结果存放在累加器 A 中。表决子程序如下：

```
VOTE3:    MOV A, R2        ;第一数据与第二数据比较
          XRL A, R3
          JZ VOTE32
          MOV A, R2        ;第一数据与第三数据比较
          XRL A, R4
          JZ VOTE32
          MOV A, R3        ;第二数据与第三数据比较
          XRL A, R4
          JZ VOTE31
          SETB F0          ;失败
          RET
VOTE31:   MOV A, R3        ;以第二数据为准
          MOV R2, A
VOTE32:   CLR F0           ;成功
          MOV A, R2        ;取结果
          RET
```

所有重要的系统信息都要一一进行表决，对于表决成功的信息应将表决结果再写回到原来的地方，以便进行统一；对于表决失败的信息要进行登记。全部表决结束后再检查登记，如果全部成功，系统将得到满意的恢复。如果有失败者，则应根据该失败信息的特征采取其他补救措施，如从现场采集数据来帮忙判断，或者按该信息的初始值处理，其目的都是为了使系统得到尽可能满意的恢复。

习 题

1. 计算机控制系统的干扰指什么？可以分为哪几类？
2. 干扰的传播途径有哪些？
3. 串模干扰、共模干扰指什么？可以采取哪些抗干扰措施？
4. 硬件抗干扰有哪几类？
5. 什么叫软件陷阱？
6. 硬件"看门狗"指什么？软件"看门狗"指什么？有什么区别？

第5章　数字控制器的设计及应用

5.1　引　　言

自动控制系统的核心是控制器，控制器的任务是按照一定的控制规律，产生满足工艺要求的控制信号，以输出驱动执行器，达到自动控制的目的。在传统的模拟控制系统中，控制器的控制规律或控制作用是由仪表或电子装置的硬件电路完成的，而在计算机控制系统中，除了计算机装置以外，更主要的体现在软件算法上，即数字控制器的设计上。

数字控制器通常是利用计算机软件编程，完成特定的控制算法。控制算法通常以差分方程、脉冲传递函数、状态方程等形式表示。采用不同的控制算法，可以实现不同的控制作用，得到不同的控制性能。因此，只要改变控制算法，并改变相应的软件编程，就可以使计算机控制系统完成不同的控制目的。这一点，是计算机控制系统优于传统模拟控制系统的一个重要方面。

对于常规控制系统，数字控制器的设计主要采用连续化设计法和直接离散化设计法。

数字控制器连续化设计法是先将数字控制器看作是模拟控制器，根据控制系统的性能指标要求，首先设计出模拟控制系统的模拟控制器，再采用离散化的方法将设计好的模拟控制器离散化成数字控制器，最后构成数字控制系统。这种方法对习惯于模拟控制系统设计的人来说比较容易理解和接受，但这种方法当采样周期较大时，系统实际达到的性能往往比预计的设计指标差。

直接数字设计法则首先将系统中的由被控对象和保持器构成的广义被控对象离散化，得到相应的以脉冲传递函数、差分方程或离散系统状态方程表示的离散系统模型，然后利用离散控制系统理论，直接设计数字控制器。由于直接设计法直接在离散系统的范畴内进行，避免了由模拟控制器向数字控制器转化，也绕过了采样周期对系统动态性能产生严重影响的问题，是目前采用较为广泛的计算机控制系统设计方法。

5.2　数字控制器的连续化设计

数字控制器的连续化设计就是把整个控制系统看成是模拟系统，利用模拟系统的理论和方法进行分析和设计，得到模拟控制器后再通过某种近似，将模拟控制器离散化为数字控制器，并由计算机来实现。这对于对象的特征不太清楚，采样周期比较小的情况，可以获得比较满意的控制效果。由于广大工程技术人员对 S 平面比 Z 平面更为熟悉，因此数字控制器的连续化设计技术被广泛应用。

5.2.1　数字控制器连续化设计步骤

如图 5.1 所示的计算机控制系统中，$G(s)$ 是被控对象的传递函数，$H_0(s)$ 是零阶保持器的传递函数，$D(z)$ 是数字控制器。现在的设计问题是如何根据已知的系统性能指标和被控对象 $G(s)$ 来设计出数字控制器 $D(z)$，其设计步骤主要包括以下几个方面。

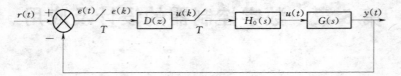

图 5.1　计算机控制系统的结构图

1. 设计假想的连续控制器 $D(s)$

设计数字控制器 $D(s)$ 常用的有两种方法。一种是事先确定控制器的结构，如后面要重点介绍的 PID 算法等，然后通过其控制参数的整定完成设计；另一种设计方法是应用连续控制系统的设计方法如频率特性法、根轨迹法等，来设计出控制器的结构和参数。

无论采用哪种设计方式，设计时都需要知道广义被控对象，如图 5.1 所示，广义被控对象应当是包含零阶保持器的传递函数 $H_0(s)\,G(s)$。由于零阶保持器的传递函数比较特殊，这对于某些连续控制系统的设计来说，直接处理起来比较困难，为此常常采用如下两种解决方法。

一种方法是忽略控制回路中零阶保持器对控制系统的影响，直接按 $G(s)$ 进行设计，前提条件是要求要有足够小的采样周期。在计算机控制系统中，完成信号恢复功能一般由零阶保持器来实现。零阶保持器的传递函数为

$$H_0(s)=\frac{1-\mathrm{e}^{-sT}}{s} \tag{5.1}$$

其频率特性为

$$H(\mathrm{j}\omega)=\frac{1-\mathrm{e}^{i\omega\tau}}{\mathrm{j}\omega}=T\,\frac{\sin\dfrac{\omega T}{2}}{\dfrac{\omega T}{2}}\;\bigg/\!-\frac{\omega T}{2} \tag{5.2}$$

从式（5.2）可以看出，零阶保持器对控制信号产生附加的相移（滞后）。对于小的采样周期，可把零阶保持器 $H_0(s)$ 近似为

$$H_0(s)=\frac{1-\mathrm{e}^{-sT}}{s}\approx\frac{1-1+sT-\dfrac{(sT)^2}{2}+\cdots}{s}=T\Big(1-s\,\frac{T}{2}+\cdots\Big)\approx T\mathrm{e}^{-s\frac{T}{2}} \tag{5.3}$$

式（5.3）表明，零阶保持器 $H_0(s)$ 可以用半个采样周期的时间滞后环节来近似。假定这样设计的系统相角裕量会减少 $5°\sim15°$，则为了将这种不利影响控制在较小范围，采样周期应选为

$$T\leqslant(0.15\sim0.5)/\omega_c \tag{5.4}$$

其中 ω_c 是连续控制系统的穿越频率。采用连续化设计方法时，按式（5.4）的经验法选择的采样周期是相当短的。

另一种方法是所谓的 ω 变换法，即先利用零阶保持器法将 $G(s)$ 离散化为 $G(z)=(1-z^{-1})Z\left[\dfrac{G(s)}{s}\right]$，再利用 ω 变换将 $G(z)$ 变换为 $G(\omega)=G(z)\big|_{z=\frac{1+\omega T/2}{1-\omega T/2}}$，然后利用 $G(\omega)$ 进

行连续系统的设计。采用这种迂回的办法，除了考虑零阶保持器外，得到的 $G(\omega)$ 为 ω 的有理函数，同时解决了系统有纯滞后环节给设计带来的不便。应当说明的是，ω 变换是一种近似等效的关系，存在着所谓的频率扭曲现象。在采用对数频率特性法设计时，有时需要进行频率校正，特别在采样周期较大时。

2. 将 $D(s)$ 离散化为 $D(z)$

将连续控制器 $D(s)$ 离散化为数字控制器 $D(z)$ 的方法很多，如双线性变换法、后向差分法、前向差分法、冲击响应不变法、零极点匹配法、零阶保持法等。在这里，仅介绍常用的双线性变换法、前向差分法和后向差分法。

(1) 双线性变换法。由 z 变换的定义可知 $z=\mathrm{e}^{sT}$，利用级数展开可得

$$z=\mathrm{e}^{sT}=\frac{\mathrm{e}^{\frac{sT}{2}}}{\mathrm{e}^{\frac{-sT}{2}}}=\frac{1+\frac{sT}{2}+\cdots}{1-\frac{sT}{2}+\cdots}\approx\frac{1+\frac{sT}{2}}{1-\frac{sT}{2}} \qquad (5.5)$$

式（5.5）称为双线性变换或塔斯廷（Tustin）近似。

为了由 $D(s)$ 求解 $D(z)$，由式（5.5）可得

$$s=\frac{2}{T}\frac{z-1}{z+1} \qquad (5.6)$$

且有

$$D(z)=D(s)\big|_{s=\frac{2}{T}\frac{z-1}{z+1}} \qquad (5.7)$$

式（5.7）就是利用双线性变换法由 $D(s)$ 求解 $D(z)$ 的计算公式。

(2) 前向差分法。利用级数展开可将 $z=\mathrm{e}^{sT}$ 写成以下形式

$$z=\mathrm{e}^{sT}=1+sT+\cdots\approx1+sT \qquad (5.8)$$

式（5.8）称为前向差分法或欧拉法的计算公式。

为了由 $D(s)$ 求解 $D(z)$，由式（5.8）可得

$$s=\frac{z-1}{T} \qquad (5.9)$$

且有

$$D(z)=D(s)\big|_{s=\frac{z-1}{T}} \qquad (5.10)$$

式（5.10）就是利用前向差分法由 $D(s)$ 求解 $D(z)$ 的计算公式。

(3) 后向差分法。利用级数展开还可将 $z=\mathrm{e}^{sT}$ 写成以下形式

$$z=\mathrm{e}^{sT}=\frac{1}{\mathrm{e}^{-sT}}\approx\frac{1}{1-sT} \qquad (5.11)$$

由式（5.11）可得

$$s=\frac{z-1}{Tz} \qquad (5.12)$$

且有

$$D(z)=D(s)\big|_{s=\frac{z-1}{Tz}} \qquad (5.13)$$

式（5.13）便是利用后向差分法由 $D(s)$ 求解 $D(z)$ 的计算公式。

双线性变换的优点在于它能把左半 S 平面转换到单位圆内。使用双线性变换，一个稳定的连续控制系统在变换之后仍将是稳定的，但使用前向差分法，就有可能把它变换成

一个不稳定的离散控制系统。

3. 设计由计算机实现的控制算法

设数字控制器 $D(z)$ 的一般形式为

$$D(z)=\frac{U(z)}{E(z)}=\frac{b_0+b_1z^{-1}+\cdots+b_mz^{-m}}{1+a_1z^{-1}+\cdots+a_nz^{-n}} \tag{5.14}$$

式中：$n\geqslant m$，各系数 a_1、b_1 为实数，且有 n 个极点和 m 个零点。

式（5.14）可写为

$$U(z)=(-a_1z^{-1}-\cdots-a_nz^{-n})U(z)+(b_0+b_1z^{-1}+\cdots+b_mz^{-m})E(z) \tag{5.15}$$

上式用时域表示为

$$u(k)=-a_1u(k-1)-a_2u(k-2)-\cdots-a_nu(k-n)$$
$$+b_0e(k)+b_1e(k-1)+\cdots+b_me(k-m) \tag{5.16}$$

利用式（5.16）即可实现计算机编程，因此式（5.16）称为数字控制器 $D(z)$ 的控制算法。

4. 校验

控制器 $D(z)$ 设计完成并得到控制算法后，须按照如图 5.1 所示的计算机控制系统检验其闭环性能是否符合设计的要求，这一步可由计算机控制系统的数字仿真来验证，如果满足设计要求则设计结束，否则应重新修改设计。

5.2.2 数字 PID 控制算法

PID 控制是连续系统中技术最成熟、应用最为广泛的一种控制方式，有资料表明目前90％以上的工业控制回路均采用各种形式的 PID 控制算法。PID 是 Proportional（比例）、Integral（积分）、Differential（微分）三者的缩写。PID 控制的实质是根据反馈后计算得到的输入偏差值，按比例、积分、微分的函数关系进行运算，其运算结果用以输出控制。

PID 控制算法主要具有以下特点：

（1）算法蕴涵了动态过程中的过去、现在和将来的主要信息。比例代表了当前的信息，起纠正偏差的作用，使过程反应迅速，但比例控制不能消除稳态误差，K_p 的加大，会引起系统的不稳定；微分在信号变化时有超前控制作用，代表了将来的信息，在过程开始时强迫过程的进行，过程结束时减小超调，克服振荡，提高系统的稳定性，加快系统的过渡过程，改善系统的动态性能；积分代表了过去积累的信息，它能消除静差，改善系统静态特性，但积分作用太强会使系统的超调加大，甚至使系统出现振荡。此三种作用若配合得当，可使动态过程快速、平稳、准确，收到良好的效果。

（2）PID 控制适应性好，有较强的鲁棒性，对各种工业应用场合都可在不同的程度上应用。

（3）算法简单明了，形成了完整的设计和参数调整方法，很容易为工程技术人员所掌握。

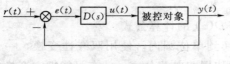

图 5.2 模拟 PID 控制系统

下面从最基本的模拟 PID 控制原理出发，讨论数字 PID 控制的计算机实现方法。

1. 模拟 PID 控制器

在连续控制系统中，经常采用如图 5.2 所示

的 PID 控制算法，其控制规律可表示为

$$u(t) = K_p\left[e(t) + \frac{1}{T_i}\int_0^t e(t)\,\mathrm{d}t + T_d\frac{\mathrm{d}e(t)}{\mathrm{d}t}\right] \tag{5.17}$$

写成传递函数的形式为

$$G(s) = \frac{U(s)}{E(s)} = K_p\left(1 + \frac{1}{T_i s} + T_d s\right) \tag{5.18}$$

式中：K_p 为比例增益或比例系数；T_i 为积分时间；T_d 为微分时间。

2. 理想数字 PID 控制器

在计算机控制系统中，PID 控制规律的实现必须用数值逼近的方法。当采样周期足够小时，我们可以用求和代替积分、用向后差分代替微分，使模拟 PID 离散化为差分方程。

(1) 理想数字 PID 位置型控制算法。为了便于计算机实现，必须把微分方程式 (5.17) 离散化为差分方程，为此可作如下近似

$$\int_0^t e(t)\,\mathrm{d}t \approx T\sum_{i=0}^k e(i) \tag{5.19}$$

$$\frac{\mathrm{d}e(t)}{\mathrm{d}t} \approx \frac{e(k) - e(k-1)}{T} \tag{5.20}$$

式中：T 为采样周期；k 为采样序号。

由式 (5.17)、式 (5.19)、式 (5.20) 可得数字 PID 位置型控制算式为

$$u(k) = K_p\left[e(k) + \frac{T}{T_i}\sum_{i=0}^k e(i) + T_d\frac{e(k) - e(k-1)}{T}\right] \tag{5.21}$$

或者

$$u(k) = K_p e(k) + K_i\sum_{i=0}^k e(i) + K_d[e(k) - e(k-1)] \tag{5.22}$$

$$K_i = K_p\frac{T}{T_i} \quad K_d = K_p\frac{T_d}{T}$$

式中：K_p 为比例系数；K_i 为积分系数；K_d 为微分系数。

在上述两式表示的控制算法中提供了执行机构的位置 $u(k)$，如阀门的开度，所以被称为理想数字 PID 位置型控制算式。

(2) 理想数字 PID 增量型控制算法。由式 (5.21) 或式 (5.22) 可看出，位置型控制算式要累加所有的偏差 $e(i)$，这不仅要占用较多的存储单元，而且不便于程序的编写，使用不够方便，最好能转化成某种递推的形式。为此，可以采用向后差分法直接对式 (5.18) 进行离散化，得

$$\begin{aligned}
G(z) = \frac{u(z)}{E(z)} &\approx G(s)\Big|_{s=\frac{z-1}{Tz}} = K_p\left[1 + \frac{T}{T(1-z^{-1})} + T_d\frac{1-z^{-1}}{T}\right] \\
&= \frac{1}{1-z^{-1}}K_p\left[(1-z^{-1}) + \frac{T}{T_i} + \frac{T_d}{T}(1-z^{-1})^2\right] \\
&= \frac{1}{1-z^{-1}}K_p\left[\left(1 + \frac{T}{T_i} + \frac{T_d}{T}\right) - \left(1 + 2\frac{T_d}{T}\right)z^{-1} + \frac{T_d}{T}z^{-2}\right] \tag{5.23}
\end{aligned}$$

也即〔注意在推导过程中保留分母的 $1-z^{-1}$ 因子〕

$$(1-z^{-1})U(z)=K_p\left[\left(1+\dfrac{T}{T_i}+\dfrac{T_d}{T}\right)-\left(1+2\dfrac{T_d}{T}\right)z^{-1}+\dfrac{T_d}{T}z^{-2}\right]E(z) \quad (5.24)$$

写成差分方程的形式即得理想数字 PID 增量型控制算式为

$$\Delta u(k)=u(k)-u(k-1)=q_0e(k)+q_1e(k-1)+q_2e(k-2) \quad (5.25)$$

式中

$$q_0=K_p\left(1+\dfrac{T}{T_i}+\dfrac{T_d}{T}\right);\quad q_1=-K_p\left(1+2\dfrac{T_d}{T}\right);\quad q_2=K_p\dfrac{T_d}{T}$$

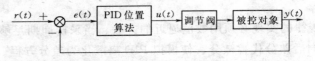

图 5.3　数字 PID 位置型控制示意图

（3）理想数字 PID 控制算法实现方式比较。在控制系统中，如果执行机构采用调节阀，则控制量对应阀门的开度，表征了执行机构的位置，此时控制器应采用数字 PID 位置型控制算法，如图 5.3 所示。如果执行机构采用步进电动机，每个采样周期控制器输出的控制量，是相当于上次控制量的增加，此时控制器应采用数字 PID 增量型控制算法，如图 5.4 所示。

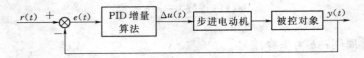

图 5.4　数字 PID 增量型控制示意图

增量型算法与位置型算法相比，具有以下优点：

1）增量算法不需要做累加，控制量增量的确定仅与最近几次误差采样值有关，计算误差或计算精度问题，对控制量的计算影响较小。而位置型算法要用到过去的误差的累加值，容易产生大的累加误差。

2）增量型算法得出的是控制量的增量。例如阀门的控制中，只输出阀门开度的变化部分，误动作影响小，必要时通过逻辑判断限制或禁止本次输出，不会严重影响系统的工作。而位置算法的输出是控制量的全量输出，误动作影响大。

3）采用增量算法，易于实现手动到自动的无冲击切换。

（4）理想数字 PID 控制算法流程。图 5.5 给出了数字 PID 增量型控制算法的流程图。利用增量型控制算法，也可得出位置型控制算法，即

$$u(k)=u(k-1)+\Delta u(k)$$

$$\Delta u(k)=q_0e(k)+q_1e(k-1)+q_2e(k-2) \quad (5.26)$$

式（5.26）即是位置型控制算式的递推算法，其程序流程和增量型控制算法类似，稍加修改即可。

5.2.3　数字 PID 的改进

用计算机实现 PID 控制，不只是简单地把 PID 控制规律数字化，而是进一步与计算机的强大运算

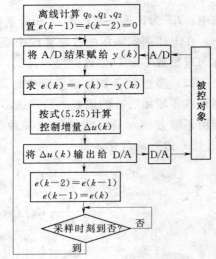

图 5.5　数字 PID 增量型控制
算法流程图

能力、储存能力和逻辑判断能力结合起来，使 PID 控制更加灵活多样，更能够满足对控制系统提出的各种要求。下面介绍的数字 PID 算法的改进主要包括积分项的改进、微分项的改进和带死区的 PID 等几个方面。

1. 积分项的改进

在 PID 控制中，积分的作用是消除系统的稳态偏差，为了提高控制性能，对积分项可以采取以下两种改进措施。

(1) 积分分离算法。在一般的 PID 控制中，当有较大的扰动或大幅度改变设定值时，由于短时间内出现大的偏差，加上系统本身具有的惯性和滞后，故在积分的作用下，往往会引起系统过量的超调和长时间的波动。特别是对于温度、成分等大惯性、大滞后的系统，这一现象更为严重。为此，在偏差较大的过程中，可采用积分分离措施来改变这一情况。

积分分离措施是设置一个积分分离阈值 β，即在系统的设定值附近画一条带域，其宽度为 2β。当偏差较大时取消积分作用，当偏差较小时才投入积分作用，也即：

当 $|e(k)| > \beta$ 时，采用 PD 控制；

当 $|e(k)| \leqslant \beta$ 时，采用 PID 控制。

积分分离阈值 β 是一个根据具体对象及要求确定的相对值。若 β 值过大，达不到积分分离的目的，如图 5.6 中的曲线 a 所示；若 β 值过小，一旦被控量 y 脱离了积分分离区，只进行 PD 控制，有可能无法消除残差，如图中的曲线 c 所示；只有当 β 值适中，才能达到兼顾稳态偏差与动态品质的积分分离的目的，如图中曲线 b 所示。

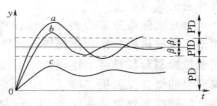

图 5.6 不同积分分离值下的系统响应曲线

积分分离除了采用上述简单的积分"开关"控制外，还可以采用所谓变速积分的算法。变速积分的基本思想是改变积分增益的大小，使其与输入偏差的大小相对应：偏差越大，积分作用越弱，反之则越强。

(2) 抗积分饱和算法。虽然 PID 控制系统是作为线性系统来分析处理的，但在某些情况下往往存在不可避免的非线性因素，如所有的执行机构、阀门以及 D/A 转换输出都有先富，具有上下限的限制。控制系统在运行过程中，控制量的输出是一个动态过程（控制输出与当前的被控量不是一一对应的），有时会不可避免地使控制输出达到系统的限幅值。这时的执行器将保持在极限位置而与过程变量无关，相当于控制系统处于开环状态。此时，若控制器具有积分作用，输入偏差的存在可能导致持续积分，积分项可能会进一步使 PID 计算的控制输出超出系统的限幅值。当偏差反向时，系统需要很长的时间才能使积分作用返回有效的正常值。这一现象称为积分饱和。当出现积分饱和时，势必使超调量增加，使控制系统的品质变差。

通过对积分饱和现象的分析，可以得到一种简单的抗积分饱和的办法，即当出现积分饱和时，通过停止积分作用的方法来抑制积分的饱和。具体的办法是，当控制输出达到系统的上限、下限限幅值时，停止对某一方向的积分。设控制器输出满足 $u_{\min} \leqslant u(k) \leqslant u_{\max}$，其中 $u_{\min}$、$u_{\max}$ 分别是控制器容许的下限值和上限值，当 $u(k)$ 超出此范围时，采取停止积分的措施。以采用正作用的 PID 控制为例，若 $u(k) \geqslant u_{\max}$，且 $e(k) > 0$，则令积分增益

$K_i=0$ 停止积分，防止计算控制量 u 的继续增加；类似地，若 $u(k) \leqslant u_{min}$，且 $e(k) < 0$，同样令积分增益 $K_i=0$ 停止积分，防止计算控制量 u 的继续减小。当然，在要求不高时，也可以不考虑偏差 $e(k)$ 的方向，只要达到控制量容许的下限值和上限值，就停止积分。

特别注意，是否采取抗积分饱和措施的关键是判断控制系统最终的控制输出是否超出了系统要求的限幅值。在串级控制系统中积分饱和现象有时非常严重，这时控制最后的输出是副调节器的输出，当它已达到了执行机构容许的上、下限值时，不仅副调节器要采取抗积分饱和措施，更重要的是主调节器要抗积分饱和。例如在火电厂主蒸汽温度的串级控制中，一般主调节器就必须采取抗积分饱和的算法，这里的主调节器是否采取抗饱和措施与其本身的输出无关。

2. 微分项的改进

引进微分改善了系统的动态特性，但同时由于微分放大噪声的作用，也极易引进高频干扰信号。因此，在实现 PID 控制时，除了要限制微分增益外，还要对信号进行平滑处理，消除高频噪声的影响。数字 PID 控制算法对微分项的改进，其中最重要的就是实际微分 PID 控制算法，该算法不仅可以抑制干扰，还可以克服理想微分算法对系统有大幅度冲击的缺点。

(1) 实际微分 PID 控制算法。理想微分 PID 控制的实际效果并不理想，特别在干扰作用下执行机构常常动作频繁，计算的控制输出甚至会超过执行机构的上下限。但是，使用模拟控制器却没有上述现象，主要是因为模拟电路本身特性的限制，模拟控制器无法实现理想的微分控制项（即 $T_d s$），而是一种称为实际微分的近似实现。为了保持模拟控制器良好的控制效果，在数字 PID 控制中也常常采用实际微分的算法，其实质是模仿模拟控制器在理想算法的基础上增加一个对微分作用的低通滤波环节（通常为一阶惯性环节）。

一种常见的实际微分 PID 控制算式如下所示，式中 T_f 为惯性时间。

$$G(s) = \frac{U(s)}{E(s)} = K_p \frac{1}{T_f s+1}\left(1+\frac{1}{T_i s}+T_d s\right) \tag{5.27}$$

采用向后差分法对上式进行离散化，即

$$G(z)=\frac{U(z)}{E(z)} \approx G(s)\Big|_{s=\frac{z-1}{Tz}}$$

$$=K_p \frac{1}{1+T_f(1-z^{-1})/T}\left[1+\frac{T}{T_i(1-z^{-1})}+\frac{T_d(1-z^{-1})}{T}\right]$$

$$=\frac{1}{1-z^{-1}}\frac{K_p T}{(T+T_f)-T_i z^{-1}}\left[\left(1+\frac{T}{T_i}+\frac{T_d}{T}\right)-\left(1+2\frac{T_d}{T}\right)z^{-1}+\frac{T_d}{T}z^{-2}\right]$$

于是

$$[(T+T_f)-T_f z^{-1}]\Delta U(z)=K_p T\left[\left(1+\frac{T}{T_i}+\frac{T_d}{T}\right)-\left(1+2\frac{T_d}{T}\right)z^{-1}+\frac{T_d}{T}z^{-2}\right]E(z)$$

写成差分方程的形式为

$$\begin{cases}\Delta u(k)=C_1\Delta u(k-1)+C_2 e(k)+C_3 e(k-1)+C_4 e(k-2)\\ u(k)=u(k-1)+\Delta u(k)\end{cases}$$

其中

$$C_1=\frac{T_f}{T+T_f},\quad C_2=\frac{K_p T}{T+T_f}\left(1+\frac{T}{T_i}+\frac{T_d}{T}\right),\quad C_3=-\frac{K_p T}{T+T_f}\left(1+2\frac{T_d}{T}\right),\quad C_4=-\frac{K_p T_d}{T+T_f}$$

由于实际微分 PID 算法中包含一阶惯性环节，具有低通滤波能力，抗干扰能力较强，故可以获得比理想微分 PID 算法更好的控制效果，在实际的工程应用中，特别是在微分作用较强时，数字 PID 控制大多采用实际微分算法。式（5.28）和式（5.29）是其他两种以传递函数表示的控制算式，读者可以用向后差分或双线性变换法进行离散化。

$$G(s) = \frac{U(s)}{E(s)} = K_p \frac{1 + T_d s}{1 + \frac{T_d}{K_d}s}\left(1 + \frac{1}{T_i s}\right) \tag{5.28}$$

$$G(s) = \frac{U(s)}{E(s)} = K_p\left[1 + \frac{1}{T_i s} + \frac{T_d s}{1 + \frac{T_d}{K_d}s}\right] \tag{5.29}$$

（2）微分先行 PID 控制算法。为了减少设定值变化时 PID 算法中微分作用对系统的冲击作用，避免微分动作导致控制量的大幅度变化，工业控制过程中还常常采用如图 5.7 所示的微分先行 PID 控制算法，即只对过程的被控量 $y(t)$ 进行微分，不对偏差 $e(t)$ 微分，也就是说对设定值 $r(t)$ 无微分作用，这样可以使设定值变化时控制作用的变化较为平缓。图中 γ 为微分增益系数。

图 5.7　微分先行 PID
控制方框图

3. 带死区的 PID 控制算法

在计算机控制系统中，某些系统为了避免控制动作过于频繁，以消除由于执行机构或阀门的频繁动作所引起的系统振荡，可以采用带死区的 PID 控制算法，也称带不灵敏区的算法。如图 5.8 所示该算法是在原 PID 算法的前面增加一个不灵敏区的非线性环节来实现的，即

$$p(k) = \begin{cases} e(k) & |e(k)| > \varepsilon \\ s \cdot e(k) & |e(k)| \leqslant \varepsilon \end{cases}$$

式中：s 为死区增益，其数值可为 0、0.25、0.5、1 等。

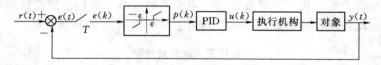

图 5.8　带死区的计算机 PID 控制系统

死区 ε 是一个可调参数，其具体数值可根据实际控制对象由实验确定。ε 值太小，使调节过于频繁，达不到稳定被调节对象的目的；ε 若取得太大，则系统将产生很大的滞后；当 $\varepsilon = 0$ 或 $s = 1$ 时，即为常规 PID 控制。

需要指出的是，死区是一个非线性环节，不能像线性环节一样随便移到 PID 控制器的后面，对控制量输出设定一个死区，这样做的效果是完全不同的。在生产现场有时为了延长执行机构或阀门使用寿命。有一种错误的做法，即不按设计规范的要求片面地增大执行机构或阀门的不灵敏区，希望能避免执行机构或阀门的频繁动作，这就相当于将死区移到了 PID 控制器后面，这样有时会得到适得其反的效果。

5.2.4　数字 PID 的参数整定

对由数字 PID 构成的控制系统的设计，由于控制系统的结构和控制规律已经确定，系统控制质量的好坏主要取决于参数是否合理，设计确定 PID 参数的工作也称为 PID 的参数整定。整定的实质是通过调整控制器的参数使其特性与被控对象的特性相匹配，以获得满意的控制效果。

数字 PID 参数整定主要是确定 K_p、K_i、K_d 和采样周期 T。参数整定的方法很多，可以归纳为理论整定法与工程整定法两大类。

理论整定法以被控对象的数学模型为基础，通过理论计算如根轨迹、频率特性等方法直接求得控制器参数。理论整定需要知道被控对象的精确数学模型。否则整定后的控制系统难以达到预期的效果。而实际问题的数学模型往往都是一定条件下的近似，所以这种方法主要用于理论分析，在工程上用的并不是很多。

工程整定法是一种近似的经验法。由于其方法简单，便于实现，特别是不依赖控制对象的数学模型，且能解决控制工程中的实际问题，因而被工程技术人员广泛采用，下面将主要介绍在数字 PID 整定应用较多的扩充临界比例带法与扩充响应曲线法。

1. 采样周期 T 的确定

采样周期 T 的选择应视具体对象而定，反应快的控制回路要求选用较短的采样周期，而反应慢的回路可以选用较长的 T。实际选用时，应注意下面几点：

（1）必须满足采样定理的要求。采样周期应比被控对象的时间常数小得多，否则采样信息无法反映瞬变过程。按香农采样定理，为了不失真地复现信号的变化，采样频率至少应为有用信号的最高频率的 2 倍，实际常选用 5～10 倍。

（2）根据被控对象的特性，快速系统的 T 应取小，反之，T 可以取大些。

（3）从控制系统的随动和抗干扰的性能来看，则 T 小些好。

（4）根据执行机构的类型，当执行机构动作惯性大时，T 应取大些。

（5）从计算机的工作量及每个调节回路的计算成本来看，T 应选大些。

（6）从计算机能精确执行控制算式来看，T 应选大些。

由于生产过程千变万化，非常复杂，上面介绍的仅是一些初步的设计原则，实际的采样周期需要经过现场调试后确定。表 5.1 列出了采样周期 T 的经验数据。

表 5.1　　　　　　　　　　　　　采样周期 T 的经验数据

被测参数	采样周期（s）	备　注
流量	1～5	优先选用 1～2s
压力	3～10	优先选用 6～8s
液位	6～8	
温度	15～20	或纯滞后时间，串级系统：
成分	15～20	副环 $T=1/4～1/5T$ 主环

2. 扩充临界比例带法

扩充临界比例带法是模拟调节器中使用的临界比例带法（也称稳定边界法）的扩充，是一种闭环整定的实践经验方法。按该方法整定 PID 参数的步骤如下：

（1）选择一个足够短的采样周期 $T_{\min}$。所谓足够短，具体地说就是采样周期选择为对的纯滞后时间的 1/10 以下。

（2）将数字 PID 控制器设定为纯比例控制，并逐步减小比例带 $\delta\left(\delta=\dfrac{1}{K_{\mathrm p}}\right)$，使闭环系统产生临界振荡。此时的比例带和振荡周期称为临界比例带 $\delta_{\mathrm k}$ 和临界振荡周期 $T_{\mathrm k}$。

（3）选定控制度。所谓控制度，就是以模拟调节器为基准，将 DDC 的控制效果与模拟调节器的控制效果相比较。控制效果的评价函数通常采用 $\min\displaystyle\int_0^\infty e(t)^2\mathrm dt$（最小的误差平方积分）表示。

$$\text{控制度}=\frac{\left[\min\displaystyle\int_0^\infty e(t)^2\mathrm dt\right]_{\mathrm D}}{\left[\min\displaystyle\int_0^\infty e(t)^2\mathrm dt\right]_{\mathrm A}}$$

实际应用中并不需要计算出两个误差的平方积分，控制度仅表示控制效果的物理概念。例如，当控制度为 1.05 时，就是指 DDC 控制与模拟控制效果基本相同；控制度为 2.0 时，是指 DDC 控制比模拟控制效果差。

（4）根据选定的控制度查表 5.2，求得 $K_{\mathrm p}$、$K_{\mathrm f}$、$K_{\mathrm d}$ 和 T 的值。

（5）按求得的整定参数投入运行，在投运中观察控制效果，再适当调整参数，直到获得满意的控制效果。

表 5.2   **扩充临界比例带法确定采样周期和数字调节器参数**

控制度	调节器类型	T	$K_{\mathrm p}$	$T_{\mathrm i}$	$T_{\mathrm D}$
1.05	PI	$0.03T_{\mathrm k}$	$0.53\delta_{\mathrm k}$	$0.88T_{\mathrm k}$	—
	PID	$0.014T_{\mathrm k}$	$0.63\delta_{\mathrm k}$	$0.49T_{\mathrm k}$	$0.14T_{\mathrm k}$
1.2	PI	$0.05T_{\mathrm k}$	$0.49\delta_{\mathrm k}$	$0.91T_{\mathrm k}$	—
	PID	$0.043T_{\mathrm k}$	$0.47\delta_{\mathrm k}$	$0.47T_{\mathrm k}$	$0.16T_{\mathrm k}$
1.5	PI	$0.14T_{\mathrm k}$	$0.42\delta_{\mathrm k}$	$0.99T_{\mathrm k}$	—
	PID	$0.09T_{\mathrm k}$	$0.34\delta_{\mathrm k}$	$0.43T_{\mathrm k}$	$0.20T_{\mathrm k}$
2.0	PI	$0.22T_{\mathrm k}$	$0.36\delta_{\mathrm k}$	$1.05T_{\mathrm k}$	—
	PID	$0.16T_{\mathrm k}$	$0.27\delta_{\mathrm k}$	$0.40T_{\mathrm k}$	$0.22T_{\mathrm k}$

3．扩充响应曲线法

与上述闭环整定方法不同，扩充响应曲线法是一种开环整定方法。如果可以得到被控对象的动态特性曲线，那么就可以与模拟调节系统的整定一样，采用扩充响应曲线法进行数字 PID 的整定。其步骤如下：

（1）断开数字控制器，使系统在手动状态下工作。将被控量调节到给定值附近，当达到平衡时，突然改变给定值，相当给对象施加一个阶跃输入信号。

（2）记录被控量在此阶跃作用下的变化过程曲线（即广义对象的飞升特性曲线），如图 5.9 所示。

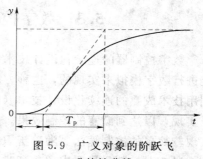

图 5.9 广义对象的阶跃飞
升特性曲线

（3）根据飞升特性曲线，求得被控对象纯滞后时间 τ 和等效惯性时间常数 T_p，以及它们的比值 T_p/τ。

（4）由求得的 T_p 和 τ 以及它们的比 T_p/τ，选择某一控制度，查表 9.3，即可求得数字 PID 的整定参数的 K_p、T_i、T_d 和 T 值。

（5）按求得的整定参数投入在投运中观察控制效果，再适当调整参数，直到获得满意的控制效果。

表 5.3　　　　　　　　　扩充响应曲线法确定采样周期和数字调节器参数

控制度	调节器类型	T	K_p	T_i	T_d
1.05	PI	0.1τ	$0.84T_p/\tau$	3.4τ	—
	PID	0.05τ	$1.15T_p/\tau$	2.0τ	0.45τ
1.2	PI	0.2τ	$0.78T_p/\tau$	3.6τ	—
	PID	0.16τ	$1.0T_p/\tau$	1.9τ	0.55τ
1.5	PI	0.5τ	$0.68T_p/\tau$	3.9τ	—
	PID	0.34τ	$0.85T_p/\tau$	1.62τ	0.65τ
2.0	PI	0.8τ	$0.57T_p/\tau$	4.2τ	—
	PID	0.6τ	$0.6T_p/\tau$	1.5τ	0.82τ

4. 归一参数整定法

调节器参数的整定乃是一项繁琐而又费时的工作。当一台计算机控制数十乃至数百个控制回路时，整定参数是十分浩繁的工作，一种简易的整定方法——PID 归一参数整定法，该方法只需整定一个参数即可。

已知增量型 PID 控制的公式为：

$$\Delta u(k) = u(k) - u(k-1)$$

$$= K_p\left[\left(1 + \frac{T}{T_i} + \frac{T_d}{T}\right)e(k) - \left(1 + 2\frac{T_d}{T}\right)e(k-1) + \frac{T_d}{T}e(k-2)\right]$$

若令 $T = 0.1T_k$；$T_i = 0.5T_k$；$T_d = 0.125T_k$。式中 T_k 为纯比例作用下的临界振荡周期。则：

$$\Delta u(k) = u(k) - u(k-1) = K_p[2.45e(k) - 3.5e(k-1) + 1.25e(k-2)]$$

这样，整个问题便简化为只要整定一个参数 K_p。改变 K_p，观察控制效果，直到满意为止。该法为实现简易的自整定控制带来方便。

5.3　数字控制器的离散化设计及其应用

数字控制器的连续化设计技术，是立足于连续控制系统控制器的设计，然后在计算机上进行数字模拟来实现的，这种方法在被控对象的特性不太清楚的情况下，人们可以充分利用技术成熟的连续化设计技术（如 PID 控制器的设计技术），并把它移植到计算机上予以实现，以达到满意的控制效果。但是连续化设计技术要求相当短的采样周期，因此只能实现较简单的控制算法。随着辨识技术的发展和控制任务的需要，当所选择的采样周期比较大时或对控制质量要求比较高时，可以从被控对象的特性出发，直接根据计算机控制理论（采样控制理论），以 Z 变换为工具，以脉冲传递函数为数学模型，设计出满足指标要求的数字控制器 $D(z)$，这类方法称为数字控制器的直接离散化设计法。

5.3.1 直接离散化设计的基本原理及步骤

研究如图 5.10 所示的典型的计算机控制系统。

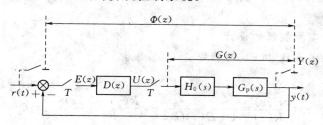

图 5.10 典型的计算机控制系统结构图

图 5.10 中，$G_p(s)$ 为被控对象的传递函数，$H_0(s) = \dfrac{1-e^{-Ts}}{s}$ 为零阶保持器的传递函数，$G(z)$ 是 $H_0(s)$ 和 $G_p(s)$ 相乘后的广义被控对象的脉冲传递函数，$D(z)$ 是需要设计的数字控制器。该系统的闭环脉冲传递函数为

$$\Phi(z) = \frac{Y(z)}{R(z)} = \frac{D(z)G(z)}{1+D(z)G(z)} \tag{5.30}$$

误差脉冲传递函数为

$$\Phi_e(z) = \frac{E(z)}{R(z)} = \frac{1}{1+D(z)G(z)} = \frac{R(z)-Y(z)}{R(z)} = 1-\Phi(z) \tag{5.31}$$

由式（5.30）、式（5.31）可推导出数字控制器的脉冲传递函数 $D(z)$

$$D(z) = \frac{\Phi(z)}{G(z)[1-\Phi(z)]} = \frac{\Phi(z)}{G(z)\Phi_e(z)} \tag{5.32}$$

直接离散化设计的目标就是根据预期的控制指标，直接设计出满足要求的数字控制器 $D(z)$，而预期的控制指标通常是由理想的闭环脉冲传递函数或误差传递函数来体现的。由此，在已知对象特性的前提下，可得出数字控制器的离散化设计步骤如下：

（1）当设计要求一旦确定，即根据控制系统的性能指标要求和其他约束条件，确定所需的闭环脉冲传递函数 $\Phi(z)$ 或误差脉冲传递函数 $\Phi_e(z)$。

（2）根据被控对象和零阶保持器的传递函数求出广义被控对象的脉冲传递函数 $G(z)$。

（3）依据式（5.32）确定数字控制器的脉冲传递函数 $D(z)$。

（4）由确定控制算法并编制程序。

5.3.2 最少拍控制系统的设计

所谓最少拍无差系统，是指在典型的控制输入信号作用下能在最少几个采样周期内达到稳态无静差的系统。其闭环 z 传递函数具有如下形式：

$$\Phi(z) = \phi_1 z^{-1} + \phi_2 z^{-2} + \cdots + \phi_N z^{-N} \tag{5.33}$$

式中：N 是可能情况下的最小正整数。这一形式表明闭环系统的脉冲响应应在 N 个采样周期后变为零，从而意味着系统在 N 拍之内达到稳态。

对最少拍控制系统设计的具体要求如下：

（1）准确性要求。对典型的参考输入信号，在到达稳态后，系统在采样点的输出值能准确跟踪输入信号，不存在静差。

（2）快速性要求。在各种使系统在有限拍内到达稳态的设计中，系统准确跟踪输入信号所需的采样周期数应为最少。

（3）稳定性要求。数字控制器 $D(z)$ 必须在物理上可以实现且闭环系统必须是稳定的。

5.3.2.1　最少拍数字控制器的设计

1. 闭环脉冲传递函数 $\Phi(z)$ 的确定

由式（5.31）

$$\Phi_e(z) = \frac{E(z)}{R(z)} = \frac{1}{1 + D(z)G(z)} = \frac{R(z) - Y(z)}{R(z)} = 1 - \Phi(z)$$

可知误差 $E(z)$ 为

$$E(z) = R(z)\Phi_e(z) \tag{5.34}$$

对于时间 t 为幂函数的典型输入函数

$$r(t) = A_0 + A_1 t + \frac{A_2}{2!}t^2 + \cdots + \frac{A^{q-1}}{(q-1)!}t^{q-1} \tag{5.35}$$

对应的 z 变换为

$$R(z) = \frac{A(z)}{(1 - z^{-1})^q} \tag{5.36}$$

式中：$A(z)$ 为不包含 $(1 - z^{-1})$ 因子的关于 z^{-1} 的多项式，当 q 分别等于 1、2、3 时，对应的典型输入为单位阶跃、单位速度、单位加速度输入函数。

根据 Z 变换的终值定理，系统的稳态误差为

$$e(\infty) = \lim_{z \to 1}(1 - z^{-1})E(z) = \lim_{z \to 1}(1 - z^{-1})R(z)\Phi_e(z)$$
$$= \lim_{z \to 1}(1 - z^{-1})\frac{A(z)}{(1 - z^{-1})^q}\Phi_e(z) \tag{5.37}$$

由于 $A(z)$ 没有 $(1 - z^{-1})$ 因子，因此要使稳态误差 $e(\infty)$ 为零，则要求 $\Phi_e(z)$ 至少应包含 $(1 - z^{-1})^q$ 的因子，即

$$\Phi_e(z) = 1 - \Phi(z) = (1 - z^{-1})^p F(z) \tag{5.38}$$

式中，$p \geqslant q$，q 是典型输入函数 $R(z)$ 分母 $(1 - z^{-1})$ 因子的阶次，$F(z)$ 是关于 z^{-1} 的待定系数多项式，偏差 $E(z)$ 的 Z 变换展开式为

$$E(z) = \sum_{n=0}^{\infty} e(nT)z^{-n} = e(0) + e(T)z^{-1} + e(2T)z^{-2} + \cdots \tag{5.39}$$

要使偏差尽快地为零，应使式（5.38）中关于 z^{-1} 的多项式项数为最少，因此式（5.38）中的 p 应选择为 $p = q$，且取 $F(z) = 1$。

综上所述，从准确性和快速性的要求来看，为使系统对式（5.35）或式（5.36）的典型输入函数尽快地跟踪给定值的变化且无稳态偏差，$\Phi_e(z)$ 应满足

$$\Phi_e(z) = 1 - \Phi(z) = (1 - z^{-1})^q \tag{5.40}$$

即最少拍控制器设计时选择 $\Phi(z)$ 为

$$\Phi(z)=1-\Phi_e(z)=1-(1-z^{-1})^q \tag{5.41}$$

由式 (5.40) 可知，最少拍控制器 $D(z)$ 为

$$D(z)=\frac{\Phi(z)}{G(z)[1-\Phi(z)]}=\frac{1-(1-z^{-1})^q}{G(z)(1-z^{-1})^q} \tag{5.42}$$

2. 典型输入下的最少拍控制系统分析

(1) 单位阶跃输入 ($q=1$)。输入函数 $r(t)=1(\tau)$，其 Z 变换为

$$R(z)=\frac{1}{1-z^{-1}}$$

由式 (5.40)、式 (5.41)，可知

$$\Phi_e(z)=1-z^{-1}$$

$$\Phi(z)=1-\Phi_e(z)=z^{-1}$$

因而可以求得误差

$$E(z)=R(z)\Phi_e(z)=\frac{1}{1-z^{-1}}(1-z^{-1})=1=1\cdot z^0+0\cdot z^{-1}+0\cdot z^{-2}+\cdots$$

进一步可以得到系统输出

$$Y(z)=R(z)\Phi(z)=\frac{1}{1-z^{-1}}z^{-1}=z^{-1}+z^{-2}+z^{-3}+\cdots$$

单位阶跃输入下系统输出响应波形如图 5.11 所示，可以说明，只需一拍（一个采样周期）输出就能跟踪输入，误差为零，过渡过程结束。

(2) 单位速度输入 ($q=2$)。输入函数 $r(t)=t$，其 Z 变换为

$$R(z)=\frac{Tz^{-1}}{(1-z^{-1})^2}$$

由式 (5.40)、式 (5.41)，可知

$$\Phi_e(z)=(1-z^{-1})^2$$

$$\Phi(z)=1-\Phi_e(z)=2z^{-1}-z^{-2}$$

因而可以求得误差

$$E(z)=R(z)\Phi_e(z)=\frac{Tz^{-1}}{(1-z^{-1})^2}(1-z^{-1})^2=Tz^{-1}$$

进一步可以得到系统输出

$$Y(z)=R(z)\Phi(z)=\frac{Tz^{-1}}{(1-z^{-1})^2}(2z^{-1}-z^{-2})=2Tz^{-2}+3Tz^{-3}+4Tz^{-4}+\cdots$$

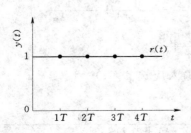

图 5.11 单位阶跃输入下的输出响应

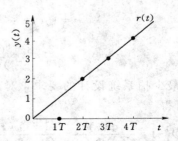

图 5.12 单位速度输入下的输出响应

单位速度输入下系统输出响应波形如图 5.12 所示，可以说明，只需两拍（两个采样周期）输出就能跟踪输入，达到稳态。

（3）单位加速度输入（$q=3$）

输入函数 $r(t)=\dfrac{1}{2}t^2$，其 Z 变换为

$$R(z)=\frac{T^2 z^{-1}(1+z^{-1})}{2(1-z^{-1})^3}$$

由式（5.40）、式（5.41），可知

$$\Phi_e(z)=(1-z^{-1})^3$$
$$\Phi(z)=1-\Phi_e(z)=1-(1-z^{-1})^3=3z^{-1}-3z^{-2}+z^{-3}$$

同理有

$$E(z)=R(z)\Phi_e(z)=\frac{T^2 z^{-1}(1+z^{-1})}{2(1-z^{-1})^3}(1-z^{-1})^3=\frac{1}{2}T^2 z^{-1}+\frac{1}{2}T^2 z^{-2}$$

进一步可以得到系统输出

$$Y(z)=R(z)\Phi(z)=\frac{T^2 z^{-1}(1+z^{-1})}{2(1-z^{-1})^3}(3z^{-1}-3z^{-2}+z^{-3})$$
$$=\frac{3}{2}T^2 z^{-2}+\frac{(3T)^2}{2}z^{-3}+\frac{(4T)^2}{2}z^{-4}+\cdots$$

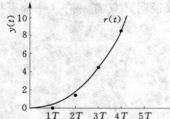

图 5.13　单位加速度输入下的输出响应

单位速度输入下系统输出响应波形如图 5.13 所示，可以说明，只需三拍（三个采样周期）输出就能跟踪输入，达到稳态。

【例 5.1】　在如图 5.10 所示系统中，设被控对象的传递函数 $G_p(s)=\dfrac{10}{s(s+1)}$，采样周期 $T=1s$，试在单位速度输入下设计一个最少拍数字控制器 $D(z)$。

解：被控对象与零阶保持器的等效脉冲传递函数为

$$G(z)=Z\left\{\frac{1-e^{-Ts}}{s}G_p(s)\right\}=(1-z^{-1})Z\left\{\frac{G_p(s)}{s}\right\}$$
$$=(1-z^{-1})Z\left\{\frac{10}{s^2(s+1)}\right\}$$
$$=10(1-z^{-1})Z\left\{\frac{1}{s^2}-\frac{1}{s}+\frac{1}{s+1}\right\}$$
$$=10(1-z^{-1})\left[\frac{z^{-1}}{(1-z^{-1})^2}-\frac{1}{1-z^{-1}}+\frac{1}{1-e^{-1}z^{-1}}\right]$$
$$=\frac{3.68z^{-1}(1+0.718z^{-1})}{(1-z^{-1})(1-0.368z^{-1})}$$

根据最少拍系统设计的要求，对单位速度输入应选 $\Phi_e(z)=(1-z^{-1})^2$，代入式（5.41）可得

$$D(z)=\frac{\Phi(z)}{G(z)\Phi_e(z)}=\frac{1-\Phi_e(z)}{G(z)\Phi_e(z)}=\frac{1-(1-z^{-1})^2}{\dfrac{3.68z^{-1}(1+0.718z^{-1})}{(1-z^{-1})(1-0.368z^{-1})}\cdot(1-z^{-1})^2}$$

$$= \frac{0.543(1-0.5z^{-1})(1-0.368z^{-1})}{(1-z^{-1})(1+0.718z^{-1})} \cdot$$

此时输出为

$$Y(z)=R(z)\Phi(z)=[1-\Phi_e(z)]R(z)=(2z^{-1}-z^{-2})\frac{z^{-1}}{(1-z^{-1})^2}=2z^{-2}+3z^{-3}+4z^{-4}+\cdots$$

误差为

$$E(z)=R(z)\Phi_e(z)=\frac{z^{-1}}{(1-z^{-1})^2}(1-z^{-1})^2=z^{-1}$$

由输出和误差可以看出，系统经过了两个采样周期以后，输出完全跟踪了输入，稳态误差为零。

根据例题分析，可以总结出设计最少拍数字控制器的一般步骤为：①求等效脉冲传递函数；②设计误差传递函数；③计算求取最少拍控制器；④输出和误差的验证。

3. 最少拍控制器的可实现性和稳定性要求

（1）物理上的可实现性要求。所谓物理上的可实现性是指控制器当前的输出信号，只能与当前时刻的输入信号，以前的输入信号和输出信号有关，而与将来的输出信号无关。这就要求数字控制器的 z 传递函数 $D(z)$ 不能有 z 的正幂项。

$D(z)$ 的一般表达式为

$$D(z)=\frac{U(z)}{E(z)}=\frac{b_0z^m+b_1z^{m-1}+\cdots+b_m}{a_0z^n+a_1z^{n-1}+\cdots+a_n}$$

在上式中，要求 $n\geqslant m$，当分子、分母各项除以 z^n 时，则有

$$D(z)=\frac{U(z)}{E(z)}=\frac{b_0z^{m-n}+b_1z^{m-n-1}+\cdots+b_mz^{-n}}{a_0+a_1z^{-1}+\cdots+a_nz^{-n}}$$

若 $n<m$，则分子出现 z 的正幂项。

上式中，$a_0\neq0$ 也是必要的。因为若 $a_0=0$，相当于分母中 z 的多项式降了一阶，也会出现上述情况。

如果被控对象 $G(z)$ 含有纯滞后 z^{-p}，根据式（5.42）求取 $D(z)$，$D(z)$ 将含有 z^p 的因子，故不能实现，因此，为了实现控制，$\Phi(z)$ 中必须含有 z^{-p}，即要把纯滞后保留下来。此时

$$\Phi(z)=z^{-p}(\phi_1z^{-1}+\phi_2z^{-2}+\cdots+\phi_1z^{-l})$$

这样得到的最少拍控制器才是可以实现的。

（2）稳定性要求。在最少拍系统中，不但要保证输出量在采样点上的稳定，而且要保证控制变量收敛，方能使闭环系统在物理上真正稳定。

控制变量 u 对于给定的输入量 r 的 z 传递函数可由

$$R(z)\Phi(z)=U(z)G(z)=C(z)$$

得到

$$U(z)=\frac{\Phi(z)}{G(z)}R(z)$$

若被控对象 $G(z)$ 的所有零极点都在单位圆内，那么系统是稳定的。

若 $G(z)$ 有单位圆上和圆外的零极点，即 $G(z)$ 和 $U(z)$ 含有不稳定的极点，则控制变量 u 的输出也将不稳定。

由 $\Phi(z) = \dfrac{D(z)G(z)}{1+D(z)G(z)}$ 可以看出，$D(z)$ 和 $G(z)$ 总是成对出现的，但却不允许它们的零点、极点相互对消。这是因为，简单地利用 $D(z)$ 的零点去对消 $G(z)$ 中的不稳定极点，虽然从理论上可以得到一个稳定的闭环系统，但是这种稳定是建立在零极点完全对消的基础上的。当系统的参数产生漂移，或辨识的参数有误差时，这种零极点对消是不可能准确实现的，从而将引起闭环系统的不稳定。上述分析说明，在单位圆上或圆外 $D(z)$ 和 $G(z)$ 不能对消零极点，但并不意味含有这种现象的系统不能补偿成稳定的系统，只是在选择 $\Phi(z)$ 时必须增加约束条件。

由

$$D(z) = \frac{\Phi(z)}{G(z)\Phi_e(z)}$$

可知，要避免 $G(z)$ 在单位圆上或圆外的零极点和 $D(z)$ 的零极点相抵消，则最少拍系统设计的稳定性约束条件为：

1）当 $G(z)$ 有单位圆上或圆外的零点时，在 $\Phi(z)$ 表达式中应把这些零点作为其零点而保留。

2）当 $G(z)$ 有单位圆上或圆外的极点时，在 $\Phi_e(z)$ 表达式中应把这些极点作为其零点而保留。

根据上面的分析，设计最少拍系统时，考虑控制器的可实现性和系统的稳定性，必须考虑以下几个条件：

1）为实现误差调节，选择 $\Phi_e(z)$ 时，必须针对不同的输入选择不同的形式，通式为 $\Phi_e(z) = (1-z^{-1})^N F(z)$。

2）为了保证系统的稳定性，$\Phi_e(z)$ 的零点应包含 $G(z)$ 的所有不稳定极点。

3）为保证控制器 $D(z)$ 物理上的可实现性，$G(z)$ 的所有不稳定零点和滞后因子均应包含在闭环脉冲传递函数 $\Phi(z)$ 中。

4）为实现最少拍控制，$F(z)$ 应尽可能简单，$F(z)$ 的选择要满足恒等式

$$\Phi(z) + \Phi_e(z) \equiv 1$$

5.3.2.2　最少拍有波纹控制系统设计

综合最少拍系统设计中需要满足的准确性要求、快速性要求、物理上的可实现性以及稳定性要求，这里讨论最少拍快速有波纹系统设计的一般方法。

设广义被控对象的脉冲传递函数为

$$G(z) = Z\left\{\frac{1-\mathrm{e}^{-Ts}}{s}G_p(s)\right\} = \frac{z^{-m}\prod_{i=1}^{u}(1-b_i z^{-1})}{\prod_{i=1}^{v}(1-a_i z^{-1})}G'(z)$$

其中 $G_p(s)$ 为对象传递函数，当 $G_p(s)$ 中不含有延迟环节时，$m=1$；当 $G_p(s)$ 中含有延迟环节时，通常 $m>1$。$G'(z)$ 是 $G(z)$ 中不包含单位圆外或圆上的零点以及不包含延迟环节 z^{-m} 的部分；$\prod_{i=1}^{u}(1-b_i z^{-1})$ 是广义对象在单位圆外或圆上的零点；$\prod_{i=1}^{v}(1-a_i z^{-1})$ 是广义对象在单位圆外或圆上的极点。

为了保证系统的稳定性，同时又能实现对系统的补偿，选择系统的闭环脉冲传递函数时必须满足下面的约束条件：

(1) 设定 $\Phi_e(z)$，其零点中应包含 $G(z)$ 在 z 平面单位圆上或圆外的所有极点，即

$$\Phi_e(z) = 1 - \Phi(z) = \left[\prod_{i=1}^{v}(1 - a_i z^{-1})\right] F_1(z)$$

$F_1(z)$ 是关于 z^{-1} 的多项式，且不包含 $G(z)$ 中的不稳定极点 a_i。

(2) 设定 $\Phi(z)$，其零点中应包含 $G(z)$ 在 z 平面单位圆上或圆外的所有零点，即

$$\Phi(z) = \left[\prod_{i=1}^{u}(1 - b_i z^{-1})\right] F_2(z)$$

$F_2(z)$ 是关于 z^{-1} 的多项式，且不包含 $G(z)$ 中的不稳定零点 b_i。

考虑上述约束条件后，设计的数字控制器 $D(z)$ 不再包含 $G(z)$ 的单位圆上或圆外的零极点：

$$D(z) = \frac{\Phi(z)}{G(z)\Phi_e(z)} = \frac{F_2(z)}{z^{-m}G(z)F_1(z)}$$

综合考虑闭环系统的稳定性、快速性、准确性，闭环脉冲传递函数 $\Phi(z)$ 必须选择为

$$\Phi(z) = z^{-m}\prod_{i=1}^{u}(1 - b_i z^{-1})(\phi_0 + \phi_1 z^{-1} + \cdots + \phi_{q+v-1} z^{-q-v+1}) \tag{5.43}$$

$$\Phi_e(z) = (1 - z^{-1})^q\left[\prod_{i=1}^{v}(1 - a_i z^{-1})\right](1 + f_1 z^{-1} + \cdots + f_{u+m-1} z^{-u-m+1}) \tag{5.44}$$

式中：m 为广义对象的瞬变滞后；b_i 为 $G(z)$ 在 z 平面单位圆上或圆外的零点；a_i 为 $G(z)$ 在 z 平面单位圆外或圆上的极点；u 为 $G(z)$ 在 z 平面单位圆上或圆外的零点数；v 为 $G(z)$ 在 z 平面单位圆上或圆外的极点数。

q 值的确定方法如下：当典型输入函数为阶跃、等速、等加速输入时，q 值分别为 1、2、3。$q+v$ 个待定系数 ϕ_0、ϕ_1、$\cdots$、ϕ_{q+v-1} 由下列 $(q+v)$ 个方程所确定：

$$\left.\begin{aligned}
&\Phi(1) = 1 \\
&\Phi'(1) = \frac{d\Phi(z)}{dz}\Big|_{z=1} = 0 \\
&\quad\vdots \\
&\Phi^{(q-1)}(1) = \frac{d^{q-1}\Phi(z)}{dz^{(q-1)}}\Big|_{z=1} = 0 \\
&\Phi(a_j) = 1 (j = 1, 2, \cdots, v)
\end{aligned}\right\} \tag{5.45}$$

式中：a_j 为 $G(z)$ 在 z 平面单位圆外或圆上的非重极点；v 为非重极点的个数。

应当指出，当 $G(z)$ 中有 z 平面单位圆上的极点时，稳定性条件 [即 $\Phi_e(z) = 1 - \Phi(z)$ 的零点中必须包含 $G(z)$ 在 z 平面单位圆上的极点] 与准确性条件 [即 $\Phi_e(z) = 1 - \Phi(z) = (1 - z^{-1})^q F(z)$] 是一致的。由 $\Phi(1) = 1$ 与 $\Phi(a_j) = 1$ 可以看出，当有单位圆上的极点时，$a_j = 1$。因此，$\Phi(z)$ 中待定系数的数目小于 $(q+v)$ 个，此时 $\Phi(z)$ 的设计要做一定的降阶处理。

除用上述方法求 $\Phi(z)$ 外，也可以分别列出 $\Phi(z)$ 和 $\Phi_e(z)$ 的表达式，利用 $\Phi(z) = 1 - \Phi_e(z)$ 的关系，根据等式两端有关 z^{-1} 的多项式系数相等的原则，来求出待定系数。

【例 5.2】　在如图 5.10 所示的计算机控制系统中，已知被控对象的传递函数 $G_P(s) = \dfrac{K}{s(T_m s+1)}$，已知：$K = 10s^{-1}$，$T = T_m = 1s$，输入为单位速度函数，试设计快速有波纹

系统的 $D(z)$。

解：
$$G(s)=\frac{1-\mathrm{e}^{-Ts}}{s}\frac{K}{s(T_\mathrm{m}s+1)}=K(1-\mathrm{e}^{-Ts})\left(\frac{1}{s^2}-\frac{T_\mathrm{m}}{s}+\frac{T_\mathrm{m}}{T_\mathrm{m}s+1}\right)$$

因为　$G(z)=Z[G(s)]=K(1-z^{-1})\left[\frac{Tz^{-1}}{(1-z^{-1})^2}-\frac{T_\mathrm{m}}{1-z^{-1}}+\frac{T_\mathrm{m}}{1-\mathrm{e}^{-T/T_\mathrm{m}}z^{-1}}\right]$

代入 $K=10s^{-1}$，$T=T_\mathrm{m}=1s$，有

$$G(z)=\frac{3.68z^{-1}(1+0.718z^{-1})}{(1-z^{-1})(1-0.368z^{-1})}$$

显然　　　　　　　　　　　　$u=0,\ v=1,\ m=1,\ q=2$

根据稳定性要求，一方面 $G(z)$ 中 $z=1$ 的极点应包含在 $\Phi_\mathrm{e}(z)$ 的零点中；另一方面，对于单位速度输入设计时，由准确性条件知 $\Phi_\mathrm{e}(z)$ 必须包含因子 $(1-z^{-1})^2$。所以，准确性条件中已经满足或包含了稳定性条件要求，故 $\Phi(z)$ 可降一阶设计，可设

$$\Phi(z)=z^{-1}(\Phi_0+\Phi_1z^{-1})$$
$$\Phi_\mathrm{e}(z)=(1-z^{-1})^2\varphi_1$$

由式（5.45）有

$$\begin{cases}\Phi(1)=\Phi_0+\Phi_1=1\\\Phi'(1)=\Phi_0+2\Phi_1=0\end{cases}$$

解得　　　　　　　　　　　　$\Phi_0=2,\Phi_1=-1$

也可由待定系数法解得　　　　$\Phi_0=2,\Phi_1=-1,\varphi_1=1$

故闭环脉冲传递函数为

$$\Phi(z)=z^{-1}(2-z^{-1})$$
$$\Phi_\mathrm{e}(z)=(1-z^{-1})^2$$

所以　　　　$D(z)=\frac{1}{G(z)}\frac{\Phi(z)}{\Phi_\mathrm{e}(z)}=\frac{0.545(1-0.5z^{-1})(1-0.368z^{-1})}{(1-z^{-1})(1+0.718z^{-1})}$

此即所求的数字控制器的脉冲传递函数。

另外，由 $C(z)=R(z)\Phi(z)$ 求得系统的输出为

$$C(z)=\frac{Tz^{-1}}{(1-z^{-1})^2}(2z^{-1}-z^{-2})=T(2z^{-2}+3z^{-3}+4z^{-4}+\cdots)=2z^{-2}+3z^{-3}+4z^{-4}+\cdots$$

由 $C(z)=U(z)G(z)$，可得数字控制器的输出为

$$U(z)=\frac{C(z)}{G(z)}=\frac{Tz^{-1}}{(1-z^{-1})^2}(2z^{-1}-z^{-2})\frac{(1-z^{-1})(1-0.368z^{-1})}{3.68z^{-1}(1+0.718z^{-1})}$$
$$=0.54z^{-1}-0.316z^{-2}+0.4z^{-3}-0.115z^{-4}+0.25z^{-5}+\cdots$$

数字控制器和系统的输出波形如图 5.14 所示。

由上述结构可知，系统在第三拍跟踪了输入，为次最少拍系统。显然 $U(z)$ 是上下波动的。

在上述最少拍控制系统设计中，实际上只能保证系统在采样点上的稳态误差为零，而在采样点之间的输出相应可能是波动的，这就是所谓的"波纹"。波纹不仅造成采样点之间存在有偏差，而且消耗功率，浪费能量，增加机械磨损。

基于以上原因，最少拍有波纹控制系统在工程上的应用受到了一定的限制，必须加以

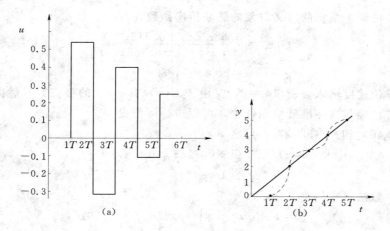

图 5.14 输出序列波形图

(a) 数字控制器输出波形; (b) 系统的输出波形

改进和完善。

5.3.2.3 最少拍无波纹控制系统设计

最少拍无纹波设计的要求是，系统在典型的输入作用下，经过尽可能少的采样周期以后达到稳态，且输出在采样点之间没有波纹。

1. 波纹产生的原因及设计要求

系统输出在采样点之间存在着波纹，是由控制量输出序列的波动引起的。其根源在于控制变量的 z 变换有非零的极点。

最少拍无波纹系统的设计要求是，除了满足最少有波纹系统的一切设计要求以外，还须使得 $\Phi(z)$ 包含 $G(z)$ 所有的零点。同时，在设计最少拍无波纹控制器时，为了使得系统在稳态过程中获得无波纹的平滑输出，被控对象的传递函数 $G_p(s)$ 中必须包含足够的积分环节，以保证系统的输出信号 $u(t)$ 为常数，$G_p(s)$ 的稳态输出完全跟踪输入，且无波纹。例如，在针对速度输入函数进行设计时，则稳态过程中 $G_c(s)$ 的输出也必须是数度函数，这就要求 $G_c(s)$ 中必须至少有一个积分环节。

2. 最少拍无波纹系统确定 $\Phi(z)$ 的一般方法

(1) 被控对象 $G_c(s)$ 中含有足够的积分环节，以满足无波纹系统设计的必要条件。

(2) $\Phi(z)$ 和 $\Phi_e(z)$ 可按下式确定，且满足 $\Phi_e(z)+\Phi(z)=1$，其中 w 是 $G(z)$ 所有的零点个数。

$$\Phi(z) = z^{-m}\Big[\prod_{i=1}^{w}(1-b_i z^{-1})\Big](\phi_0 + \phi_1 z^{-1} + \cdots + \phi_{q+v-1} z^{-q-v+1}) \tag{5.46}$$

$$\Phi_e(z) = (1-z^{-1})^q\Big[\prod_{i=1}^{v}(1-a_i z^{-1})\Big](1 + f_1 z^{-1} + \cdots + f_{w+m-1} z^{-w-m+1}) \tag{5.47}$$

【例 5.3】 在例 5.2 中，试针对单位速度输入函数设计最少拍无波纹系统的 $D(z)$。

解: 被控对象的传递函数为 $G_p(s) = \dfrac{K}{s(T_m s + 1)}$，有一个积分环节，说明它有能力平滑地产生单位速度输出响应，满足无波纹系统设计的必要条件。

由例 5.2 可知，系统的广义对象的脉冲传递函数为

$$G(z)=\frac{3.68z^{-1}(1+0.718z^{-1})}{(1-z^{-1})(1-0.368z^{-1})}$$

知：

$$v=1,\ \omega=1,\ m=1$$

由于是单位速度输入，所以 $q=2$，又由于 $G(z)$ 有 $z=1$ 的极点，显然此例中系统设计的稳定条件已经包含在准确性条件中，可以进行降价设计。

由式（5.46）和式（5.47），可设：

$$\Phi(z)=z^{-1}(1+0.718z^{-1})(\phi_0+\phi_1z^{-1})$$

$$\Phi_e(z)=(1-z^{-1})^2(1+f_1z^{-1})$$

由待定系数法可求得

$$\phi_0=1.407,\quad \phi_1=-0.826, f_1=0.592$$

所以

$$\Phi(z)=z^{-1}(1+0.718z^{-1})(1.407-0.826z^{-1})$$

$$\Phi_e(z)=(1-z^{-1})^2(1+0.592z^{-1})$$

最后求得数字控制器的脉冲传递函数为

$$D(z)=\frac{1}{G(z)}\frac{\Phi(z)}{\Phi_e(z)}=\frac{0.382(1-0.368z^{-1})(1-0.587z^{-1})}{(1-z^{-1})(1+0.592z^{-1})}$$

闭环系统的输出序列为

$$C(z)=R(z)\Phi(z)$$
$$=\frac{Tz^{-1}}{(1-z^{-1})^2}z^{-1}(1+0.718z^{-1})(1.407-0.826z^{-1})$$
$$=1.41z^{-2}+3z^{-3}+4z^{-4}+5z^{-5}+\cdots$$

数字控制器的输出序列为

$$U(z)=\frac{C(z)}{G(z)}$$
$$=\frac{Tz^{-1}}{(1-z^{-1})^2}z^{-1}(1+0.718z^{-1})(1.407-0.826z^{-1})\times\frac{(1-z^{-1})(1-0.368z^{-1})}{3.68z^{-1}(1+0.718z^{-1})}$$
$$=0.38z^{-1}+0.02z^{-2}+0.10z^{-3}+0.10z^{-4}+\cdots$$

可见，在第三拍后，$U(z)$ 为常数，系统输出无波纹。无波纹系统的数字控制器和系统的输出波形见图 5.15。

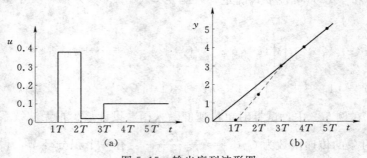

图 5.15　输出序列波形图

（a）数字控制器输出波形；（b）系统的输出波形

5.3.2.4 最少拍控制系统的局限性

按最少拍原则设计数字控制系统，是基于采样系统的理论而直接进行的数字设计，其运用的数学方法和得到的控制结构十分简单，设计方法直观简便，求得的数字控制器也易于在微机上实现，但是，最少拍控制系统还存在着一定的局限性。

1. 系统的适应性差

最少拍控制器的 $D(z)$ 的设计是根据某类典型输入信号设计的，对其他类型的输入信号不一定是最少拍，甚至会产生很大的超调和静差。

例 5.1 系统是针对单位速度输入设计的最少拍系统，下面分析单位阶跃和单位加速度输入下该系统的响应情况。

在单位阶跃输入时，输出量为

$$Y(z)=R(z)\Phi(z)=(2z^{-1}-z^{-2})\frac{1}{1-z^{-1}}=2z^{-1}+z^{-2}+z^{-3}+\cdots$$

即输出序列为

$$y(0)=0,\ y(1)=2,\ y(2)=y(3)=\cdots=1$$

由图 5.16（a）可知，该系统在单位阶跃输入下，经过两个采样周期就稳定在设定值上，但在第一个采样点上有 100% 的超调量。

单位加速度输入时，输出量为

$$Y(z)=R(z)\Phi(z)=(2z^{-1}-z^{-2})\frac{z^{-1}(1+z^{-1})}{2(1-z^{-1})^3}=z^{-2}+3.5z^{-3}+7z^{-4}+11.5z^{-5}+\cdots$$

即输出序列为

$$y(0)=0,y(1)=0,\ y(2)=1,y(3)=3.5,\ y(4)=7,\ y(5)=11.5,\cdots$$

此时单位加速度输入 $\frac{1}{2}t^2$ 的采样函数 $r(kT)=\frac{1}{2}(kT)^2$，输入序列为 $r(0)=0,r(1)=0.5,r(2)=2,r(3)=4.5,r(5)=12.5,\cdots$。如图 5.16（c）所示，从第二拍开始，输出与输入的误差为 1。

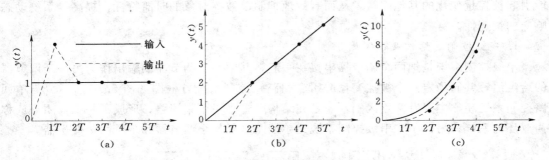

图 5.16 最少拍系统对应不同输入时的输出序列

（a）单位阶跃输入；（b）单位速度输入；（c）单位加速度输入

由上面的分析，得出结论：按照某一种典型输入设计的最少拍系统，用于阶次较低的输入函数时，系统将出现较大的超调，同时响应时间也增加，但是还能保持在采样时刻稳态无差。相反地，当用于阶次较高的输入函数时，输出不能完全跟踪输入，存在静差。由此可见，一种典型的最少拍闭环脉冲传递函数 $\Phi(z)$ 只适应一种特定的输入而不能适应于各种输入。

2. 对参数变化的灵敏度大

最少拍设计是在结构和参数不变的条件下得到的理想结果，系统在 $z＝0$ 处有重极点。理论上可以证明，这些 $z＝0$ 的重极点对系统参数变化的灵敏度可以为无穷大。因此，但系统的结构和参数发生变化时，系统的性能指标将受到严重影响。

3. 控制作用易超出限定范围

按最少拍原则设计的系统是时间最优系统。在设计中并未对控制量作出限制。从理论上讲，采样时间越小，调整时间可越短，但在实际上这是不可能的。因为当采样周期很小时，往往对系统的控制作用的要求超出限定范围，而控制机构实际所能提供的作用是在一定范围内的，所以，当 T 很小时，实际的控制情况与理论计算不符。另外采样周期的缩小还受到设备性能和系统总体要求的限制。因此，在最少拍设计时，必须合理选择采样周期的大小。

5.4　复 杂 控 制 技 术

在实际系统的控制过程中，当被控对象动态特性很差而控制质量要求又很高时，简单控制系统根本就无法得到良好的控制品质，这就需要进一步改进控制结构、增加辅助回路或添加其他环节等措施，构成复杂控制系统。本节主要介绍了串级控制技术、前馈—反馈控制技术以及纯滞后控制技术的计算机控制实现。

5.4.1　串级控制技术

串级控制是在单回路 PID 控制的基础上发展起来的一种控制技术。当 PID 控制应用于单回路控制一个被控量时，其控制结构简单，控制参数易于整定。但是，当系统中同时有几个因素影响同一个被控量时，如果只控制其中一个因素，将难以满足系统的控制性能。串级控制针对上述情况，在原控制回路中，增加一个或几个控制内回路，用以控制可能引起被控量变化的其他因素，从而有效地抑制了被控对象的时滞特性，提高了系统动态响应的快速性。

1. 串级控制的结构及数字化

串级控制系统是把两个调节器串接在一起，其中一个调节器的输出作为另一个调节器的给定值，共同稳定一个被控变量的闭合回路，控制系统方框图如图 5.17 所示。与单回路控制系统相比主要有两点区别，一是在结构上多了一个副回路，形成了一个双闭环或称为双环的系统；另一个是串级控制系统比单回路多了一个调节器和一个测量变送器。

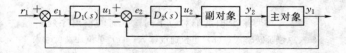

$$r_1 \xrightarrow{+} \otimes \xrightarrow{e_1} \boxed{D_1(s)} \xrightarrow{u_1} \otimes \xrightarrow{e_2} \boxed{D_2(s)} \xrightarrow{u_2} \boxed{副对象} \xrightarrow{y_2} \boxed{主对象} \xrightarrow{y_1}$$

图 5.17　串级控制系统方框图

若图 5.17 中的 $D_1(s)$ 和 $D_2(s)$ 若由计算机来实现，则计算机串级控制系统如图 5.18 所示，图中的 $D_1(z)$ 和 $D_2(z)$ 是由计算机实现的数字控制器，$H(s)$ 是零阶保持器的传递函数，T 为采样周期，$D_1(z)$ 和 $D_2(z)$ 通常是 PID 控制规律。

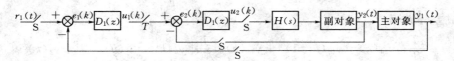

图 5.18 计算机串级控制系统

无论串级控制有多少级，计算的顺序总是从最外面的回路向内进行。对图 5.18 所示的双回路串级控制系统，其计算顺序为：

（1）计算主回路的偏差 $e_1(k)$

$$e_1(k) = r_1(k) - y_1(k)$$

（2）计算主回路控制器 $D_1(z)$ 的输出 $u_1(k)$

$$u_1(k) = u_1(k-1) + \Delta u_1(k)$$

$$\Delta u_1(k) = K_{p1}[e_1(k) - e_1(k-1)] + K_{i1}e_1(k) + K_{d1}[e_1(k) - 2e_1(k-1) + e_1(k-2)]$$

式中：K_{p1} 为比例增益；$K_{i1} = K_{p1}\dfrac{T}{T_{i1}}$ 为积分系数；$K_{d1} = K_{p1}\dfrac{T_{d1}}{T}$ 为微分系数。

（3）计算副回路的偏差 $e_2(k)$

$$e_2(k) = u_1(k) - y_2(k)$$

（4）计算副回路控制器 $D_2(z)$ 的输出 $u_2(k)$

$$u_2(k) = u_2(k-1) + \Delta u_2(k)$$

$$\Delta u_2(k) = K_{p2}[e_2(k) - e_2(k-1)] + K_{i2}e_2(k) + K_{d2}[e_2(k) - 2e_2(k-1) + e_2(k-2)]$$

式中：K_{p2} 为比例增益；$K_{i2} = K_{p2}\dfrac{T}{T_{i2}}$ 为积分系数；$K_{d2} = K_{p2}\dfrac{T_{d2}}{T}$ 为微分系数。

2. 副回路微分先行串级控制算法

为了防止主控制器输出（也就是副控制器的给定值）过大而引起副回路的不稳定，同时，也为了克服副对象惯性较大而引起调节品质的恶化，在副回路的反馈通道中加入微分控制，称为副回路微分先行，系统的结构图如图 5.19 所示。

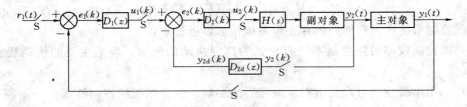

图 5.19 副回路微分先行的串级控制系统

微分先行部分的传递函数为

$$D_{2d} = \frac{Y_{2d}(s)}{Y_2(s)} = \frac{T_2(s)}{\alpha T_2(s) + 1}$$

式中：α 为微分放大系数。

相应的微分方程为

$$\alpha T_2 \frac{\mathrm{d}y_{2d}(t)}{\mathrm{d}t} + y_{2d}(t) = T_2 \frac{\mathrm{d}y_2(t)}{\mathrm{d}t} + y_2(t)$$

写成差分方程为

$$\frac{\alpha T_2}{T}[y_{2d}(k) - y_{2d}(k-1)] + y_{2d}(k) = \frac{T_2}{T}[y_2(k) - y_2(k-1)] + y_2(k)$$

整理得

$$y_{2d}(k) = \frac{\alpha T_2}{\alpha T_2 + T} y_{2d}(k-1) + \frac{T_2 + T}{\alpha T_2 + T} y_2(k) - \frac{T_2}{\alpha T_2 + T} y_2(k-1)$$

$$= \phi_1 y_{2d}(k-1) + \phi_2 y_2(k) + \phi_3 y_2(k-1)$$

其中
$$\phi_1 = \frac{\alpha T_2}{\alpha T_2 + T}; \phi_2 = \frac{T_2 + T}{\alpha T_2 + T}; \phi_3 = -\frac{T_2}{\alpha T_2 + T} \tag{5.48}$$

系数 ϕ_1、ϕ_2、ϕ_3 可先离线计算，并存入内存指定单元，以备控制计算时调用。下面给出副回路微分先行的串级控制算法。

(1) 计算主回路的偏差 $e_1(k)$

$$e_1(k) = r_1(k) - y_1(k)$$

(2) 计算主回路控制器 $D_1(z)$ 的输出 $u_1(k)$

$$u_1(k) = u_1(k-1) + \Delta u_1(k)$$

$$\Delta u_1(k) = K_{p1}[e_1(k) - e_1(k-1)] + K_{i1}e_1(k) + K_{d1}[e_1(k) - 2e_1(k-1) + e_1(k-2)]$$

式中：K_{p1} 为比例增益；$K_{i1} = K_{p1}\dfrac{T}{T_{i1}}$ 为积分系数；$K_{d1} = K_{p1}\dfrac{T_{d1}}{T}$ 为微分系数。

(3) 计算微分先行部分的输出 $y_{2d}(k)$

$$y_{2d}(k) = \phi_1 y_{2d}(k-1) + \phi_2 y_2(k) + \phi_3 y_2(k-1)$$

(4) 计算副回路的偏差 $e_2(k)$

$$e_2(k) = u_1(k) - y_{2d}(k)$$

(5) 计算副回路控制器 $D_2(z)$ 的输出 $u_2(k)$

$$u_2(k) = u_2(k-1) + \Delta u_2(k)$$

$$\Delta u_2(k) = K_{p2}[e_2(k) - e_2(k-1)] + K_{i2}e_2(k)$$

串级控制系统中，副回路的存在给系统带来以下特点：

(1) 级控制较单回路控制系统有更强的抑制扰动的能力，应把主要的扰动放在副回路内。

(2) 采用串级控制可以克服对象纯滞后的影响，改善系统的控制性能。

(3) 副回路是随动系统，能够适应操作条件和负荷的变化，自动改变副调节器的给定值。

在串级控制系统中，主、副控制器的选型很重要。对于主控制器，为了减少稳态误差，提高控制精度，应具有积分控制，为了使系统反应灵敏，动作迅速，应加入比例控制，因此主控制器应具有 PI 控制规律（PID/PI）；对于副控制器，通常可以选用比例控制，当副控制器的比例系数不能太大时，则应加入积分控制，即采用 PI 控制规律，副回路较少采用 PID 控制规律。

5.4.2 前馈—反馈控制技术

按偏差的反馈控制能够产生作用的前提是，被控量必须偏离设定值。就是说，在干扰作用下，生产过程的被控量，必然是先偏离设定值，然后通过对偏差进行控制，以抵消干扰的影响。如果干扰不断增加，则系统总是跟在干扰作用之后波动，特别是系统滞后严重时波动就更为严重。前馈控制则是按扰动量进行控制的，当系统出现扰动时，前馈控制就按扰动量直接产生校正作用，以抵消扰动的影响。这是一种开环控制形式，在控制算法和参数选择合适的情况下，可以达到很高的精度。

1. 前馈控制结构和原理

前馈控制的典型结构如图 5.20 所示，$G_n(s)$ 是被控对象扰动通道的传递函数；$D_n(s)$ 是前馈控制器的传递函数；$G(s)$ 是被控对象控制通道的传递函数；n、u、y 分别是扰动量、控制量、被控量。

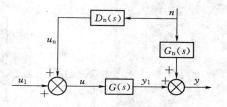

图 5.20 前馈控制结构

为了便于分析扰动量的影响，假定 $u_1=0$，则有

$$Y(s)=Y_1(s)+Y_2(s)=[D_n(s)G(s)+G_n(s)]N(s)$$

若要使前馈作用完全补偿扰动作用，则应使扰动引起的被控量的变化为零，即 $Y(s)=0$，因此

$$D_n(s)G(s)+G_n(s)=0$$

由此可得前馈控制器的传递函数为

$$D_n(s)=-\frac{G_n(s)}{G(s)} \tag{5.49}$$

在实际生产过程控制中，因为前馈是一个开环系统，为了克服单纯前馈控制系统的局限性，常常采用前馈—反馈控制相结合的控制策略。

2. 前馈—反馈控制结构

前馈—反馈控制系统是在反馈控制系统的基础上附加一个或几个主要扰动的前馈控制，又称为复合控制系统。这样，既充分发挥了前馈可及时克服主要扰动对被控变量影响的优点，又保持了反馈能克服多个扰动影响的优点，同时也降低系统对前馈补偿器的要求，使其在使用中更易于实现。图 5.21 给出了前馈—反馈控制结构。

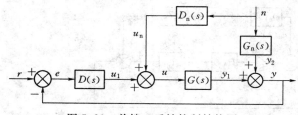

图 5.21 前馈—反馈控制结构图

在前馈—反馈控制系统中，实现前馈作用的完全补偿条件不变，因此仍有

$$D_n(s)=-\frac{G_n(s)}{G(s)}$$

前馈—反馈控制系统有如下优点：

（1）由于增加了反馈回路，大大简化了原有前馈控制系统，只需要对主要的干扰进行前馈补偿，其他干扰可由反馈控制予以校正。

（2）反馈回路的存在，降低了前馈控制模型的精度要求，为工程上实现比较简单的通用模型创造了条件。

（3）负荷变化时，模型特性也要变化，可由反馈控制加以补偿，因此具有一定自适应能力。

3. 前馈—串级控制

由前面介绍的内容可知，前馈控制对进入系统的主要扰动有很好的补偿能力，串级系统对进入副回路的扰动影响有较强的抑制能力。综合利用这两种控制系统的特长，可以构成前馈—串级控制系统，其控制结构图如图 5.22 所示。

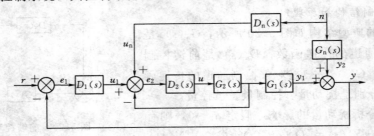

图 5.22　前馈—串级控制结构图

前馈—串级控制能及时克服进入前馈回路和串级副回路的干扰对被控量的影响，这是因为前馈调节器的输出不直接加在执行机构上，而是作为副调节器的给定值，这样就降低了对执行机构动态响应性能的要求，这也是前馈—串级控制结构广泛被采用的原因。

4. 数字前馈—反馈控制算法

以前馈—反馈控制系统为例，介绍计算机前馈控制系统的算法步骤和算法流程。图 5.23 是计算机前馈—反馈控制系统的框图。图中 T 为采样周期，$D_n(z)$ 为前馈控制器，$D(z)$ 为反馈控制器，$H(s)$ 是零阶保持器的传递函数，且 $D_n(z)$、$D(z)$ 是由数字计算机实现的。

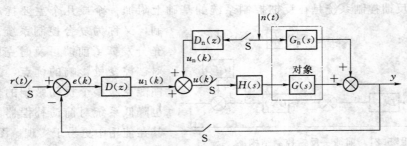

图 5.23　计算机前馈—反馈控制系统

若 $G_n(s) = \dfrac{K_1}{1+T_1 s} e^{-\tau_1 s}$ 和 $G(s) = \dfrac{K_2}{1+T_2 s} e^{-\tau_2 s}$，令 $\tau = \tau_1 - \tau_2$，则

$$D_n(s) = \frac{U_n(s)}{N(s)} = K_f \frac{s + \dfrac{1}{T_2}}{s + \dfrac{1}{T_1}} e^{-\tau s}$$

式中：$K_f = -\dfrac{K_1 T_2}{K_2 T_1}$。

由上式可得前馈控制器的微分方程

$$\frac{\mathrm{d}u_n(t)}{\mathrm{d}t} + \frac{1}{T_1}u_n(t) = K_f\left[\frac{\mathrm{d}n(t-\tau)}{\mathrm{d}t} + \frac{1}{T_2}n(t-\tau)\right]$$

假如选择采样频率 f_s 足够高，也即采样周期 $T = \frac{1}{f_s}$ 足够短，可对微分离散化，得到差分方程。设纯滞后时间 τ 是采样周期 T 的整数倍，即 $\tau = mT$，离散化时，令

$$u_n(t) \approx u_n(k), n(t-\tau) \approx n(k-m), \mathrm{d}t = T$$

$$\frac{\mathrm{d}u_n(t)}{\mathrm{d}t} \approx \frac{u_n(k) - u_n(k-1)}{T}$$

$$\frac{\mathrm{d}n(t-\tau)}{\mathrm{d}t} \approx \frac{n(k-m) - n(k-m-1)}{T}$$

可得差分方程

$$u_n(k) = A_1 u_n(k-1) + B_m n(k-m) + B_{m+1} n(k-m+1)$$

其中
$$A_1 = \frac{T_1}{T+T_1}, B_m = K_f\frac{T_1(T+T_2)}{T_2(T+T_1)}, B_{m+1} = -K_f\frac{T_1}{T+T_1} \tag{5.50}$$

根据差分方程便可编制出相应的软件，由计算机实现前馈控制器了。

下面推到计算机前馈—反馈控制的算法步骤：

(1) 计算主回路的偏差 $e(k)$

$$e(k) = r(k) - y(k)$$

(2) 计算反馈控制器（PID）的输出 $u_1(k)$

$$u_1(k) = u_1(k-1) + \Delta u_1(k)$$

$$\Delta u_1(k) = K_p\Delta e(k) + K_i e(k) + K_d[\Delta e(k) - \Delta e(k-1)]$$

(3) 计算前馈控制器 $D_n(s)$ 的输出 $u_n(k)$

$$u_n(k) = u_n(k-1) + \Delta u_n(k)$$

$$\Delta u_n(k) = A_1\Delta u_n(k-1) + B_m\Delta n(k-m) + B_{m+1}\Delta n(k-m+1)$$

(4) 计算前馈—反馈控制器的输出 $u(k)$

$$u(k) = u_n(k) + u_1(k)$$

5.4.3 纯滞后控制技术

工业过程中的许多对象都具有纯滞后特性。例如，物料经皮带传送到秤体，蒸汽在长管道内流动至加热管，都要经过一定的时间后才能将控制作用送达被控量。这个时间滞后使控制作用不能及时达到效果，扰动作用不能及时被察觉，会延误了控制，引起系统的超调和振荡。分析表明，时间滞后因素 $e^{-\tau s}$ 将直接进入闭环系统的特征方程，使系统的设计十分困难，极易引起系统的不稳定。

研究表明，当对象的纯滞后时间 τ 与主过程对象的惯性时间常数 T 之比，即 $\tau/T \geqslant 0.5$ 时，常规的 PID 控制很难获得良好的控制效果。长期以来，人们对纯滞后对象的控制作了大量的研究，比较有代表的方法有施密斯（Smith）预估控制算法和达林（Dahlin）算法。

1957 年施密斯提出了一种纯滞后的补偿模型，但当时的模拟仪表无法实现。直至后来利用计算机可以完成对大时间滞后补偿的预估控制。

1. 施密斯预估控制原理

在如图 5.24 所示的控制系统中。$D(s)$ 表示控制器的传递函数，用于校正 $G_p(s)$ 部分；$G_p(s)\,e^{-\tau s}$ 表示被控对象的传递函数，$G_p(s)$ 为被控对象中不包含纯滞后部分的传递函数，$e^{-\tau s}$ 为被控对象纯滞后部分的传递函数。

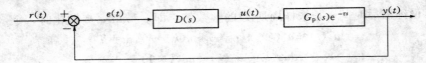

图 5.24 带纯滞后环节的控制系统

此时，系统对给定作用的闭环传递函数为

$$\Phi(s)=\frac{Y(s)}{R(s)}=\frac{D(s)G_p(s)e^{-\tau s}}{1+D(s)G_p(s)e^{-\tau s}} \tag{5.51}$$

假设在反馈回路中附加一个补偿通路 $G_L(s)$，如图 5.25 所示。则

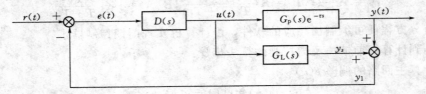

图 5.25 带有时间补偿的控制系统

此时

$$\frac{Y_1(s)}{U(s)}=G_p(s)e^{-\tau s}+G_L(s)$$

为了补偿对象的纯滞后，要求 $\dfrac{Y_1(s)}{U(s)}=G_p(s)e^{-\tau s}+G_L(s)=G_p(s)$

所以可得

$$G_L(s)=G_p(s)(1-e^{-\tau s}) \tag{5.52}$$

式 (5.48) 即为 Smith 补偿函数，相应的系统框图如图 5.26 所示。

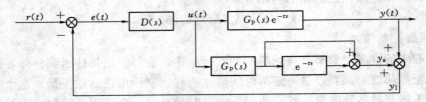

图 5.26 Smith 预估控制方框图

此时系统对给定作用下的闭环传递函数为

$$\Phi(s)=\frac{Y(s)}{R(s)}=\frac{D(s)G_p(s)e^{-\tau s}}{1+D(s)G_p(s)e^{-\tau s}+D(s)G_p(s)(1-e^{-\tau s})}=\frac{D(s)G_p(s)e^{-\tau s}}{1+D(s)G_p(s)} \tag{5.53}$$

比较式 (5.51) 与式 (5.53)，经 Smith 补偿后，已经消除了纯滞后部分对控制系统的影响，纯滞后因子 $e^{-\tau s}$ 已在闭环控制回路之外，它不会影响系统的稳定性，从而使系统可以使用较大的调节增益，改善调节品质。拉氏变换的位移定理说明，$e^{-\tau s}$ 仅是将控制作用在时间坐标上推移了一个时间 τ，控制系统的过渡过程及其他性能指标都与被控对象特

性为 $G_p(s)$ （即没有纯滞后）时完全相同。因此，控制器可以按无纯滞后的对象进行设计。

设

$$G_p(s) = \frac{K_p}{T_p s + 1}$$

代入式（5.52）可得

$$G_L(s) = \frac{Y_s(s)}{U(s)} = G_p(s)(1 - e^{-\tau s}) = \frac{K_p(1 - e^{-\tau s})}{T_p s + 1}$$

广义对象相应的微分方程为

$$T_p \frac{\mathrm{d}y_s(t)}{\mathrm{d}t} + y_s(t) = K_p[u(t) - u(t - \tau)]$$

广义对象相应的差分方程为

$$y_s(KT) - a y_s[(k-1)T] = b\{u(k-1)T - u[(k-1)T - \tau]\} \tag{5.54}$$

其中
$$a = \exp(-T/T_p); b = K_p[1 - \exp(-T/T_p)]$$

式（5.54）即为 Smith 预估控制算式。

2. 达林（Dahlin）算法

（1）数字控制器 $D(z)$ 的形式。被控对象 $G_p(s)$ 是带有纯滞后的一阶或二阶惯性环节，即

$$G_c(s) = \frac{K}{T_1 s + 1} e^{-\tau s}$$

或

$$G_c(s) = \frac{K}{(T_1 s + 1)(T_2 s + 1)} e^{-\tau s}$$

式中：τ 为纯滞后时间；T_1、T_2 为时间常数；K 为放大系数。

达林算法的设计目标是使整个闭环系统所期望的传递函数 $\Phi(s)$ 相当于一个延迟环节和一个惯性环节相串联，即

$$\Phi(s) = \frac{1}{T_\tau s + 1} e^{-\tau s} \tag{5.55}$$

并期望整个闭环系统的纯滞后时间和被控对象 $G_p(s)$ 的纯滞后时间相同。式（5.55）中的 T_τ 为闭环系统的时间常数；纯滞后时间 τ 与采样周期 T 有整数倍关系：$\tau = NT(N = 1, 2, \cdots)$。

用脉冲传递函数近似法求得与 $\Phi(s)$ 对应的闭环脉冲传递函数 $\Phi(z)$

$$\Phi(z) = Z\left(\frac{1 - e^{-Ts}}{s} \frac{e^{-\tau s}}{T_\tau s + 1}\right)$$

代入 $\tau = NT$，并进行 Z 变换

$$\Phi(z) = \frac{(1 - e^{-T/T_\tau})z^{-N-1}}{1 - e^{-T/T_\tau} z^{-1}} \tag{5.56}$$

由式（5.39）可知

$$D(z) = \frac{\Phi(z)}{G(z)[1 - \Phi(z)]} = \frac{1}{G(z)} \frac{z^{-N-1}(1 - e^{-T/T_\tau})}{1 - e^{-T/T_\tau} z^{-1} - (1 - e^{-T/T_\tau})z^{-N-1}} \tag{5.57}$$

假若已知被控对象的脉冲传递函数 $G(z)$，就可由式（5.57）求出数字控制器的脉冲

传递函数 $D(z)$。

1) 被控对象为带纯滞后的一阶惯性环节，其脉冲传递函数为

$$G(z) = Z\left\{\frac{1-e^{-Ts}}{s}\frac{Ke^{-\tau s}}{T_1 s+1}\right\}$$

代入 $\tau = NT$，可得

$$G(z) = Z\left\{\frac{1-e^{-Ts}}{s}\frac{Ke^{-\tau s}}{T_1 s+1}\right\} = Kz^{-N-1}\frac{1-e^{-T/T_1}}{1-e^{-T/T_1}z^{-1}} \tag{5.58}$$

将式 (5.58) 代入式 (5.57) 中得到数字控制器的算式

$$D(z) = \frac{(1-e^{-T/T_\tau})(1-e^{-T/T_1}z^{-1})}{K(1-e^{-T/T_1})[1-e^{-T/T_\tau}z^{-1}-(1-e^{-T/T_\tau})z^{-N-1}]}$$

2) 被控对象为带纯滞后的二阶惯性环节，其脉冲传递函数为

$$G(z) = Z\left[\frac{1-e^{-Ts}}{s}\frac{Ke^{-\tau s}}{(T_1 s+1)(T_2 s+1)}\right]$$

代入 $\tau = NT$，可得

$$G(z) = Z\left\{\frac{1-e^{-Ts}}{s}\frac{Ke^{-\tau s}}{(T_1 s+1)(T_2 s+1)}\right\} = \frac{K(C_1+C_2 z^{-1})z^{-N-1}}{(1-e^{-T/T_1}z^{-1})(1-e^{-T/T_2}z^{-1})} \tag{5.59}$$

其中

$$\begin{cases} C_1 = 1 + \dfrac{1}{T_2-T_1}(T_1 e^{-T/T_1} - T_2 e^{-T/T_2}) \\ C_2 = e^{-T(1/T_1+1/T_2)} + \dfrac{1}{T_2-T_1}(T_1 e^{-T/T_2} - T_2 e^{-T/T_1}) \end{cases} \tag{5.60}$$

将式 (5.60) 代入式 (5.57) 中得到数字控制器的算式

$$D(z) = \frac{(1-e^{-T/T_\tau})(1-e^{-T/T_1}z^{-1})(1-e^{-T/T_2}z^{-1})}{K(C_1+C_2 z^{-1})[1-e^{-T/T_\tau}z^{-1}-(1-e^{-T/T_\tau})z^{-N-1}]}$$

(2) 振铃现象及其消除。振铃（Ringing）现象，是指数字控制器的输出以 1/2 采样频率大幅度衰减的振荡。与前面介绍的波纹是不同的。波纹是由于控制器输出一直是振荡的，影响到系统的输出一直有波纹。而振铃现象中的振荡是衰减的，由于被控对象中惯性环节的低通特性，使得这种振荡对系统的输出几乎没有任何影响。但是振铃现象却会增加执行机构的磨损，在有交互作用的多参数控制系统中，振铃现象还有可能影响到系统的稳定性。

1) 振铃现象的分析。已知系统的输出 $Y(z)$ 和数字控制器的输出 $U(z)$ 之间有如下关系

$$Y(z) = U(z)G(z)$$

系统的输出 $Y(z)$ 和输入函数 $R(z)$ 之间有下列关系

$$Y(z) = R(z)\Phi(z)$$

则根据上面两式可求得数字控制器的输出 $U(z)$ 与输入函数 $R(z)$ 之间的关系

$$\frac{U(z)}{R(z)} = \frac{\Phi(z)}{G(z)} \tag{5.61}$$

令

$$\Phi_u(z) = \frac{\Phi(z)}{G(z)} \tag{5.62}$$

由式 (5.61) 可得到

$$U(z) = \Phi_u R(z)$$

$\Phi_u(z)$ 表达了数字控制器的输出与输入函数在闭环时的关系，是分析振铃现象的基础。

对于单位阶跃输入函数 $R(z)=\dfrac{1}{1-z^{-1}}$，包含极点 $z=1$，如果 $\Phi_u(z)$ 的极点在 Z 平面的负实轴上，且与 $z=-1$ 点相近，那么数字控制器的输出序列 $u(k)$ 中将含有这两种幅值相近的瞬态项，而且瞬态项的符号在不同时刻是不相同的。当两瞬态项符号相同时，数字控制器的输出控制作用加强，符号相反时，控制作用减弱，从而造成数字控制器的输出序列大幅度波动。分析 $\Phi_u(z)$ 在 Z 平面负实轴上的极点分布情况，就可得出振铃现象的有关结论。下面分析带纯滞后的一阶或二阶惯性环节系统中的振铃现象。

a. 带纯滞后的一阶惯性环节：被控对象为带纯滞后的一阶惯性环节时，其脉冲传递函数 $G(z)$ 为式（5.58），闭环系统的期望传递函数为式（5.56），将两式代入式（5.62），有

$$\Phi_u(z)=\frac{\Phi(z)}{G(z)}=\frac{\dfrac{(1-e^{-T/T_\tau})z^{-N-1}}{1-e^{-T/T_\tau}z^{-1}}}{Kz^{-N-1}\dfrac{1-e^{-T/T_1}}{1-e^{-T/T_1}z^{-1}}}=\frac{(1-e^{-T/T_\tau})(1-e^{-T/T_1}z^{-1})}{K(1-e^{-T/T_1})(1-e^{-T/T_\tau}z^{-1})} \tag{5.63}$$

求得极点 $z=e^{-T/T_\tau}$，显然 z 永远是大于零的。故得出结论：在带纯滞后的一阶惯性环节组成的系统中，数字控制器输出对输入的脉冲传递函数不存在负实轴上的极点，这种系统不存在振铃现象。

b. 带纯滞后的二阶惯性环节：被控对象为带纯滞后的二阶惯性环节时，其脉冲传递函数 $G(z)$ 为式（5.59），闭环系统的期望传递函数仍为式（5.56），将两式代入式（5.62），有

$$\Phi_u(z)=\frac{\Phi(z)}{G(z)}=\frac{\dfrac{(1-e^{-T/T_\tau})z^{-N-1}}{1-e^{-T/T_\tau}z^{-1}}}{\dfrac{K(C_1+C_2z^{-1})z^{-N-1}}{(1-e^{-T/T_1}z^{-1})(1-e^{-T/T_2}z^{-1})}}$$

$$=\frac{(1-e^{-T/T_\tau})(1-e^{-T/T_1}z^{-1})(1-e^{-T/T_2}z^{-1})}{KC_1(1-e^{-T/T_\tau}z^{-1})\left(1+\dfrac{C_2}{C_1}z^{-1}\right)} \tag{5.64}$$

式（5.64）有两个极点，第一个极点在 $z=e^{-T/T_\tau}$，不会引起振铃现象；第二个极点在 $z=-\dfrac{C_2}{C_1}$。由式（5.60），在 $T\to0$ 时，有 $\lim_{T\to0}\left[-\dfrac{C_2}{C_1}\right]=-1$。

这说明可能出现负实轴上与 $z=-1$ 相近的极点，这一极点将会引起振铃现象。

2）振铃幅度 RA。振铃幅度 RA 用来衡量振铃强烈的程度。为了描述振铃强烈的程度，应找出数字控制器输出量的最大值 $u_{\max}$。由于这一最大值与系统参数的关系难于用解析的式子描述出来，所以常用单位阶跃作用下数字控制器第 0 次输出量与第 1 次输出量的差值来衡量振铃现象强烈的程度。

由式（5.62），$\Phi_u(z)=\dfrac{\Phi(z)}{G(z)}$ 是 z 的有理分式，写成一般形式为

$$\Phi_u(z)=\frac{1+b_1z^{-1}+b_2z^{-2}+\cdots}{1+a_1z^{-1}+a_2z^{-2}+\cdots} \tag{5.65}$$

在单位阶跃输入函数的作用下，数字控制器输出量的 Z 变换是

$$U(z) = \Phi_u R(z) = \frac{1 + b_1 z^{-1} + b_2 z^{-2} + \cdots}{1 + a_1 z^{-1} + a_2 z^{-2} + \cdots} \cdot \frac{1}{1 - z^{-1}} = \frac{1 + b_1 z^{-1} + b_2 z^{-2} + \cdots}{1 + (a_1 - 1)z^{-1} + (a_2 - a_1)z^{-2} + \cdots}$$

$$= 1 + (b_1 - a_1 + 1)z^{-1} + \cdots$$

所以　　　　　　　　　　$RA = 1 - (b_1 - a_1 + 1) = a_1 - b_1$　　　　　　　　　(5.66)

对于带纯滞后的二阶惯性环节组成的系统，其振铃幅度由式（5.64）可得

$$RA = \frac{C_2}{C_1} - e^{-T/T_\tau} + e^{-T/T_1} + e^{-T/T_2}$$　　　　　　　　　(5.67)

根据式（5.60）及式（5.67），当 $T \to 0$ 时，可得

$$\lim_{T \to 0} RA = 2$$

3）振铃现象的消除。一般有两种方法可用来消除振铃现象。

第一种方法是先找出 $D(z)$ 中引起振铃现象的因子（$z = -1$ 附近的极点），然后令其中的 $z = 1$，根据终值定理，这样处理不影响输出量的稳态值。

前面已介绍在纯滞后的二阶惯性环节系统中，数字控制器的 $D(z)$ 为

$$D(z) = \frac{(1 - e^{-T/T_\tau})(1 - e^{-T/T_1}z^{-1})(1 - e^{-T/T_2}z^{-1})}{K(C_1 + C_2 z^{-1})[1 - e^{-T/T_\tau}z^{-1} - (1 - e^{-T/T_\tau})z^{-N-1}]}$$

其极点 $z = -\dfrac{C_2}{C_1}$ 将引起振铃现象。令极点因子 $(C_1 + C_2 z^{-1})$ 中的 $z = 1$，就可以消除这个振铃极点。由式（5.60）得

$$C_1 + C_2 = (1 - e^{-T/T_1})(1 - e^{-T/T_2})$$

消除振铃极点 $z = -\dfrac{C_2}{C_1}$ 后，数字控制器的形式为

$$D(z) = \frac{(1 - e^{-T/T_\tau})(1 - e^{-T/T_1}z^{-1})(1 - e^{-T/T_2}z^{-1})}{K(1 - e^{-T/T_1})(1 - e^{-T/T_2})[1 - e^{-T/T_\tau}z^{-1} - (1 - e^{-T/T_\tau})z^{-N-1}]}$$

值得注意的是，这种消除振铃现象的方法虽然不影响输出稳态值，但却改变了数字控制器的动态特性，将影响闭环系统的瞬态性能。

第二种方法是从保证闭环系统的特性出发，选择合适的采样周期 T 及系统闭环时间常数 T_τ，使得数字控制器的输出避免产生强烈的振铃现象。从式（5.67）可以看出，在带纯滞后的二阶惯性环节组成的系统中，振铃幅度与被控对象的参数 T_1、T_2 有关，与闭环系统期望的时间常数 T_τ 以及采样周期 T 有关。通过适当选择 T 和 T_τ，可以把振铃幅度抑制在最低限度以内。有的情况下，系统闭环时间常数 T_τ 作为控制系统的性能指标被首先确定了。但仍可以通过式（5.67）选择采样周期 T 来抑制振铃现象。

（3）达林算法的设计步骤。具有纯滞后系统中直接设计数字控制器所考虑的主要性能是控制系统不允许产生超调并要求系统稳定。系统设计中一个值得注意的问题就是振铃现象。下面是考虑振铃现象影响时设计数字控制器的一般步骤。

1）根据系统的性能，确定闭环系统的参数 T_τ，给出振铃幅度 RA 的指标。

2）由式（5.67）所确定的振铃幅度 RA 与采样周期 T 的关系，解出给定振铃幅度下对应的采样周期，如果 T 有多解，则选择较大的采样周期。

3）确定纯滞后时间与采样周期之比（τ/T）的最大整数 N。

4）求广义对象的脉冲传递函数 $G(z)$ 及闭环系统的脉冲传递函数 $\Phi(z)$。

5）求数字控制器的脉冲传递函数 $D(z)$。

【例 5.4】 已知某控制系统被控对象的传递函数为 $G_p(s)=\dfrac{e^{-s}}{s+1}$，试用达林算法设计数字控制器 $D(z)$。设采样周期为 $T=0.5s$，并讨论该系统是否会发生振铃现象，如果有振铃现象出现，如何消除。

解：根据题意可知，$T_1=1$，$K=1$，$\tau=1$，$N=\dfrac{\tau}{T}=2$。

连同零阶保持器在内的系统广义被控对象的传递函数

$$G(s)=\frac{1-e^{-Ts}}{s}\times G_p(s)=\frac{(1-e^{-0.5s})e^{-s}}{s(s+1)}$$

代入式（5.58），则可求出广义被控对象的脉冲传递函数

$$G(z)=Kz^{-N-1}\frac{1-e^{-T/T_1}}{1-e^{-T/T_1}z^{-1}}=z^{-3}\frac{1-e^{-0.5}}{1-e^{-0.5}z^{-1}}=\frac{0.3935z^{-3}}{1-0.6065z^{-1}}$$

按照达林算法的设计目标就是设计一个数字控制器，使整个闭环系统的脉冲传递函数相当于一个带有纯滞后的一阶惯性环节，若 $T_\tau=0.1s$，则由式（5.57）可得

$$D(z)=\frac{1}{G(z)}\frac{(1-e^{-T/T_\tau})z^{-N-1}}{1-e^{-T/T_\tau}z^{-1}-(1-e^{-T/T_\tau})z^{-N-1}}$$

$$=\frac{1-0.6065z^{-1}}{0.3935z^{-3}}\times\frac{z^{-3}(1-e^{-5})}{1-e^{-5}z^{-1}-(1-e^{-5})z^{-3}}$$

$$=\frac{2.524(1-0.6065z^{-1})}{(1-z^{-1})(1+0.9933z^{-1}+0.9933z^{-2})}$$

由上式可知，$D(z)$ 有 3 个极点：$z_1=1$，$z_2=-0.4967+0.864j$，$z_3=-0.4967-0.864j$。根据前面的结论，$z_1=1$ 处的极点不会引起振铃现象，故在本例中引起振铃现象的极点为

$$|z_2|=|z_3|=\sqrt{1-e^{-T/T_\tau}}=\sqrt{1-e^{-5}}\approx0.9966\approx1$$

依据前面的讨论，要想消除振铃现象。应去掉分母中的因子 $(1+0.9933z^{-1}+0.9933z^{-2})$，即令 $z=1$，代入上式即可消除振铃现象。此时可得达林算法数字控制器为

$$D(z)=\frac{2.524(1-0.6065z^{-1})}{(1-z^{-1})(1+0.9933+0.9933)}=\frac{0.8451(1-0.6065z^{-1})}{1-z^{-1}}$$

5.5 现 代 控 制 技 术

在经典控制理论中，用传递函数模型来设计和分析单输入单输出系统，但传递函数模型只能反映出系统的输出变量与输入变量之间的关系，而不能了解到系统内部的变化情况。在现代理论中，用状态空间模型来设计和分析多输入多输出系统，便于计算机求解，同时也为多变量系统的分析研究提供了有力的工具。

5.5.1 状态空间输出反馈设计法

设线性定常系统被控对象的连续状态方程为

$$\begin{cases} \dot{x}(t) = Ax(t) + Bu(t) \, x(t)|_{t=t_0} = x(t_0) \\ y(t) = Cx(t) \end{cases} \qquad (5.68)$$

式中：$x(t)$ 为 n 维状态向量；$u(t)$ 为 r 维控制向量；$y(t)$ 为 m 维输出向量；A 为 $n \times n$ 维状态矩阵；B 为 $n \times r$ 维控制矩阵；C 为 $n \times m$ 维输出矩阵。

采用状态空间的输出反馈设计法的目的是：利用状态空间表达式，设计出数字控制器 $D(z)$，使得多变量计算机控制系统满足所需要的性能指标，即在控制器 $D(z)$ 的作用下，系统输出 $y(t)$ 经过 N 次采样（N 拍）后，跟踪参考输入函数 $r(t)$ 的瞬变响应时间为最小。设系统的闭环结构形式如图 5.27 所示。

假设参考输入函数 $r(t)$ 是 m 维阶跃函数向量，即

$$r(t) = r_0 \cdot 1(t) = (r_{01} r_{02} \cdots r_{0m})^T \cdot 1(t) \qquad (5.69)$$

先找出在 $D(z)$ 的作用下，输出是最少 N 拍跟踪输入的条件。设计时，应首先把被控对象离散化，用离散状态空间方程表示被控对象。

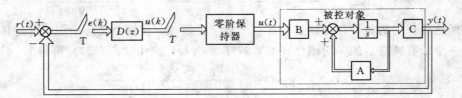

图 5.27 具有输出反馈的多变量计算机控制系统

5.5.1.1 连续状态方程的离散化

在 $u(t)$ 的作用下，式（5.68）的解为

$$x(t) = e^{A(t-t_0)} x(t_0) + \int_{t_0}^{t} e^{A(t-\tau)} Bu(\tau) d\tau \qquad (5.70)$$

式中：$e^{A(t-t_0)}$ 为被控对象的状态转移矩阵；$x(t_0)$ 为初始状态向量。

若已知被控对象的前面有一零阶保持器，即

$$u(t) = u(k), \quad kT \leqslant t < (k+1)T \qquad (5.71)$$

式中：T 为采样周期。

现在要求将连续被控对象模型连同零阶保持器一起进行离散化。

在式（5.70）中，若令 $t_0 = kT, t = (k+1)T$，同时考虑到零阶保持器的作用，则式（5.70）变为

$$x(k+1) = e^{AT} x(k) + \int_{kT}^{(k+1)T} e^{A(kT+T-\tau)} d\tau Bu(k) \qquad (5.72)$$

若令 $t = kT + t - \tau$，则式（5.72）可进一步化为离散状态方程

$$\begin{cases} x(k+1) = Fx(k) + Gu(k) \\ y(k) = Cx(k) \end{cases} \qquad (5.73)$$

$$F = e^{AT}, \quad G = \int_0^T e^{A\tau} d\tau B \qquad (5.74)$$

式（5.73）即为式（5.68）的等效离散状态方程，且式（5.74）中矩阵指数及其积分的计算是离散化的关键。

5.5.1.2 最少拍无波纹系统的跟踪条件

由式（5.68）中的系统输出方程可知，$y(t)$ 以最少的 N 拍跟踪参考输入 $r(t)$，必须满足条件

$$y(N) = Cx(N) = r_0 \qquad (5.75)$$

仅按条件式（5.75）设计的系统，将是有纹波系统，为设计无纹波系统，还必须满足条件

$$\dot{x}(N) = 0 \qquad (5.76)$$

这是因为，在 $NT \leqslant t \leqslant (N+1)T$ 的时间间隔内，控制信号 $u(t) = u(N)$ 为常向量，由式（5.68）知，当 $\dot{x}(N) = 0$ 时，则在 $NT \leqslant t \leqslant (N+1)T$ 的时间间隔内 $x(t) = x(N)$ 且保持不变。即若使 $t \geqslant NT$ 时的控制信号满足

$$u(t) = u(N), \quad t \geqslant NT \qquad (5.77)$$

此时，$x(t) = x(N)$ 且不改变，则使条件式（5.75）对 $t \geqslant NT$ 时始终满足下式

$$y(t) = Cx(t) = Cx(N) = r_0, \quad t \geqslant NT \qquad (5.78)$$

下面讨论系统的输出跟踪参考输入所用最少拍数 N 的确定方法。式（5.75）确定的跟踪条件为 m 个，式（5.76）确定的附加跟踪条件为 n 个，为满足式（5.75）和式（5.76）组成的 $m+n$ 个跟踪条件，$(N+1)$ 个 r 维的控制向量 $\{u(0)u(1)\cdots u(N-1)u(N)\}$ 必须至少提供 $(m+n)$ 个控制参数，即

$$(N+1)r \geqslant (m+n) \qquad (5.79)$$

最少拍数 N 应取满足式（5.79）的最小整数。

5.5.1.3 输出反馈法的设计步骤

1. 将连续状态方程离散化

对于由式（5.68）给出的被控对象的连续状态方程，用采样周期 T 对其进行离散化。通过计算式（5.74），可求得离散状态方程为式（5.73）。

2. 求满足跟踪条件式（5.75）和附加条件式（5.76）的控制序列 $\{u(k)\}$ 的 Z 变换 $U(z)$

被控对象的离散状态方程式（5.73）的解为

$$x(k) = F^k x(0) + \sum_{j=0}^{k-1} F^{k-j-1} Gu(j) \qquad (5.80)$$

被控对象在 N 步控制信号 $\{u(0)u(1)\cdots u(N-1)\}$ 作用下的状态为

$$x(N) = F^N x(0) + \sum_{j=0}^{N-1} F^{N-j-1} Gu(j)$$

假定系统的初始条件 $x(0) = 0$，则有

$$x(N) = \sum_{j=0}^{N-1} F^{N-j-1} Gu(j) \qquad (5.81)$$

根据条件式（5.75），有

$$r_0 = y(N) = Cx(N) = \sum_{j=0}^{N-1} CF^{N-j-1} Gu(j)$$

用分块矩阵形式来表示，得到

$$r_0 = \sum_{j=0}^{N-1} CF^{N-j-1}Gu(j) = (CF^{N-1}G \vdots CF^{N-2}G \vdots \cdots \vdots CFG \vdots CG)\begin{bmatrix} u(0) \\ u(1) \\ \vdots \\ u(N-2) \\ u(N-1) \end{bmatrix} \quad (5.82)$$

再由条件式（5.76）和式（5.68）知，有

$$\dot{x}(N) = Ax(N) + Bu(N) = 0$$

将式（5.81）代入上式，得

$$\sum_{j=0}^{N-1} AF^{N-j-1}Gu(j) + Bu(N) = 0$$

或

$$(AF^{N-1}G \vdots AF^{N-2}G \vdots \cdots \vdots AG \vdots B)\begin{bmatrix} u(0) \\ u(1) \\ \vdots \\ u(N-2) \\ u(N-1) \\ u(N) \end{bmatrix} = 0 \quad (5.83)$$

由式（5.82）和式（5.83）可以组成确定 $(N+1)$ 个控制序列 $\{u(0)u(1)\cdots u(N-1)u(N)\}$ 的统一方程组为

$$\begin{bmatrix} CF^{N-1}G \vdots CF^{N-2}G \vdots & \vdots CG \vdots 0 \\ \vdots & \vdots \cdots & \vdots & \vdots \\ AF^{N-1}G \vdots AF^{N-2}G \vdots & \vdots AG \vdots B \end{bmatrix}\begin{bmatrix} u(0) \\ u(1) \\ \vdots \\ u(N-2) \\ u(N-1) \\ u(N) \end{bmatrix} = \begin{bmatrix} r_0 \\ 0 \end{bmatrix} \quad (5.84)$$

若方程（5.84）有解，并设解为

$$u(j) = P(j)r_0 \quad (j=0,1,\cdots,N) \quad (5.85)$$

当 $k=N$ 时，控制信号 $u(k)$ 应满足

$$u(k) = u(N) = P(N)r_0 \quad (k \geqslant N)$$

这样就由跟踪条件求得了控制序列 $\{y(k)\}$，其 Z 变换为

$$U(z) = \sum_{k=0}^{\infty} u(k)z^{-k} = \left[\sum_{k=0}^{N-1} P(k)z^{-k} + P(N)\sum_{k=N}^{\infty} z^{-k} \right]r_0$$

$$= \left[\sum_{k=0}^{N-1} P(k)z^{-k} + \frac{P(N)z^{-N}}{1-z^{-1}} \right]r_0 \quad (5.86)$$

3. 求取误差序列 $\{e(k)\}$ 的 Z 变换 $E(z)$

误差向量为

$$e(k) = r(k) - y(k) = r_0 - Cx(k)$$

假定 $x(0) = 0$，将式（5.81）代入上式，得

$$e(k) = r_0 - \sum_{j=0}^{k-1} CF^{k-j-1} Gu(j)$$

再将式（5.85）代入上式，则

$$e(k) = \Big[I - \sum_{j=0}^{k-1} CF^{k-j-1} GP(j) \Big] r_0$$

误差序列 $\{e(k)\}$ 的 Z 变换为

$$E(z) = \sum_{k=0}^{\infty} e(k) z^{-k} = \sum_{k=0}^{N-1} e(k) z^{-k} + \sum_{k=N}^{\infty} e(k) z^{-k}$$

式中 $\sum\limits_{k=N}^{\infty} e(k) z^{-k} = 0$，因为满足跟踪条件式（5.75）和附加条件式（5.76），即当 k $\geqslant N$ 时误差信号消失，因此

$$E(z) = \sum_{k=0}^{N-1} e(k) z^{-k} = \sum_{k=0}^{N-1} \Big[I - \sum_{j=0}^{k-1} CF^{k-j-1} GP(j) \Big] r_0 z^{-k} \tag{5.87}$$

4．求控制器的脉冲传递函数 $D(z)$

根据式（5.86）和式（5.87）可求得 $D(z)$ 为

$$D(z) = \frac{U(z)}{F(z)}$$

5.5.2 极点配置设计法

在计算机控制系统中，除了使用输出反馈控制外，还较多地使用状态反馈控制，因为由状态输入就可以完全地确定系统的未来行为。图 5.28 是计算机控制系统的典型结构。在前面的章节中，讨论了连续的被控对象同零阶保持器一起进行离散化的问题，同时忽略数字控制器的量化效应，则图 5.28 可以简化为如图 5.29 所示的离散系统。

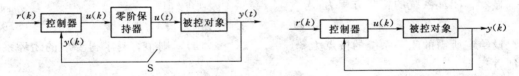

图 5.28　计算机控制系统的典型结构图　　图 5.29　简化的离散系统结构图

本节讨论利用状态反馈的极点配置方法来进行设计控制规律。首先讨论调节系统 $[r(k)=0]$ 的情况，然后讨论跟踪系统，即如何引入外界参考输入 $r(k)$。

按极点配置设计的控制器通常有两部分组成。一部分是状态观测器，它根据所测量到的输出量 $y(k)$ 重构出全部状态 $\hat{x}(k)$，另一部分是控制规律，它直接反馈重构的全部状态。图 5.30 给出了调节系统的情况 $[$即 $r(k)=0]$。

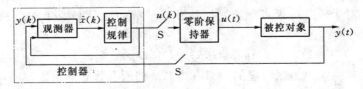

图 5.30　调节系统 $[r(k)=0]$ 中控制器的结构

5.5.2.1　按极点配置设计控制规律

为了按极点配置设计控制规律，暂设控制规律反馈的是实际对象的全部状态，而不是重构的状态，如图 5.31 所示。

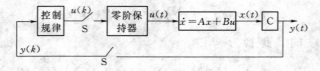

图 5.31　按极点配置设计控制规律

设连续被控对象的状态方程为 ［此时 $r(k)=0$］

$$\begin{cases} \dot{x}(t)=Ax(t)+Bu(t) \\ y(t)=Cx(t) \end{cases} \tag{5.88}$$

由前面一节内容，可知相应的离散状态方程为

$$\begin{cases} x(k+1)=Fx(k)+Gu(k) \\ y(k)=Cx(k) \end{cases} \tag{5.89}$$

且

$$F=\mathrm{e}^{AT}, G=\int_0^T \mathrm{e}^{A\tau}\,\mathrm{d}\tau B \tag{5.90}$$

T 为采样周期。若图中的控制规律为线性状态反馈，即

$$u(k)=-Lx(k) \tag{5.91}$$

则要设计出反馈控制规律 L。以使闭环系统具有所需要的极点配置。

将式 (5.91) 代入式 (5.89) 得到闭环系统的状态方程为

$$x(k+1)=(F-GL)x(k) \tag{5.92}$$

显然，闭环系统的特征方程为

$$|zI-F+GL|=0 \tag{5.93}$$

设给定所需的闭环系统的极点为 $z_i (i=1, 2, \cdots, n)$，则很容易求得要求的闭环系统特征方程为

$$\beta(z)=(z-z_1)(z-z_2)\cdots(z-z_n)=z^n+\beta_1 z^{n-1}+\cdots+\beta_n=0 \tag{5.94}$$

由式 (5.93) 和式 (5.94) 可知，反馈控制规律 L 应满足如下的方程

$$|zI-F+GL|=\beta(z) \tag{5.95}$$

若将式 (5.95) 的行列式展开，并比较两边 z 的同次幂的系数，则一共可得到 n 个代数方程。对于单输入的情况，L 中未知元素的个数与方程的个数相等，因此一般情况下可获得 L 的唯一解。而对于多输入的情况，仅根据式 (5.95) 并不能完全确定 L，设计计算比较复杂，这时需同时附加其他的限制条件才能完全确定 L。本节只讨论单输入的情况。

可以证明，对于任意的极点配置，L 具有唯一解的充分必要条件是被控对象完全能控，即

$$\mathrm{rank}[G\ FG\cdots F^{n-1}G]=n \tag{5.96}$$

该结论的物理意义也是很明显的，只有当系统的所有状态都是能控的，才能通过适当的状态反馈控制，使得闭环系统的极点配置在任意指定的位置。

由于人们对于 S 平面中的极点分布与系统性能的关系比较熟悉，因此可首先根据相

应连续系统性能指标的要求来给定 S 平面中的极点，然后再根据 $z_i = e^{s_i T}(i=1,2,\cdots,n)$ 的关系求得 Z 平面中的极点分布，其中 T 为采样周期。

5.5.2.2 按极点配置设计状态观测器

前面论述的按极点配置设计控制规律时，假定全部状态均可直接用于反馈，实际上，这是难以做到的，因为有些状态无法测量。因为必须设计状态观测器，根据所测量的输出 $y(k)$ 和 $u(k)$ 重构全部状态。所以实际反馈的是重构状态 $\hat{x}(k)$，而不是真实的状态 $x(k)$，即 $u(k)=-L\hat{x}(k)$。常用的状态观测器有三种：预报观测器、现时观测器和降阶观测器。

1. 预报观测器

常用的观测器方程为

$$\hat{x}(k+1)=F\hat{x}(k)+Gu(k)+K[y(k)-C\hat{x}(k)] \tag{5.97}$$

式中：$\hat{x}$ 为 x 的状态重构；K 为观测器的增益矩阵。

由于 $(k+1)$ 时刻的状态重构只用到了 kT 时刻的测量值 $y(k)$，因此称式（5.97）为预报观测器，其结构如图 5.32 所示。

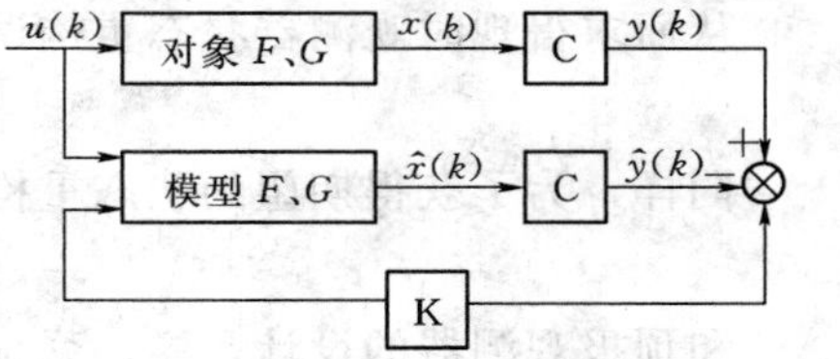

设计观测器的关键在于如何合理地选择观测器的增益矩阵 K。定义状态重构误差为

$$\tilde{x}=x-\hat{x} \tag{5.98}$$

图 5.32 预报观测器

则

$$\begin{aligned}
\tilde{x}(k+1) &= x(k+1)-\hat{x}(k+1) \\
&= Fx(k)+Gu(k)-F\hat{x}(k)-Gu(k)-K[Cx(k)-C\hat{x}(k)] \\
&= [F-KC][x(k)-\hat{x}(k)] \tag{5.99}
\end{aligned}$$

因此，如果选择 K 使系统式（5.99）渐进稳定，那么重构误差必定会收敛到 0，即使系统式（5.89）是不稳定的，在重构中引入观测量反馈，也能使误差趋于 0。式（5.99）称为观测器的误差动态方程，该式表明，可以通过选择 K，使状态重构误差动态方程的极点配置在期望的位置上。

如果出现观测器期望的极点 $z_i(i=1,2,\cdots,n)$，那么求得观测器期望的特征方程为

$$\alpha(z)=(z-z_1)(z-z_2)\cdots(z-z_n)=z^n+\alpha_1 z^{n-1}+\cdots+\alpha_n=0 \tag{5.100}$$

由式（5.99）可得观测器的特征方程（即状态重构误差的特征方程）为

$$|zI-F+KC|=0 \tag{5.101}$$

为了获得期望的状态重构性能，由式（5.100）和式（5.101）可得

$$\alpha(z)=|zI-F+KC| \tag{5.102}$$

对于单输入单输出系统，通过比较式（5.102）两边 z 的同次幂的系数，可求得 K 中 n 个未知数。对于任意的极点配置，K 具有唯一的充分必要条件是系统完全能控，即

$$\mathrm{rank}\begin{bmatrix} C \\ CF \\ \vdots \\ CF^{n-1} \end{bmatrix}=n \tag{5.103}$$

2. 现时观测器

采用预报观测器时，现时的状态重构 $\hat{x}(k)$ 只用了前一时刻的输出量 $y(k-1)$，使得

现时的控制信号 $u(k)$ 中也包含了前一时刻的输出量。当采样周期较长时，这种控制方式将影响系统的性能。为此，可采用如下的观测器方程：

$$\begin{cases} \overline{x}(k+1)=F\hat{x}(k)+Gu(k) \\ \hat{x}(k+1)=\overline{x}(k+1)+K[y(k+1)-C\overline{x}(k+1)] \end{cases} \tag{5.104}$$

由于 $(k+1)T$ 时刻的状态重构 $\hat{x}(k+1)$ 用到了现时刻的量测量 $y(k+1)$，因此式 (5.104) 称为现时观测器。

由式 (5.89) 和式 (5.104) 可得状态重构误差为

$$\begin{aligned} \tilde{x}(k+1)&=x(k+1)-\hat{x}(k+1) \\ &=[Fx(k)+Gu(k)]-\{\overline{x}(k+1)+K[y(k+1)-C\overline{x}(k+1)]\} \\ &=[F-KCF]\tilde{x}(k) \end{aligned} \tag{5.105}$$

从而求得现时观测器状态重构误差的特征方程为

$$|zI-F+KCF|=0 \tag{5.106}$$

同样，为了获得期望的状态重构性能，可以由下式确定 K 的值

$$\alpha(z)=zI-F+KCF \tag{5.107}$$

和预报观测器的设计一样，系统必须完全能控时才能求得 K。

3. 降阶观测器

预报和现时观测器都是根据输出量重构全部状态，即观测器的阶数等于状态的个数，因此称为全阶观测器。实际系统中，所能测量到的 $y(k)$ 中，已直接给出了一部分状态变量，这部分状态变量不必通过估计获得。因此，只要估计其余的状态变量就可以了，这种阶数低于全阶的观测器称为降阶观测器。

将原状态向量分为两部分，即

$$x(k)=\begin{bmatrix} x_a(k) \\ x_b(k) \end{bmatrix} \tag{5.108}$$

式中：$x_a(k)$ 为能够测量到的部分状态；$x_b(k)$ 为需要重构的部分状态。

据此，原被控对象的状态方程式 (5.89) 可以分块写成

$$\begin{bmatrix} x_a(k+1) \\ x_b(k+1) \end{bmatrix}=\begin{bmatrix} F_{aa} & F_{ab} \\ F_{ba} & F_{bb} \end{bmatrix}\begin{bmatrix} x_a(k) \\ x_b(k) \end{bmatrix}+\begin{bmatrix} G_a \\ G_b \end{bmatrix}u(k) \tag{5.109}$$

式 (5.109) 展开并写成

$$\begin{cases} x_b(k+1)=F_{bb}x_b(k)+[F_{ba}x_a(k)+G_bu(k)] \\ x_a(k+1)-F_{aa}x_a(k)-G_au(k)=F_{ab}x_b(k) \end{cases} \tag{5.110}$$

将式 (5.110) 与式 (5.89) 比较后，可建立如下的对应关系：

式 (5.89)	式 (5.110)
$x(k)$	$x_b(k)$
F	F_{bb}
$Gu(k)$	$F_{ba}x_a(k)+G_bu(k)$
$y(k)$	$x_a(k+1)-F_{aa}x_a(k)-G_au(k)$
C	F_{ab}

参考预报观测器的方程式（5.97），可以写出相应于式（5.110）的观测器方程为

$$\hat{x}_{\mathrm{b}}(k+1)=F_{\mathrm{bb}}\hat{x}_{\mathrm{b}}(k)+[F_{\mathrm{ba}}x_{\mathrm{a}}(k)+G_{\mathrm{b}}u(k)]+$$
$$K[x_{\mathrm{a}}(k+1)-F_{\mathrm{aa}}x_{\mathrm{a}}(k)-G_{\mathrm{a}}u(k)-F_{\mathrm{ab}}\hat{x}_{\mathrm{b}}(k)] \tag{5.111}$$

式（5.111）便是根据已测量到的状态 $x_{\mathrm{a}}(k)$，重构其余状态 $x_{\mathrm{b}}(k)$ 的观测器方程。由于 $x_{\mathrm{b}}(k)$ 的阶数低于 $x(k)$ 的阶数，所以称为降阶观测器。

由式（5.110）和式（5.111）可得状态重构误差为

$$\tilde{x}_{\mathrm{b}}(k+1)=x_{\mathrm{b}}(k+1)-\hat{x}_{\mathrm{b}}(k+1)$$
$$=(F_{\mathrm{bb}}-KF_{\mathrm{ab}})[x_{\mathrm{b}}(k)-\hat{x}_{\mathrm{b}}(k)] \tag{5.112}$$
$$=(F_{\mathrm{bb}}-KF_{\mathrm{ab}})\tilde{x}_{\mathrm{b}}(k)$$

从而求得降阶观测器的状态重构误差的特征方程为

$$|zI-F_{\mathrm{bb}}+KF_{\mathrm{ab}}|=0 \tag{5.113}$$

同理，为了获得期望的状态重构性能，由式（5.100）和式（5.113）可得

$$\alpha(z)=|zI-F_{\mathrm{bb}}+KF_{\mathrm{ab}}| \tag{5.114}$$

观测器的增益矩阵 K 可由式（5.114）求得。若给定降阶观测器的极点，也即已知 $\alpha(z)$，如果仍只考虑单输出［即 $X_{\mathrm{a}}(k)$ 的维数为 1］的情况，根据式（5.114）即可解得增益矩阵 K。这里，对于任意给定的极点，K 具有唯一解的充分必要条件也是系统完全能控，即式（5.103）成立。

5.5.2.3 按极点配置设计控制器

前面分别讨论了按极点配置设计的控制规律和状态观测器，这两部分组成了状态反馈控制器，如图 5.29 所示的调节系统［$r(k)=0$ 的情况］。

1. 控制器的组成

设被控对象的离散状态方程为

$$\begin{cases} x(k+1)=Fx(k)+Gu(k) \\ y(k)=Cx(k) \end{cases} \tag{5.115}$$

设控制器由预报观测器和状态反馈控制规律组合而成，即

$$\begin{cases} \hat{x}(k+1)=F\hat{x}(k)+Gu(k)+K[y(k)-C\hat{x}(k)] \\ u(k)=-L\hat{x}(k) \end{cases} \tag{5.116}$$

2. 分离性定理

由式（5.115）和式（5.116）构成的闭环系统的状态方程可写成

$$\begin{cases} x(k+1)=Fx(k)-GL\hat{x}(k) \\ \hat{x}(k+1)=KCx(k)+(F-GL-KC)\hat{x}(k) \end{cases} \tag{5.117}$$

再将式（5.117）改写成

$$\begin{bmatrix} x(k+1) \\ \hat{x}(k+1) \end{bmatrix}=\begin{bmatrix} F & -GL \\ KC & F-GL-KC \end{bmatrix}\begin{bmatrix} x(k) \\ \hat{x}(k) \end{bmatrix} \tag{5.118}$$

由式（5.118）构成的闭环系统的特征方程为

$$\gamma(z) = \left| zI - \begin{bmatrix} F & -GL \\ KC & F-GL-KC \end{bmatrix} \right| = \left| \begin{matrix} zI-F & GL \\ -KC & zI-F+GL+KC \end{matrix} \right|$$

$$= \left| \begin{matrix} zI-F+GL & GL \\ zI-F+GL & zI-F+GL+KC \end{matrix} \right| = \left| \begin{matrix} zI-F+GL & GL \\ 0 & zI-F+KC \end{matrix} \right|$$

$$= |zI-F+GL| \cdot |zI-F+KC| = \beta(z) \cdot \alpha(z) = 0$$

即

$$\gamma(z) = \beta(z) \cdot \alpha(z) \tag{5.119}$$

由此可见，式（5.115）构成的闭环系统的 $2n$ 个极点由两部分组成：一部分是按状态反馈控制规律设计所给定的 n 个控制极点；另一部分是按状态观测器设计所给定的 n 个观测器极点，这就是"分离性原理"。根据这一原理，可以分别设计系统的控制规律和观测器，从而简化了控制器的设计。

3. 状态反馈控制器的设计步骤

综上可归纳出采用状态反馈的极点配置方法设计控制器的步骤如下：

（1）按闭环系统的性能要求给定几个控制极点。

（2）按极点配置设计状态反馈控制规律，计算 L。

（3）合理地给定观测器的极点，并选择观测器的类型，计算观测器的增益矩阵 K。

（4）最后根据所设计的控制规律和观测器，由计算机来实现。

4. 观测器及观测器的类型选择

以上讨论了采用状态反馈控制器的设计，控制极点是按闭环系统的性能要求来设置的，因而控制极点成为整个系统的主导极点。观测器极点的设置应使状态重构具有较快的跟踪速度。如果测量输出中无大的误差和噪声，则可考虑将观测器极点都设置在 Z 平面的原点。如果测量输出中含有较大的误差和噪声，则可考虑按观测器极点所对应的衰减速度比控制极点对应的衰减速度快 4～5 倍的要求来设置。观测器的类型应考虑以下几点：

（1）如果控制器的计算延时与采样周期处于同一数量级，则可考虑选用预报观测器，否则可用现时观测器。

（2）如果测量输出比较准确，而且它是系统的一个状态，则可考虑用降阶观测器，否则用全阶观测器。

前面讨论了调节系统的设计，即在图 5.30 中 $r(k)=0$ 的情况。在调节系统中，控制的目的在于有效地克服干扰的影响，使系统维持在平衡状态。不失一般性，系统的平衡状态可取为零状态，假设干扰为随机的脉冲型干扰，且相邻脉冲干扰之间的间隔大于系统的响应时间。当出项脉冲干扰时，它将引起系统偏离零状态。当脉冲干扰撤除后，系统将从偏离的状态逐渐回到零状态。

然而，对于阶跃型或常值干扰，前面所设计的控制器不一定使系统具有满意的性能。按照前面的设计，其控制规律为状态的比例反馈，因此若在干扰加入点的前面不存在积分作用，则对于常值干扰，系统的输出将存在稳态误差。为了克服稳态误差，下面来研究如何按极点配置设计 PI 控制器。

设被控对象的离散状态方程为

$$\begin{cases} x(k+1)=Fx(k)+Gu(k)+v(k) \\ y(k)=Cx(k) \end{cases} \tag{5.120}$$

式中：$v(k)$ 为阶跃干扰。

显然，当 $k \geqslant 1$ 时，$\Delta v(k)=0$。对式（5.118）两边取差分得

$$\begin{cases} \Delta x(k+1)=F\Delta x(k)+G\Delta u(k),k \geqslant 1 \\ \Delta y(k+1)=C\Delta x(k+1) \end{cases} \tag{5.121}$$

将式（5.121）改写成

$$\begin{cases} y(k+1)=y(k)+CF\Delta x(k)+CG\Delta u(k),k \geqslant 1 \\ \Delta x(k+1)=F\Delta x(k)+G\Delta u(k) \end{cases} \tag{5.122}$$

令
$$m(k)=\begin{bmatrix} y(k) \\ \Delta x(k) \end{bmatrix} \quad \overline{F}=\begin{bmatrix} I & CF \\ 0 & F \end{bmatrix} \quad \overline{G}=\begin{bmatrix} CG \\ G \end{bmatrix} \tag{5.123}$$

则有
$$m(k+1)=\overline{F}m(k)+\overline{G}\Delta u(k) \tag{5.124}$$

仍然利用按极点配置设计控制规律的算法，针对式（5.122）设计如下的状态反馈控制规律

$$\Delta u(k)=-Lm(k)=-L_1 y(k)-L_2 \Delta u(k) \tag{5.125}$$

其中
$$L=(L_1 \ L_2) \tag{5.126}$$

再对式（5.124）两边作求和运算得

$$u(k)=-L_1 \sum_{i=1}^{k} y(i)-L_2 x(k) \tag{5.127}$$

显然，式（5.127）中 $u(k)$ 由两部分组成：前项代表积分控制，由于假设 $r(k)=0$，平衡状态又取为零状态，所以式（5.127）是输出量的积分控制；后项代表状态的比例控制，并要求全部状态直接反馈。式（5.127）称为按极点配置设计的 PI 控制规律。如图 5.33 所示采用 PI 控制规律的系统结构图。

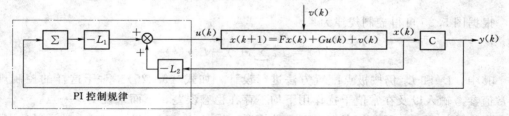

图 5.33　按极点配置设计的 PI 控制规律

将式（5.125）代入式（5.124）得

$$m(k+1)=(\overline{F}-\overline{G}L)m(k) \tag{5.128}$$

矩阵（$\overline{F}-\overline{G}L$）的特征值即为给定的闭环极点，显然他们都应在单位圆内，也即式（5.128）所示的闭环系统一定是渐近稳定的，从而对于任何初始条件均有

$$\lim_{k \to \infty} m(k)=0 \tag{5.129}$$

由于 $y(k)$ 是 $m(k)$ 的一个状态，显然也应有

$$\lim_{k \to \infty} y(k)=0 \tag{5.130}$$

式（5.130）表明，尽管存在常值干扰 $v(k)$，输出的稳态值终将回到零，也即不存在

稳态误差。

在图 5.32 中，PI 控制规律要求全部状态直接反馈，这在实际上往往是不现实的。因此可仿照前面类似的方法，通过构造观测器来获得状态重构 $\hat{x}(k)$，然后再线性反馈 $\hat{x}(k)$。图 5.34 给出了含有观测器的 PI 控制器的系统结构图。

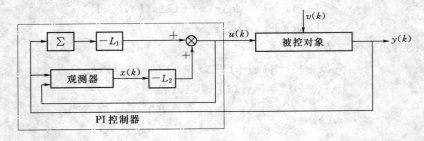

图 5.34　按极点配置设计的 PI 控制器

5.5.2.4　跟踪系统设计

为了消除常值干扰所产生的稳态误差，讨论了调节系统 $[r(k)=0]$ 的 PI 控制规律设计。在图 5.33 的基础上，可以很容易地画出引入参考输入时相应的跟踪系统的结构图如图 5.35 所示。

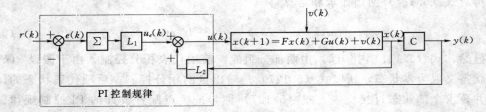

图 5.35　带 PI 控制规律的跟踪系统

根据图 5.35 可得控制规律为

$$u(k) = L_1 \sum_{i=1}^{k} e(i) - L_2 x(k) \tag{5.131}$$

其中，L_1 和 L_2 仍按极点配置方法进行设计，如式（5.125）。对于这样的控制规律。在常值参考输入以及在常值干扰作用下均不存在稳态误差，下面来说明这一点。

根据叠加原理，可分别考虑一下两种情况：①$r(k)=0$，$v(k)=$常数；②$r(k)=$常数，$v(k)=0$。对于情况①，图 5.34 即简化为图 5.32，前面已经说明图 5.32 的控制规律对常值干扰不存在稳态误差。对于情况②，即只考虑常值参数输入的情况，系统可描述为

$$x(k+1) = Fx(k) + Gu(k) \tag{5.132}$$

$$y(k) = Cx(k) \tag{5.133}$$

$$u(k) = u_e(k) - L_2 x(k) \tag{5.134}$$

$$u_e(k) = L_1 \sum_{i=0}^{k} e(i) \tag{5.135}$$

将式（5.134）代入式（5.132）可得

$$x(k+1) = (F - GL_2)x(k) + Gu_e(k) \tag{5.136}$$

$$x(\infty)=(I-F+GL_2)^{-1}Gu_e(\infty) \tag{5.137}$$

由于按极点配置法设计的闭环系统是渐近稳定的,所以当 $r(k)$ = 常数时一定有 $y(\infty)$ = 常数,从而根据式 (5.137) 也一定有 $u_e(\infty)$ = 常数。根据式 (5.135), $u_e(k)$ 是误差 $e(k)=r(k)-y(k)$ 的积分,所以一定有 $e(\infty)=0$,即 $y(\infty)=r(\infty)$,也就是说,对于常值参考输入,系统的稳态误差等于零。事实上,由图可知,因在系统的开环回路中有一个积分环节,故上面的结论是很明显的。

为了进一步提高系统的无静差度,还可引入参考输入 $r(k)$ 的顺馈控制,如图 5.36 所示。

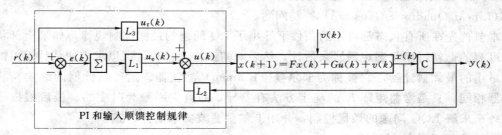

图 5.36 带 PI 控制和输入顺馈的跟踪系统

图 5.35 比图 5.34 多了一个输入的顺馈通道,控制规律中的其他参数 L_1 和 L_2 仍用和以前一样的方法进行设计。剩下的问题是如何确定顺馈增益系数 L_3。仿照和前面式 (5.135) 的推导,不难求得当 $r(k)$ = 常数时

$$y(\infty)=C(I-F+GL_2)^{-1}G[u_r(\infty)+u_e(\infty)] \tag{5.138}$$

稳态时有 $y(\infty)=r(\infty)$,同时希望在上式中 $u_e(\infty)=0$ 以提高系统的无静差度,因此得到

$$u_r(\infty)=\frac{1}{C(I-F+GL_2)^{-1}G}r(\infty)=L_3r(\infty) \tag{5.139}$$

从而得

$$L_3=\frac{1}{C(I-F+GL_2)^{-1}G} \tag{5.140}$$

在图 5.35 中,仍要求全部状态直接反馈,这在实际上常常也是不现实的,因此,可仿照与前面类似的方法,通过构造观测器来获得状态重构 $\hat{x}(k)$,然后再反馈 $\hat{x}(k)$。最后画出包含观测器及积分的控制器如图 5.37 所示。在图 5.37 中,可根据需要选用前面讨论过的任何一种形式的观测器。

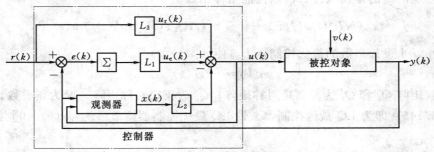

图 5.37 带观测器及 PI 和顺馈控制的跟踪系统

5.5.3　采样状态空间的最优设计法

前面用极点配置法解决了系统的综合问题，其主要设计参数是闭环极点的位置，而且仅限于说明单输入单输出系统。现在将讨论更一般的控制问题，假设过程对象是线性的，且可以是时变的并有多个输入和多个输出，另外在模型中还加入了过程噪声和量测噪声。若性能指标是状态和控制信号的二次型函数，则综合的问题被形式化为使性能指标为最小的问题，由此可得到的最优控制器是线性的，这样的问题称为线型二次型 LQ（Linear Quadratic）控制问题。如果在过程模型中考虑了高斯随机扰动，则称为线性二次型高斯 LQG（Linear Quadratic Gaussian）控制问题。

本节首先在所有状态都可用的条件下导出了 LQ 问题的最优控制规律，如果全部状态是不可测的，就可用状态观测器来估计，然后对随机扰动过程，可以求出使估计误差的方差为最小的最优估计器，它被称为卡尔曼（Kalman）滤波器。这种估计器的结构与状态观测器相同，只是增益矩阵 K 的确定方法有差异，而且它一般为时变的。最后根据分离性原理来求解 LQG 问题的最优控制，并用卡尔曼滤波器来估计状态。

5.5.3.1　LQ 最优控制器设计

1. 问题描述

现在求解完全状态信息情况下的 LQ 最优控制问题，其最优控制器由离散动态规划来确定。考虑确定性的情况，即无过程干扰 $v_c(k)$ 和量测噪声 $w(k)$ 的情况。设被控对象的连续状态方程为

$$\begin{cases} \dot{x}(t) = Ax(t) + Bu(t), x(0) \text{给定} \\ y(t) = Cx(t) \end{cases} \tag{5.141}$$

且连续的被控对象和离散控制器之间采用零阶保持器连接，即

$$u(t) = u(k) \quad kT \leqslant t \leqslant (k+1)T \tag{5.142}$$

式中：T 为采样周期。

将式（5.141）进行离散化，得到离散状态方程为

$$\begin{cases} x(k+1) = Fx(k) + Gu(k) \\ y(k) = Cx(k) \end{cases} \tag{5.143}$$

其中

$$\begin{cases} F = e^{AT} \\ G = \int_0^T e^{AT} \mathrm{d}t B \end{cases} \tag{5.144}$$

系统控制的目的是按线性二次型性能指标函数

$$J = x^T(NT)Q_0 x(NT) + \int_0^{NT} [x^T(t)\overline{Q}_1 x(t) + u^T(t)\overline{Q}_2 u(t)]\mathrm{d}t \tag{5.145}$$

为最小，来设计离散的最优控制器 L，使

$$u(k) = -Lx(k) \tag{5.146}$$

式中：加权矩阵 Q_0 和 $\overline{Q}_1$ 为非负定对称矩阵；$\overline{Q}_2$ 为正定对称矩阵；N 为正整数。

式（5.145）即为 LQ 最优控制器。带 LQ 最优控制器调节系统 $[r(k)=0]$ 如图 5.38 所示。

当 N 为有限时，称为有限时间最优调节器问题。实际上应用最多的是要求 $N \rightarrow \infty$，

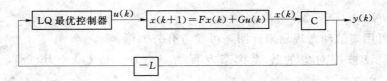

图 5.38　调节系统 $[r(k)=0]$ 中 LQ 最优控制器的结构

设计无限时间最优调节器，计算 $L(k)$ 的稳态解。

2. 二次型性能指标函数的离散化

二次型性能指标函数式（5.145）是以连续时间形式表示的，并进一步表示为

$$J = x^T(NT)Q_0 x(NT) + \sum_{k=0}^{N-1} J(k) \tag{5.147}$$

且

$$J(k) = \int_{KT}^{(k+1)T} [x^T(t)\overline{Q}_1 x(t) + u^T(t)\overline{Q}_2 u(t)]dt$$

根据式（5.141）和式（5.142），当 $kT \leqslant T \leqslant (k+1)T$ 时可以解得

$$x(t) = e^{A(t-kT)}x(k) + \int_{kT}^{t} e^{A(t-\tau)}Bu(\tau)d\tau = e^{A(t-kT)}x(k) + \int_{KT}^{t} e^{A(t-\tau)}d\tau Bu(k) \tag{5.148}$$

将式（5.148）和式（5.142）代入式（5.147），并整理得

$$J(k) = x^T(k)Q_1 x(k) + 2x^T(k)Q_{12}u(k) + u^T(k)Q_2 u(k) \tag{5.149}$$

其中

$$Q_1 = \int_0^T e^{A^T \tau}\overline{Q}_1 e^{At}dt \tag{5.150}$$

$$Q_{12} = \left[\int_0^T e^{A^T t}\overline{Q}_1\left(\int_0^t e^{A\tau}d\tau\right)dt\right]B \tag{5.151}$$

$$Q_2 = B^T\left[\int_0^T\left(\int_0^t e^{A^T\tau}d\tau\right)\overline{Q}_1\left(\int_0^t e^{A\tau}d\tau\right)dt\right]B + \overline{Q}_2 T \tag{5.152}$$

将式（5.149）代入式（5.147）得到等效的离散二次型性能指标函数为

$$J = x^T(N)Q_0 x(N) + \sum_{k=0}^{N-1}\left[x^T(k)Q_1 x(k) + 2x^T(k)Q_{12}u(k) + u^T(k)Q_2 u(k)\right] \tag{5.153}$$

3. 最优控制规律计算

对式（5.143）的离散被控对象，若使式（5.153）的离散二次型性能指标函数为最小，则式（5.146）所示的离散控制规律 L 的递推公式为

$$u(k) = -L(k)x(k) \tag{5.154}$$

$$L(k) = [Q_2 + G^T S(k+1)G]^{-1}[G^T S(k+1)F + Q_{12}^T] \tag{5.155}$$

$$S(k) = [F - GL(k)]^T S(k+1)[F - GL(k)] + L^T(k)Q_2 L(k) + Q_1 - L^T(k)Q_{12}^T - Q_{12}L(k) \tag{5.156}$$

$$S(N) = Q_0 \tag{5.157}$$

并有

$$J_{min} = x^T(0)S(0)x(0) \tag{5.158}$$

其中，$k = N - 1$，$N - 2$，…

以上结论可用离散动态规划来证明，可参考有关书籍。

【例 5.5】　设被控对象的连续状态方程为 $\dot{x}(t) = Ax(t) + Bu(t)$，其中，$A = \begin{bmatrix} 0 & 1 \\ 0 & -1 \end{bmatrix}$，$B = \begin{bmatrix} 0 \\ 1 \end{bmatrix}$，连续二次型性能指标函数中的加权矩阵为 $Q_0 = \begin{bmatrix} 1 & 0 \\ 0 & 0 \end{bmatrix}$，$\overline{Q}_1 = \begin{bmatrix} 1 & 0 \\ 0 & 0 \end{bmatrix}$，$\overline{Q}_2 = 0.01$，采用周期 $T = 0.5\text{s}$。求解 LQ 最优控制器 L。

解　根据式（5.144）求得

$$F = \begin{bmatrix} 1 & 0.39347 \\ 0 & 0.60653 \end{bmatrix}, G = \begin{bmatrix} 0.10653 \\ 0.39347 \end{bmatrix}$$

利用式（5.150）～式（5.152）求得

$$Q_1 = \begin{bmatrix} 0.5 & 0.10653 \\ 0.10653 & 0.02912 \end{bmatrix}, Q_{12} = \begin{bmatrix} 0.018469 \\ 0.005674 \end{bmatrix}, Q_2 = 0.0061963$$

由式（5.155）～式（5.157）求得

$$\begin{cases} L = (4.2379 \quad 2.2216) \\ S = \begin{bmatrix} 0.51032 & 0.11479 \\ 0.11479 & 0.040289 \end{bmatrix} \end{cases}$$

5.5.3.2　状态最优估计器设计

所有状态全用于反馈，这在实际上是很难做到的，因为有些状态无法量测。即使量测到的信号中还可能包含有量测噪声，下面讨论状态最优估计。

设连续被控对象的状态方程为

$$\begin{cases} \dot{x} = Ax + Bu + v_c \\ y = Cx + w \end{cases} \tag{5.159}$$

式中：v_c 为过程干扰；w 为量测噪声。

设 v_c 和 w 为高斯白噪声，即

$$Ev_c(t) = 0, Ev_c(t)v_c^T(\tau) = V_c\delta(t - \tau) \tag{5.160}$$

$$Ew(t) = 0, Ew(t)w^T(t) = W\delta(t - \tau) \tag{5.161}$$

式中：V_c 为非负定对称矩阵；W 为正定对称矩阵，并假设 $v_c(t)$ 和 $w(t)$ 互不相关。

1. 连续被控对象的状态方程的离散化

为了设计离散的 Kalman 滤波器，可首先将式（5.159）所示的连续模型进行离散化，从而采样系统的 Kalman 滤波问题便转化为相应的离散系统的设计问题。

方程（5.159）的解可写为

$$x(t) = e^{A(t - t_0)}x(t_0) + \int_{t_0}^{t} e^{A(t - \tau)}Bu(\tau)d\tau + \int_{t_0}^{t} e^{A(t - \tau)}v_c(\tau)d\tau \tag{5.162}$$

假定在连续的被控对象前面有一个零阶保持器，因而有

$$u(t) = u(kT) \quad kT \leqslant t \leqslant (k + 1)T$$

式中：T 为采样周期，令 $t_0 = kT$，$t = (k + 1)T$，则由式（5.162）可得

$$x(k+1) = \mathrm{e}^{AT}x(k) + \int_0^T \mathrm{e}^{At}\mathrm{d}tBu(k) + \int_0^T \mathrm{e}^{At}v_c(kT+T-t)\mathrm{d}t \qquad (5.163)$$
$$= Fx(k) + Gu(k) + v_d(k)$$

式中 $\quad F = \mathrm{e}^{AT}, G = \int_0^T \mathrm{e}^{At}\mathrm{d}tB, v_d(k) = \int_0^T \mathrm{e}^{At}v_c(kT+T-t)\mathrm{d}t$

式 (5.163) 便是等效的离散模型，$v_d(k)$ 是等效的离散随机序列，可以求得

$$Ev_d(k) = E\left[\int_0^T \mathrm{e}^{At}v_c(kT+T-t)\mathrm{d}t\right] = \int_0^T \mathrm{e}^{At}[Ev_c(kT+T-t)]\mathrm{d}t = 0 \quad (5.164)$$

$$Ev_d(k)v_d^T(j) = E\left[\left[\int_0^T \mathrm{e}^{At}v_c(kT+T-t)\mathrm{d}t\right]\left[\int_0^T \mathrm{e}^{A\tau}v_c(jT+T-t)\right]\mathrm{d}\tau\right]^T$$
$$= \int_0^T\int_0^T \mathrm{e}^{At}[Ev_c(kT+T-t)v_c^T(jT+T-t)]\mathrm{e}^{A^T\tau}\mathrm{d}t\mathrm{d}\tau = V\delta_{kj}$$

$$(5.165)$$

式中 $\quad V = \int_0^T\int_0^T \mathrm{e}^{At}V_c\delta(\tau-t)\mathrm{e}^{A^T\tau}\mathrm{d}t\mathrm{d}\tau = \int_0^T \mathrm{e}^{A\tau}V_c\mathrm{e}^{A^T\tau}\mathrm{d}\tau$

$$\delta_{kj} = \begin{cases} 1, k=j \\ 0, k\neq j \end{cases}$$

故有 $\quad EV_d(k) = 0, \quad EV_d(k)V_d^T(j) = V\delta_{kj}$

同理，有 $\quad Ew(k) = 0, Ew(k)w^T(j) = W\delta_{kj}$

即 $v_d(k)$ 和 $w(k)$ 是等效的离散的高斯白噪声序列。

进一步将系统的量测方程离散化为

$$y(k) = Cx(k) + \omega(k) \qquad (5.166)$$

这样，就得到连续被控对象式 (5.159) 所对应的离散被控对象为

$$\begin{cases} x(k+1) = Fx(k) + Cu(k) + v_d(k) \\ y(k) = Cx(k) + w(k) \end{cases} \qquad (5.167)$$

从而系统式 (5.159) 的状态最优估计问题便转化成了离散系统式 (5.167) 的 Kalman 滤波问题。

2. Kalman 滤波公式

由于存在随机的过程干扰 $v_d(k)$ 和测量干扰 $w(k)$，系统的状态量 $x(k)$ 为随机向量。问题是根据测量 $y(k)$ 估计出 $x(k)$。若记 $x(k)$ 的估计量为 $\hat{x}(k)$，则状态估计误差为

$$\tilde{x} = x(k) - \hat{x}(k) \qquad (5.168)$$

状态估计误差的协方差阵为

$$P(k) = E\tilde{x}(k)\tilde{x}^T(k) \qquad (5.169)$$

显然，$P(k)$ 为非负定对称矩阵。估计准则为：根据量测量 $y(k)$、$y(k-1)$、…，最优地估计出 $\hat{x}(k)$ 以使 $P(k)$ 极小。

根据最优估计理论，最小方差估计为

$$\hat{x}(k) = E[x(k)|y(k), y(k-1), \cdots] \qquad (5.170)$$

即 $x(k)$ 的最小方差估计 $\hat{x}(k)$ 等于在给定的直到 k 时刻的量测量 y 的情况下 $x(k)$ 的条件期望。引入更一般的记号：

$$\hat{x}(k)(j|k) = E[x(j)|y(k), y(k-1), \cdots] \qquad (5.171)$$

若 $k > j$，表示根据知道现时刻的量测量来估计过去时刻的状态，通常称这样的情况为平滑或内插；若 $k < j$，表示根据知道现时刻的量测量来估计将来时刻的状态，通常称这样的情况为预报或外推；若 $k = j$，表示根据知道现时刻的量测量来估计现时刻的状态，通常称这样的情况为滤波。这里所讨论的状态最优估计问题即是指的滤波问题。

进一步引入如下记号：

$\hat{x}(k-1) \triangle \hat{x}(k-1 | k-1)$——$k-1$ 时刻的状态估计

$\tilde{x}(k-1) = x(k-1) - \hat{x}(k-1)$——$k-1$ 时刻的状态估计误差

$P(k-1) = E\tilde{x}(k-1)\tilde{x}^T(k-1)$——$k-1$ 时刻的状态估计误差协方差阵

$\hat{x}(k | k-1)$——进一步预报估计

$\tilde{x}(k | k-1) = x(k) - \hat{x}(k | k-1)$——进一步预报估计误差

$P(k | k-1) = E\tilde{x}(k | k-1)\tilde{x}^T(k | k-1)$——进一步预报估计误差协方差阵

$\hat{x}(k) \triangle \hat{x}(k | k)$——$k$ 时刻的状态估计

$\tilde{x}(k) = x(k) - \hat{x}(k)$——$k$ 时刻的状态估计误差

$P(k) = E\tilde{x}(k)\tilde{x}^T(k)$——$k$ 时刻的状态估计误差协方差阵

最优估计的结论可以用 Kalman 滤波递推公式表示：

$$\hat{x}(k | k-1) = F\hat{x}(k-1) + Gu(k-1) \tag{5.172}$$

$$\hat{x}(k) = \hat{x}(k | k-1) + K(k)[y(k) - C\hat{x}(k | k-1)] \tag{5.173}$$

$$K(k) = P(k | k-1)C^T[CP(k | k-1)C^T + W]^{-1} \tag{5.174}$$

$$P(k | k-1) = FP(k-1)F^T + V \tag{5.175}$$

$$P(k) = [I - K(k)C]P(k | k-1)[I - K(k)C]^T + K(k)WK^T(k) \tag{5.176}$$

$\hat{x}(0)$ 和 $P(0)$ 给定，$k = 1, 2, \cdots$。

递推公式第一个公式 (5.172) 中 $\hat{x}(k | k-1)$ 是 $x(k)$ 的一步最优预报估计，它是根据直到 $k-1$ 时刻的所有量测量的信息而得到的关于 $x(k)$ 的最优估计。第二个公式 (5.173) 中 $\hat{x}(k)$ 是 $x(k)$ 的最小方差估计，其中第一项即为 $\hat{x}(k | k-1)$，是 $x(k)$ 的一步最优预报估计；第二项是修正项，它是根据最新的量测量 $y(k)$ 来对最优预报估计进行修正。在第二项中：$\hat{y}(k | k-1) = C\hat{x}(k | k-1)$ 是关于量测量 $y(k)$ 的一步预报估计，$\tilde{y}(k | k-1) = y(k) - \hat{y}(k | k-1) = y(k) - C\hat{x}(k | k-1)$ 是关于量测量 $y(k)$ 的一步预报估计误差，也称新息，即它包含了最新量测量的信息。$K(k)$ 是状态估计器或 Kalman 滤波的增益矩阵。

从上面的递推公式可以看出，若 Kalman 滤波的增益矩阵 $K(k)$ 已知，则根据递推公式前两式便可依次计算出状态最优估计 $\hat{x}(k)$，$k = 1, 2, \cdots$。

3. Kalman 滤波的增益矩阵 $K(k)$ 的计算

增益矩阵 $K(k)$ 采用数值方法求解，有迭代法、特征值和特征向量法等。可直接根据式 (5.174) ～式 (5.176) 的递推公式进行计算：

(1) 给定参数 F，C，V，W，$P(0)$，给定迭代计算总步骤 N，并置 $k = 1$。

(2) 按式 (5.175) 计算 $P(k | k-1)$。

(3) 按式 (5.176) 计算 $P(k)$。

(4) 按式 (5.174) 计算 $K(k)$。

（5）如果 $k=N$，转（7），否则转（6）。

（6） $k \leftarrow k+1$，转（2）。

（7）输出 $K(k)$ 和 $P(k)$，$k=1,2,\cdots,N$。

利用迭代法，当迭代计算到一定步数后，$K(k)$ 将收敛到定常的增益矩阵 K，$P(k)$ 也收敛到常数阵 P。而且可以证明，只要初始的状态估计误差的协方差阵 $P(0)$ 为非负定对称阵，则 $K(k)$ 和 $P(k)$ 稳态值将与 $P(0)$ 无关。因此，若只需计算 $K(k)$ 的稳态解，通常取为 $P(0)=0$ 或 $P(0)=I$。

$K(k)$ 是时变增益阵，然而当 k 增大到一定程度后，其趋向于一个常数，这正是我们所期望的。因为定常的增益矩阵 K 更便于计算机在线实现。在计算机控制系统中，通常要求的便是这个定常的增益矩阵 K。

5.5.3.3 LQG 最优控制器设计

由 LQ 最优控制器和状态最优估计器两部分，就组成了 LQG 最优控制器，如图 5.39 所示为控制系统 $[r(k)=0]$ 中 LQG 最优控制器的结构。

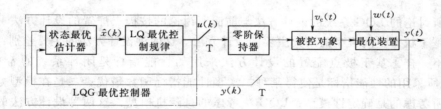

图 5.39　控制系统 $[r(k)=0]$ 中 LQG 最优控制器的结构

假设连续被控对象的离散状态方程式为

$$\begin{cases} x(k+1)=Fx(k)+Gu(k)+v_{\mathrm{d}}(k) \\ y(k)=Cx(k)+w(k) \end{cases}$$

由状态最优估计器和 LQ 最优控制器组成的 LQG 最优控制器的方程为

$$\hat{x}(k|k-1)=F\hat{x}(k-1)+Gu(k-1) \tag{5.177}$$

$$\hat{x}(k)=\hat{x}(k|k-1)+K(k)\left[y(k)-C\hat{x}(k|k-1)\right] \tag{5.178}$$

$$u(k)=-L(k)\hat{x}(k) \tag{5.179}$$

显然，设计 LQG 最优控制器的关键部分是按分离性原理分别计算 Kalman 滤波器增益矩阵 K 和最优控制器 L。闭环系统的调节性能取决于最优控制器，而最优控制器的设计又依赖于被控对象的模型（矩阵 A，B，C）、干扰模型（协方差阵 V，W）和二次型性能指标函数中加权矩阵（Q_0，$\overline{Q}_1$，$\overline{Q}_2$）的选取。被控对象的模型可通过机理分析法、试验方法和系统辨识方法来获取。Kalman 滤波器增益矩阵 K 的计算取决于过程干扰协方差阵 V 和量测噪声协方差阵 W，而最优控制器 L 的计算又取决于加权矩阵。在设计过程中，一般凭经验或试凑给出 V、W 和加权矩阵，通过计算不断调整，逐步达到满意的调节系统。

5.5.3.4 跟踪系统的设计

前面讨论了调节系统的设计，它主要考虑了系统的抗干扰的性能。对于跟踪系统，除了系统应具有好的抗干扰性能外，还要求系统对于参考输入具有好的跟踪响应性能。因此，对于跟踪系统，可首先按调节系统来设计，使其具有好的抗干扰性能，然后再依一定的方式引入参考输入，使其满足跟踪性能的要求。

这里 LQG 系统与前一章所讨论的基于状态空间模型按零极点配置法设计的系统具有完全相同的结构，可用相同的方法引入参考输入。为了消除由于模型参数不准所引起的跟踪稳态误差和常值干扰所产生的稳态误差，可采用如图 5.40 所示的系统结构图。

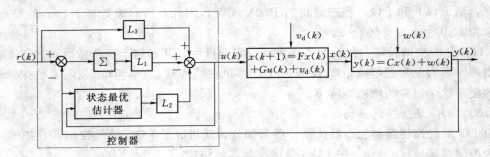

图 5.40　带最优估计器及 PI 和顺馈控制的跟踪系统

本节所讨论的 LQG 系统的设计方法与前面所讨论的按极点配置的设计方法是现代控制理论中基于状态空间模型的两类主要的设计方法。这两种设计方法的主要差别：一是所用的指标不一样。基于极点配置的设计方法采用的性能指标是闭环系统的希望极点；LQG 系统所采用的性能指标是使得某种二次型性能指标函数最优；二是在模型方面。极点配置法所考虑的是确定性模型；LQG 法考虑的是随机模型。这两种设计方法的共同点是所设计的控制器具有完全相同的结构形式，它们都由观测器或估计器及状态反馈这两部分组成，而且都存在分离性原理，从而可使这两部分设计可以分开进行。

极点配置法主要适合于单变量系统，对于多变量系统，其方法较为复杂，且不如单变量系统的效果好。LQG 设计法则可用于多变量系统，甚至可以用于时变系统，这是 LQG 设计法的一个很大的优点。另外极点配置法难于考虑对控制量的幅度限制的要求，它往往需要反复试凑，而且极点的位置与控制量幅度之间的关系很不直接。LQG 设计法虽然也需要经过试凑才能满足对控制量的幅度要求，但是它比较容易通过调整控制量额度加权系数来实现这个要求。

<h1 align="center">习　　题</h1>

1. 简述数字控制器连续化设计的步骤。

2. 试描述理想数字 PID 控制器的位置型控制算法和增量型控制算法，并比较它们的特点。

3. 已知模拟控制器的传递函数为 $G(s) = \dfrac{U(s)}{E(s)} = \dfrac{1+0.17s}{1+0.085s}$，写出相应的数字控制器的位置型和增量型控制算式，舍采样周期 $T=0.2\text{s}$。

4. 数字 PID 算法的改进主要包括哪几个方面？

5. 采样周期的选择需要考虑哪些因素？

6. 数字 PID 的参数整定包括哪些方法？

7. 简述离散化设计方法的设计步骤。

8. 什么是最少拍控制系统？其设计要求有哪些？

9. 已知某控制系统被控对象的传递函数为 $G_p(s) = \dfrac{e^{-s}}{(2s+1)(s+1)}$，采样周期为 $T = 1s$，试用达林算法设计 $D(z)$。并判断该系统是否会发生振铃现象，如果有振铃现象出现，如何消除。

10. 什么是串级控制系统？其结构是什么样的？串级控制系统中，副回路的存在给系统带来了什么优点？

11. 前馈—反馈控制系统的结构是什么样的？有什么优点？前馈控制完全补偿条件是什么？

12. 简述输出反馈法的设计步骤。

13. 常用的状态观测器有哪三种？各有什么特点？

14. 现代控制理论中基于状态空间模型的两类主要的设计方法是什么？试比较他们的异同，以及适用范围。

第6章 先进控制技术

本章从分析传统控制技术所面临的问题入手，引出了先进控制的概念，并阐释了其在解决复杂工业过程控制问题时的优越性，进而又对几类常用先进控制技术的理论起源、应用范围和技术特点等作了简明分析。为了更加系统地认识先进控制技术的控制过程和应用方法，本文又针对几类典型先进控制技术，分节介绍了其数学基础、基本原理、控制器结构和改进策略等内容。通过对本章内容的学习，读者可以对先进控制的基本体系形成较为清晰的认识，并为以后深入学习各类先进控制技术奠定良好的基础。

6.1 概　　述

早期的自动控制基本上是解决简单对象的控制问题，采用经典控制和现代控制基本可以满足控制需求。但随着控制对象的日益复杂，特别是在实际工业环境中，很多系统具有高度的非线性、多变量耦合性、不确定性和大时滞等特点，要想获得精确的数学模型十分困难，传统控制技术无法得到满意的控制效果。因此，先进控制的概念被引入到自动控制学科体系中，各种新的控制方法应运而生，它们在解决难以精确建模的复杂控制问题时，往往能达到传统控制无法达到的效果。本节先分析了传统控制所面临的问题，然后简要介绍了先进控制技术的概念及几类常用的先进控制方法。

6.1.1　传统控制所面临的问题

以经典控制理论、现代控制理论为代表的传统控制理论，曾经在一段时期成为解决现实生活中控制问题的有力工具，并在如今的生活中扮演着重要角色。但随着社会的发展，工程科学、技术对控制提出了越来越高的要求，传统控制理论逐渐遇到了难以解决的困难，主要体现在以下几个方面。

1. 对象的复杂性、高度非线性和不确定性导致系统辨识和建模的困难

控制系统的设计无论是采用以频域法传递函数为基础的经典控制理论方法，还是采用以时域法状态方程为基础的现代控制理论方法，都需要知道被控对象的数学模型。对象数学模型建立的是否精确，直接影响着控制效果的好坏。然而，一般的工业生产过程，都具有非线性、时变性和不确定性。由于被控对象越来越复杂，其复杂性表现为高度的非线性，高噪声干扰、动态突变性以及分散的传感元件与执行元件，分层和分散的决策机构，多时间尺度，复杂的信息结构等，这些复杂性都难以用精确的数学模型（微分方程或差分方程）来描述。要获取适用的对象数学模型，既有足够的精确性，又不至于过分复杂，这更是相当困难甚至是不可能的。现有控制理论依靠纯数学解析的方法，对被控对象的复杂性、高度非线性和不确定性显得无能为力。

2. 线性系统控制理论在解决复杂的对象特性和复杂的控制任务时面临的困难

经典控制理论和现代控制理论的任务在于寻求（反馈）控制，使得闭环系统稳定。这就是通称的"镇定问题"。工程技术不断地提出新的控制任务，它们远远不可能用镇定来概括。另外，随着科学技术的发展，人们的控制活动会越来越多，控制的任务也会越来越复杂和困难，面对这样复杂的对象特性和复杂的控制任务要求，传统的线性系统控制理论已经远远达不到要求。

3. 定性、逻辑、语言控制等控制手段面临着数学处理的困难

事实上，随着计算机在自动控制领域的广泛应用，工程师们在实际的控制工程中已经成功地采用了大量定性的、逻辑的以及语言描述的控制手段。然而就是这些在工程实际中成功运用的控制手段和经验，在传统控制理论中面临着极大的数学处理方面的困难。正因为传统控制存在这么多的困难，所以，必须发展新的概念、理论与方法才能和社会生产的快速发展相适应。

6.1.2 先进控制技术发展简介

近半个多世纪以来，随着计算机技术的广泛应用，自动控制有了很大的发展，先进过程控制（Advanced Process Control，APC）应运而生。先进控制是具有比传统控制更好控制效果的控制策略的统称，是提高过程控制质量、解决复杂过程控制问题的理论和技术。先进控制内容丰富、涵盖面广，包括预测控制、自适应控制、鲁棒控制和变结构控制等。

随着先进控制技术的继续发展，一些人工智能的概念，如模糊、神经和集群等被逐渐引入到控制理论中，进而形成了新的先进控制技术，即智能控制。智能控制是指一类无需人为干预，基于知识规则和学习推理的、能独立驱动智能机器实现其目标的自动控制技术。智能控制能有效自主地实现复杂信息的处理及优化决策与控制功能，包括模糊控制、神经网络控制和专家系统等。

除以上控制技术外以外，还有大量新的智能算法逐步被学者提出并引入控制理论体系中，如遗传算法、微粒群算法、蚁群算法和模拟退火算法等，它们虽然不能直接构成控制器，但是可以与其他控制方法结合在一起，用于辨识被控对象模型和优化控制器参数。此外，还有一些智能控制方法，如多级递阶控制、学习控制和混沌控制等，对于解决模型不确定的复杂控制问题也都具有很大的帮助。

综上，先进控制技术主要包括两类：一类是以预测控制、自适应控制、鲁棒控制和变结构控制为代表的常规先进控制；另一类是在人工智能技术基础上衍生出的智能控制，包括模糊控制、神经控制和专家控制等。这些先进控制技术在复杂工业系统中的应用，能达到传统控制技术无法达到的控制效果，对于解决非线性和不确定性等控制问题具有重要的意义。下面就预测控制、自适应控制、鲁棒控制、变结构控制、模糊控制、神经控制和专家控制的基本内容作简要介绍，主要在说明这些控制方法的基本原理和控制器结构等。

6.2 预 测 控 制

预测控制（Predictive Control）不是某一种统一理论的产物，而是在工业实践过程中

独立发展起来的，最初提出的预测控制有模型算法控制（MAC）和动态矩阵控制（DMC）。它不要求对模型的结构有先验知识，不必通过复杂的辨识过程便可设计控制系统，它吸取了现代控制理论中的优化思想，但用不断的在线有限优化（即滚动优化）。取代了传统的最优控制，优化过程中利用实测信息不断反馈校正，一定程度上克服了不确定性的影响，增强了控制的鲁棒性，在线计算比较简易。这些特点适合工业过程控制的要求，所以它很快在石油、电力和航空等领域获得了应用，并引起了工业控制界广泛的兴趣。此后，又出现广义预测控制（GPC）等其他算法。它的基本思想类似于人的思维和决策，根据头脑中对外部世界的了解，通过快速思维不断地比较各种方案可能造成的后果，从中择优予以实施。

6.2.1 预测控制基本原理

预测控制以计算机为实现手段，其算法为采样控制算法，而不是连续控制算法。一般而言，不论预测控制算法形式如何不同，都应以下述三项基本原理为基础。

1. 预测模型

预测模型应具有根据对象的历史信息和未来输入预测其未来输出的功能，它只强调功能而不强调其结构形式。状态方程、传递函数这类传统的模型都可作为预测模型。对于线性稳定对象，其阶跃响应、脉冲响应等非参数模型也可用作预测模型。预测模型具有展示系统动态行为的功能，应用预测模型可以像仿真计算时一样，通过任意设定未来的控制策略，观察对象在不同控制策略下的输出变化，进而比较与优化。预测模型为比较各种控制策略的优劣提供了基础。

2. 滚动优化

预测控制是一种优化控制算法，通过某一性能指标的最优来确定未来的控制作用。这一性能指标涉及到系统未来的行为，未来行为根据预测模型由未来的控制策略决定。例如，最优化可以取对象输出在未来采样点上跟踪某一期望轨迹的方差最小，但与传统意义下的最优控制有很大差别。预测控制中的优化是一种有限时段的滚动优化，在每一采样时刻，优化性能指标只涉及到从该时刻起未来有限的时间内，到了下一个采样时刻后，这一优化时段同时向前推移。预测控制在不同时刻优化性能指标的相对形式相同，但其绝对形式，即包含的时间区域是不同的。优化不是一次离线进行，而是反复在线进行，即滚动优化。与全局优化相比，只能得到全局次优解，但能有效克服实际对象的不确定性影响，保持实际上最优。

3. 反馈校正

预测控制是闭环控制算法，当通过优化确定一系列未来控制作用之后，系统只实现本时刻的控制作用，并不把全部控制作用逐一全部实施，以防止模型失配或环境干扰引起相对理想状态的控制偏差。为了消除失配、干扰的影响，到下一采样时刻，首先检测对象实际输出，并利用它对基于模型的预测进行修正，然后再进行新的优化。可以在原预测模型基础上，对未来的误差作出预测，并加以补偿，也可根据在线辨识原理直接修改预测模型。无论何种校正形式，预测控制都把优化建立在系统实际的基础上，并力求在优化时，对系统未来的动态行为作出准确的预测。

综上可见，预测控制中的优化不仅基于模型，而且利用了反馈信息，构成了闭环优化，其鲜明的特征就是基于模型、滚动实施，并结合反馈校正进行优化控制。它依赖的模型只强调预测功能，而不苛求形式，建模方便。同时，它汲取了优化控制的思想，利用滚动的有限时段优化取代一成不变的全局优化，这虽在理想情况下不能导致全局优化，但实际上不可避免的模型误差及环境干扰，使预测控制通过基于实际反馈信息的反复优化，不断顾及不确定性的影响并及时加以校正，反而比只依赖模型的一次优化更能适应实际过程，具有更强的鲁棒性。

6.2.2 典型预测控制

典型的预测控制方法包括动态矩阵控制（Dynamic Matrix Control，DMC）、模型算法控制（Model Algorithmic Control，MAC）和广义预测控制（Generalized Predictive Control，GPC）等。虽然这些算法的表示形式和控制方法各不相同，但其基本思想都是采用工业生产过程中较易测取的对象阶跃响应或脉冲响应等非参数模型，从中取一系列采样时刻的数值作为描述对象动态特性的信息，由此预测未来的控制量及响应，从而构成预测模型。预测控制系统如图 6.1 所示，主要由内部模型、预测模型、参考轨迹和预测控制算法组成。

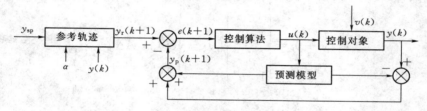

图 6.1　预测控制结构图

预测控制的目的是使被控对象的输出变量 $y(t)$ 沿着一条预定的曲线逐渐到达设定值 y_{sp}，这条预定的曲线称为参考轨迹 y_r。考虑到对象的动态特性，减小过量的控制作用使对象的输出能平滑地到达设定值，通常选用一阶指数形式的参考轨迹

$$\begin{cases} y_r(k+1)=\alpha^i y(k)+(1-\alpha^i)y_{sp} & i=1,2,\cdots,P \\ y_r(k)=y(k) \end{cases} \tag{6.1}$$

式中：$\alpha=\exp(-T/\tau)$；T 为采样周期；τ 为参考轨迹的时间常数。通常 $0\leqslant\alpha<1$。

由预测控制算法求出一组 M 个控制量 $u(k)=[u(k),u(k+1),\cdots,u(k+M-1)]^T$，使选定的目标函数最优，此处 M 称为控制步长。目标函数可以取不同形式，如

$$J=\sum_{i=1}^{P}[y_p(k+i)-y_r(k+i)]^2\omega_i \tag{6.2}$$

由于参考轨迹已定，可以选取常用的优化方法，如最小二乘法、梯度法等。通过优化求解得到现时刻的一组最优控制输入 $[u(k),u(k+1),\cdots,u(k+M-1)]$，只将其中第一个控制输入 $u(k)$ 作用于被控对象。等到下一个采样时刻 $(k+1)$，再根据采集到的对象输出 $y(k+1)$，重新进行优化求解，又得到一组最优控制输入，也只将其中第一个控制输入 $u(k+1)$ 作用于被控对象。如此类推，不断滚动优化，始终把优化建立在实际的基础上，有效地克服对象中一些不确定的因素，使系统具有较好的鲁棒性。

1. **动态矩阵控制（DMC）**

动态矩阵控制具有算法简单、计算量小和鲁棒性强等特点。动态矩阵控制算法首先要建立 DMC 预测控制模型，然后按照滚动优化和反馈校正的步骤实现预测控制。

动态矩阵控制算法的离散卷积模型为

$$y_P(k+1) = h_0 y(k) + P + A\Delta u(k+1)$$

其中，预测步长为 P，控制步长为 M，取 $M < P$，则式中 $A\Delta u(k+1)$ 项分别表示为

$$\Delta u = [\Delta u(k), \Delta u(k+1), \cdots, \Delta u(k+M-1)]^T \tag{6.3}$$

$$\begin{bmatrix} \hat{a}_1 & & & \\ \hat{a}_2 & \hat{a}_1 & & \\ \vdots & \vdots & \ddots & \\ \hat{a}_M & \hat{a}_{M-1} & \cdots & \hat{a}_1 \\ \vdots & \vdots & & \vdots \\ \hat{a}_P & \hat{a}_{P-1} & \cdots & \hat{a}_{P-M+1} \end{bmatrix}_{P \times M}$$

若采用式（6.1）中的参考轨迹，则系统的误差方程为

$$e = y_r - y_P = \begin{bmatrix} 1-\alpha \\ 1-\alpha^2 \\ \vdots \\ 1-\alpha^P \end{bmatrix} [y_{sp} - y(k)] - A\Delta u - p \tag{6.4}$$

令

$$e' = \begin{bmatrix} (1-\alpha)e_k - p_1 \\ (1-\alpha^2)e_k - p_2 \\ \vdots \\ (1-\alpha^P)e_k - p_P \end{bmatrix}$$

其中，$e_k = y_{sp} - y(k)$，表示 k 时刻设定值与实际输出值之差。

则式（6.4）可改写为

$$e = -A\Delta u + e' \tag{6.5}$$

其中，e 表示参考轨迹与闭环预测值之差，e' 表示参考轨迹与零输入下闭环预测值之差。

若取目标函数为 $J = e^T e$，可得到无约束条件下目标函数最小时的最优控制量 Δu 为

$$\Delta u = (A^T A)^{-1} A^T e' \tag{6.6}$$

如果取预测步长 P 等于控制步长 M，则可求得控制向量的精确解为

$$\Delta u = A^{-1} e' \tag{6.7}$$

需要指出的是，虽然计算出最优控制量 Δu 序列，但是通常只把第一项 $\Delta u(k)$ 作用于被控对象，等到下一个采样时刻再重新计算 Δu 序列，仍然输出该序列中的第一项，以此类推，这也是预测控制算法的特点之一。

2. **模型算法控制（MAC）**

模型算法控制主要由内部预测模型、输入参考轨迹、输出预测额滚动优化几部分组成。

假定对象实际脉冲响应为 $h=[h_1,\ h_2,\ \cdots,\ h_N]^T$，预测模型脉冲响应为 $\hat{h}=[\hat{h}_1,\ \hat{h}_2,\ \cdots,\ \hat{h}_N]^T$。

已知开环预测模型为

$$y_m(k+i)=\sum_{j=1}^{N}\hat{h}_j u(k-j+i) \tag{6.8}$$

这里假设预测步长 $P=1$，控制步长 $L=1$，即为单步预测、单步控制问题。实际最优时，应有 $y_r(k+1)=y_m(k+1)$，则有

$$y_r(k+1)=y_m(k+1)=\sum_{j=2}^{N}\hat{h}_j u(k-j+1)+\hat{h}_1 u(k)$$

由上式

$$u(k)=\frac{1}{\hat{h}_1}\left[y_r(k+1)-\sum_{j=2}^{N}\hat{h}_j u(k-j+1)\right]$$

假设

$$y_r(k+1)=\alpha y(k)+(1-\alpha)y_{sp}$$
$$u(k-1)=[u(k-1),u(k-2),\cdots,u(k-N+1)]^T$$
$$\Phi=[e_2\quad e_3\quad \cdots\quad e_{N-1},0]^T$$

其中

$$e_i=[0\quad 0\quad \cdots\quad 1\quad 0\quad \cdots\quad 0]^T$$
$$\downarrow$$
$$\text{第 } i \text{ 项}$$

则单步控制为 $u(k)$ 为

$$u(k)=\frac{1}{\hat{h}_1}[(1-\alpha)y_{sp}+(\alpha h^T-\hat{h}^T\Phi)u(k-1)] \tag{6.9}$$

如果考虑闭环预测控制，用闭环预测模型代替式（6.8），可以闭环下的控制 $u(k)$ 为

$$u(k)=\frac{1}{\hat{h}_1}\{(1-\alpha)y_{sp}+[\hat{h}^T(1-\Phi)-h^T(1-\alpha)]u(k-1)\} \tag{6.10}$$

对于更一般情况下的 MAC 控制规律推导如下：

已知对象预测模型和闭环校正模型分别为

$$y_m(k+1)=\hat{\alpha}_s u(k)+A_1\Delta u_1(k)+A_2\Delta u_2(k+1)$$
$$y_p(k+1)=y_m(k+1)+h_0[y(k)-y_m(k)]$$

输出参考轨迹为 $y_r(k+1)$，设系统误差方程为

$$e(k+1)=y_r(k+1)-y_p(k+1) \tag{6.11}$$

如果选取目标函数

$$J=e^T Q e+\Delta u_2^T R\Delta u_2 \tag{6.12}$$

式中：Q 为非负定加权对称矩阵；R 为正定加权对称矩阵。

使上述目标函数最小，可求得最优控制量 Δu_2 为

$$\Delta u_2=[A_2^T Q A_2+R]^{-1}A_2^T Q e' \tag{6.13}$$

式中：e' 为参考轨迹与在零输入响应下闭环预测输出之差

$$e'(k+1) = y_r(k+1) - \{\hat{\alpha}_s u(k) + A_1 \Delta u_1(k) + h_0 [y(k) - y_m(k)]\} \tag{6.14}$$

3. 广义预测控制 （GPC）

广义预测控制是在自适应控制研究中发展起来的另一类预测控制方法。各类自校正控制技术对数学模型的精度都有一定要求，有些算法（如最小方差自校正调节器）对滞后十分灵敏，若滞后估计不准或是时变的，控制精度将大大降低。另一类算法（如极点配置自校正调节器）对系统的阶数十分敏感，一旦阶数估计不准，算法将不能使用。这种对模型精度的依赖性，使它们在难以精确建模的复杂工业控制过程中不能得到广泛有效的应用。在此背景下，Clarke 等人在保持最小方差自校正控制的模型预测、最小方差控制、在线辨识等原理基础上，汲取动态矩阵控制、模型算法控制中多步预测优化策略，提出了广义预测控制算法。

广义预测控制是针对随机离散系统提出的，与动态矩阵控制相比，在滚动优化的性能指标方面有非常相似的形式，但广义预测控制的模型形式与反馈校正策略和动态矩阵控制都有很大差别。广义预测控制主要由预测模型、滚动优化、在线辨识与校正几个部分组成，它保持了自校正控制的原理，在控制过程中不断通过实际输入与输出信息在线估计模型参数，以此修正控制作用，属于广义的反馈校正。

以上对于三种典型预测控制算法的介绍，都是针对单变量系统的，并且是在不考虑输入输出有约束时的基本算法。现对三种控制算法评价如下：

（1） MAC 和 DMC 分别采用了脉冲响应和阶跃响应模型这种工业中容易得到的非参数模型，是适合于工程应用的方法。

（2） 三种方法都适用于非最小相位系统，并对系统参数、结构的变化具有较好的适应性。DMC 和 MAC 只适用于稳定的对象，GPC 能用于不稳定的对象。

（3） 由于 GPC 采用的是受控自回归积分滑动平均模型，可以以自然的方式消除控制系统的稳态偏差，而 DMC 和 MAC 则是通过人为校正预测向量来消除偏差。

三种控制算法虽然在模型形式、优化性能指标及校正方法上各有特色，但却有共同的方法机理，即包含预测模型、滚动优化和反馈校正三项要素，这正是预测控制算法的本质特征。

6.3 自 适 应 控 制

自适应控制（Adaptive Control ）是把已知控制对象特性的模型辨识和根据已知特性决定控制量的控制规律设计这两方面的问题结合起来考虑的一种新型控制方法。探索容易辨识的控制和容易控制的辨识是自适应控制的原意。自适应控制虽然以在线辨识为核心，但其所提供的原理框架在离线辨别中也同样有效。早在 20 世纪 50 年代，美国麻省理工学院的 Whither 教授首先提出了模型参考自适应控制方法，并试图在飞行器的自动驾驶控制系统中应用；1980 年 U. Hartrnanu 等人提出了一种数字自适应控制系统，通过混合数字仿真研究，最早验证了采用数字自适应控制的优越性；1984 年 J. V. Amerogen 等人提出的自适应自动驾驶仪，代替原来大型油轮和海洋考察船舶用的 PID 调节器，实践证明船舶在复杂变化的随机环境下都能准确、稳定、可靠、经济地运行。

6.3.1 自适应控制基本原理

自适应控制是针对对象特性的变化和环境干扰对系统的影响而提出来的。自适应控制的基本思想，是通过在线辨识或某种算法使这种不确定或变化的影响逐渐降低，以至消除。它通过修正控制器的特性，以适应对象和扰动的动态特性变化。其研究对象是具有一定程度不确定性的系统，"不确定性"指描述被控对象及其环境的数学模型不是完全确定的。

能够修正自身特性，以适应对象和扰动变化的控制器称为自适应控制器，对客观上存在的各种不确定性，自适应控制系统应能在其运行过程中，通过不断地测量系统的输入、状态、输出或性能参数，逐渐了解和掌握对象，根据所获得的过程信息，按一定的设计方法，做出控制决策去更新控制器的结构、参数或控制作用，以便在某种意义下，使控制效果达到最优或近似最优。

与常规反馈控制及最优控制一样，自适应控制也是一种基于数学模型的控制方法，不同的是，它所依据的关于模型和扰动的先验知识比较少，需在系统的运行过程中去不断提取有关模型的信息，使模型逐渐完善。常规控制器参数固定，虽然对系统内部特除变化和外部扰动的影响有一定抑制能力，但这种能力是有限的，当变化幅度较大时，常规系统性能会大幅度下降，甚至不稳定，而自适应控制却能永保高性能，适应变化范围较大的对象，但自适应控制比常规控制要复杂很多。

总结起来，自适应控制系统应具有如下功能：

（1）在线进行系统辨识或系统性能指标度量，以便得到系统当前状态的情况。

（2）按一定的规律确定当前的控制策略。

（3）在线修改控制器的参数或可调系统的输入信号。

由这些功能组成的自适应控制系统如图 6.2 所示，它由性能指标（IP）的测量、比较与决策，自适应机构以及可调系统组成。自适应控制系统主要有两类：一类是模型参考自适应控制系统（Model Reference Adaptive Control System，MRACS）；另一类

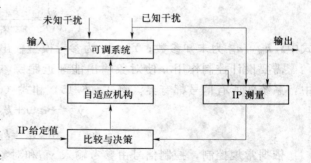

图 6.2　自适应控制系统原理

是自校正控制系统（Self – Tuning Control System，STCS），这类自适应系统的一个主要特点是在线辨识对象数学模型的参数，进而修改控制器的参数。

6.3.2 模型参考自适应控制

对系统性能指标的要求完全可以通过参考模型来表达，参考模型的输出（状态）就是系统的理想输出（状态）。如图 6.3 所示，整个系统包括参考模型、被控对象、控制器和自适应机构。被控对象和控制器组成普通反馈回路，控制器的参数由自适应机构调整，参考模型的输出约束了对象输出的行为特征。自适应调整的过程为，y_{ref} 被同时加到自适应机构和参考模型的输入端，由于对象的初始参数未知，故控制器的初始参数也不会被调整

得很好。因此，被控对象输出 y 与模型输出 y_m 不完全一致，产生偏差 e。该误差将驱动自适应机构，产生适当调节作用，直接改变控制器参数，从而使 y 逐渐逼近模型输出 y_m，直至 $e=0$。当对象特性在运行过程中发生变化，控制器参数也将按照上述过程进行调整。

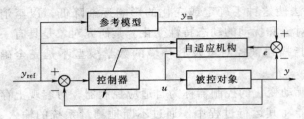

图 6.3　模型参考自适应控制基本结构

构建图 6.3 所示自适应控制系统的核心是如何综合自适应调整律，即自适应地调整控制器参数所遵循的算法。一般地，有两种途径可实现其目的：

（1）局部参数最优化方法。利用参数优化的递推算法，求出一组控制器的参数，使得某个预定性能指标最小。其缺点是，由于没有考虑稳定性，不能保证所设计的自适应控制系统具有全局渐近稳定性。

（2）基于稳定性理论的方法。其基本思想是，保证控制器参数自适应调节过程是稳定的，因此这种自适应调整律的设计自然要采用稳定性理论。由于系统稳定是应用的前提，故基于稳定性理论的方法具有普遍意义。

下面以典型的一阶系统为例，介绍模型参考自适应控制的基本思想。一阶线性时不变系统可用下式表示：

$$\frac{Y(s)}{U(s)}=\frac{k_p}{s+a_p} \tag{6.15}$$

式中：k_p、a_p 为未知参数；$Y(s)$ 为对象输出；$U(s)$ 为对象输入。

参考模型可用下式表示

$$\frac{Y_m(s)}{Y_{ref}(s)}=\frac{k_m}{s+a_m} \tag{6.16}$$

式中：k_m、a_m 为未知参数；$Y_m(s)$ 为参考模型输出；$Y_{ref}(s)$ 为参考模型输出。

需要设计控制作用 u 使对象输出能渐近跟踪参考模型的输出，且在整个控制的过程中，系统的所有信号都有界。将式（6.15）和式（6.16）化为模型为

$$\dot{y}=-a_p y+k_p u \tag{6.17}$$

$$\dot{y}_m=-a_m y_m+k_m y_{ref} \tag{6.18}$$

依据常规控制，控制信号由参考输入 y_{ref} 和对象输出 y 线性组合而成，即

$$u=c_1 y_{ref}+c_2 y \tag{6.19}$$

式中：c_1、c_2 为控制器参数。将式（6.19）带入式（6.17），得

$$\dot{y}=-(a_p-k_p c_2)y+k_p c_1 y_{ref} \tag{6.20}$$

若令 $a_m=a_p-k_p c_2$，$k_m=k_p c_1$，在控制器参数为

$$c_1=\frac{k_m}{k_p},c_2=\frac{a_p-a_m}{k_p}$$

对象方程与参考模型的方程相同，对象输出必然与参考模型输出一致。此时，通过设计参考模型参数，可得到期望的输出特性。但是，由于参数 a_p 与 k_p 未知，所以控制器参数并不能事先确定。

为了获得满意的控制器参数，需要通过误差 e 建立自适应机构，迫使系统运行中不断修改控制器参数 c_1 和 c_2，直到 e 趋近于零，得到满足希望性能的控制器参数。

定义参数误差为

$$\begin{bmatrix} \varphi_1(t) \\ \varphi_2(t) \end{bmatrix} = \begin{bmatrix} c_1 - c_1^* \\ c_2 - c_2^* \end{bmatrix} \tag{6.21}$$

式中：c_1^*，c_2^* 为理想的控制器参数。

将式（6.20）与式（6.18）相减，得

$$\dot{e} = \dot{y} - \dot{y}_m = -a_m e + k_p(\varphi_1 y_{ref} + \varphi_2 y)$$

选择参数自适应调整方法为 $\dot{\varphi}_1 = -e y_{ref} k_p$，$\dot{\varphi}_2 = -e y k_p$，$k_\varphi > 0$。

总结上述内容，可得自适应控制系统的误差方程为

$$\left.\begin{array}{l} \dot{e} = -a_m e + k_p(\varphi_1 y_{ref} + \varphi_2 y) \\ \dot{\varphi}_1 = -e y_{ref} k_\varphi \\ \dot{\varphi}_2 = -e y k_\varphi \end{array}\right\} \tag{6.22}$$

可见，该自适应机构的状态变量为 e、φ_1 与 φ_2，输入信号为 y_{ref} 与 y。

控制器的参数可以根据式（6.22）求得，即

$$c_1 = c_{1,0} - \int_0^t e y_{ref} k_\varphi \mathrm{d}t, \quad c_2 = c_{2,0} - \int_0^t e y k_\varphi \mathrm{d}t$$

式中：$c_{1,0}$、$c_{2,0}$ 为控制器参数初始值。

所以，自适应控制器为

$$u = c_{1,0} y_{ref} - y_{ref} \int_0^t k_\varphi(y - y_m) y_{ref} \mathrm{d}t + c_{2,0} y - y \int_0^t k_\varphi(y - y_m) y \mathrm{d}t$$

6.3.3 自校正控制

自校正控制的一个主要特点是具有一个被控对象数学模型的在线辨识环节，加入了一个对象参数的递推估计器，如图 6.4 所示。根据辨识所得模型参数和事先指定的性能指标，进行在线综合控制，在线求得控制器参数。

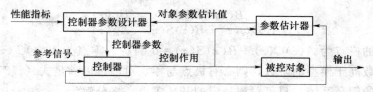

图 6.4 自校正控制系统结构

系统由两个环路组成：内环同常规反馈控制系统类似，由被控对象和控制器组成；外环由一个参数估计器和控制器参数设计器组成，控制器参数则由外环调节。它是一个能自动校正控制器参数的实时计算机控制系统，每个采样周期都要对模型参数、控制器参数进行更新。

自校正控制中，用来综合自校正控制的性能指标一般有两类：①优化性能指标，如采用最小方差、广义最小方差等；②常规性能指标，如采用极点配置。所构成的控制器是多样的，如最小方差控制器、广义最小方差控制器、PID 调节器等。参数估计的方法也是多

样的，如最小二乘法、极大似然法等。由于自校正控制是在线参数估计和控制器参数在线设计两者的有机结合，多种参数估计和控制器设计方法的存在，使得设计自校正控制系统十分灵活。

自校正控制算法有两种类型：①显式算法或称间接算法。估计被控对象模型本身的未知参数后，再经过控制器参数设计得出控制器参数；②隐式算法或称直接算法。将整个系统重新参数化，建立一个与控制器参数直接关联的模型，对该模型估计即可得到控制器参数。它无需对控制器参数进行设计计算，比显式算法计算量小，但要求建立一个合适的参数估计模型。

下面通过介绍基于极点配置的自校正控制，阐述自校正控制的思想。其他自校正控制方法则类似，比如最小方差自校正控制可应用最小方差控制技术类推得到。设被控对象为

$$A(z)y(k) = B(z)u(k) \tag{6.23}$$

式中：$u(k)$ 为 k 时刻控制信号；$y(k)$ 为 k 时刻指令信号；$A(z)$、$B(z)$ 为没有任何公因子的多项式。

性能准则用一个参考模型表示，即期望闭环脉冲传递函数为

$$A_m(z)y_m(k) = B_m(z)y_{ref}(k) \tag{6.24}$$

式中：$y_m(k)$ 为 k 时刻的期望输出；$y_{ref}(k)$ 为 k 时刻的指令输入；$A_m(z)$、$B_m(z)$ 为没有任何公因子的多项式。

若有观测器时，其附加动态特性不由指令信号激励，所以必须另外规定观测器的动态特性，这可通过规定观测器的特征多项式来实现。由常规控制知，控制器输出 $u(k)$ 与指令信号 $y_{ref}(k)$ 与实测输出 $y(k)$ 之间满足

$$Q(z)u(k) = T(z)y_{ref}(k) - S(z)y(k) \tag{6.25}$$

式中：$Q(z)$ 为首 1 多项式。

将式（6.25）代入式（6.23），得

$$[A(z)Q(z) + B(z)S(z)]y(k) = B(z)T(z)y_{ref}(k) \tag{6.26}$$

与式（6.24）相比，令 $y_m(k) = y(k)$，得

$$\frac{B(z)T(z)}{A(z)Q(z) + B(z)S(z)} = \frac{B_m(z)}{A_m(z)} \tag{6.27}$$

闭环系统的极点为 $A(z)Q(z) + B(z)S(z) = 0$ 的解，零点为 $B(z)T(z)$ 的解。通常，闭环系统的阶数高于模型的阶数，则必有极点与零点对消，以满足式（6.27）。

对于稳定的闭环系统，只可对消稳定的开环零点。将分解为

$$B(z) = B_+(z)B_-(z) \tag{6.28}$$

式中：$B_+(z)$ 为全部零点在单位圆外；$B_-(z)$ 为全部零点在单位圆内。

为了得到唯一的因式分解，把 $B_+(z)$ 的最高次幂系数固定为 1，即 $B_+(z)$ 为首 1 多项式。因为 $B_-(z)$ 不能是 $A(z)Q(z) + B(z)S(z)$ 的一个因子，所以 $B_m(z)$ 中必包含 $B_-(z)$，即

$$B_m(z) = B_-(z)B_m'(z)$$

令 $A(z)Q(z) + B(z)S(z)$ 对消 $B_+(z)$，则 $B_+(z)$ 是 $Q(z)$ 的一个因子，即

$$Q(z) = B_+(z)Q'(z) \tag{6.29}$$

于是式（6.28）被表示为

$$\frac{\dfrac{B_+(z)B_-(z)T(z)}{B_+(z)[A(z)Q'(z)+B_-(z)S(z)]}}{} = \frac{B_-(z)B_m'(z)}{A_m(z)}$$

可化简为

$$\frac{T(z)}{A(z)Q'(z)+B_-(z)S(z)} = \frac{B_m'(z)}{A_m(z)}$$

可见，一方面 $A_m(z)$ 是 $A(z)Q'(z)+B_-(z)S(z)$ 的一个因子；另一方面，若系统中存在观测器，还应考虑观测器的特性。但是，从参考信号到系统输出的传递函数中已消去观测器多项式，所以观测器的特征多项式 $A_0(z)$ 也是 $A(z)Q'(z)+B_-(z)S(z)$ 与 $T(z)$ 的一个因子，从而得

$$A(z)Q'(z)+B_-(z)S(z)=A_0(z)A_m(z) \tag{6.30}$$
$$T(z)=B_m'(z)A_0(z) \tag{6.31}$$

综上所述，闭环特征方程为

$$A(z)Q(z)+B(z)S(z)=B_+(z)A_0(z)A_m(z)$$

于是，闭环极点由对消了的对象稳定零点 $B_+(z)$、期望极点 $A_m(z)$ 及观测器极点 $A_0(z)$ 组成。根据上面推导过程，可总结出自校正控制器的显式算法为

（1）估计对象多项式 $A(z)$、$B(z)$ 的系数，例如最小二乘估计法。

（2）基于 $A(z)$、$B(z)$ 的估计值，应用式（6.30）计算 $Q'(z)$ 和 $S(z)$。

（3）应用式（6.29）与式（6.30）计算 $Q(z)$ 和 $T(z)$。

（4）由式（6.25）计算出控制信号 $u(k)$。

在每个采样周期中，都执行一次上述算法。根据上述内容，可以推导出隐式自校正控制器。由式（6.23）和式（6.30），得

$$A_0(z)A_m(z)y(k)=B_-(z)[Q(z)u(k)+S(z)y(k)] \tag{6.32}$$

该模型以 $B_-(z)$、$Q(z)$ 和 $S(z)$ 为参数，估计出该模型的参数就可以直接得出控制器参数。当 $B_-(z)=b_0$（b_0 为已知常数）时，该模型与控制器参数成线性关系，可用最小二乘法解决。具体算法步骤如下：

（1）递推估计式（6.32）中 $Q(z)$ 和 $S(z)$。

（2）依据 $B_m(z)=B_-(z)B_m'(z)$ 及式（6.31），计算 $T(z)$。

（3）由式（6.25）计算出控制信号 $u(k)$。

6.4 鲁 棒 控 制

鲁棒控制（Robust Control）这一概念，最早是分别于 1972 年和 1974 年由 E. J. Davison 以及 J. B. Pearsonr 等人提出。鲁棒控制是研究当系统有一定范围的参数不确定性及一定限度的未建模误差时的控制器设计问题，使系统闭环仍能保持稳定并保证期望的动态品质。此外，考虑到控制系统的变动、传感器和执行元件故障时仍能保证系统的整体性质和稳定性。鲁棒控制主要理论有：Kharltonov（1978 年）定理，将区间多项式中无穷多个多项式的稳定性与多面体四个顶点的稳定性等价和 Bartlett（1988 年）给出的多项

式凸多面体的棱边定理；Zarnes（1981 年）的 H_∞ 控制定理和 Doyle（1982 年）提出的结构奇异理论（μ 理论），可根据范数界限扰动有效地描述模型不确定性，成为判别鲁棒稳定性和鲁棒性能的强有力工具。鲁棒控制主要研究方法有：研究对象是闭环系统的状态矩阵或特征多项式的代数方法；从系统传递函数或传递函数矩阵出发的频域法。

一般地，鲁棒性问题涉及三个重要概念——鲁棒稳定性、鲁棒镇定和鲁棒性能。

（1）鲁棒稳定性：假定系统的数学模型属于某一个集合 Ω_0（对象模型可在此集合范围内摄动），若集合中的每一个系统都是内部稳定的，则称集合中的系统是鲁棒稳定的。

（2）鲁棒镇定：假定被控对象的数学模型属于某一个集合 Ω_0，一个控制器被称为是鲁棒镇定的，是指它能镇定集合 Ω_0 中的每一个被控对象。

（3）鲁棒性能：假定被控对象的数学模型属于某一集合 Ω_0，一个控制器被称为具有鲁棒性能，是指它能镇定集合 Ω_0 中的每一个被控对象，同时使它们满足某些特定的性能。

鲁棒稳定性是对问题的分析，而鲁棒镇定和鲁棒性能是对问题的综合。由于鲁棒镇定和鲁棒性能均与控制器有关，因此将这两个方面的问题统称为鲁棒控制。

从鲁棒性的角度观察经典控制可以发现，经典控制虽然没有给出用解析手段设计控制器的有效方法，但它根据被控对象的频率特性设定控制器参数初值，再通过现场调试进一步确定满足工程要求的控制器参数。它不要求被控对象的精确数学模型，因此具有一定鲁棒性。现代控制理论以其对模型严谨的数学描述和对设计指标的精确描述方式为控制器提供了解析设计手段，但设计过程中没考虑实际中存在的模型误差及其他不确定因素，因而鲁棒性较差，限制了其在工程实际中的广泛应用。可以说，鲁棒性概念是现代控制理论与工程实际相结合的产物，是对现代控制理论的补充和完善，它使现代控制理论走向工程实际。

6.4.1　H_∞ 优化与鲁棒控制

控制系统的 H_∞ 最优化是极小化某些闭环系统频率响应的峰值。对于图 6.5 所示常规单输入/单输出闭环控制系统，$F(s)$、$G_p(s)$ 分别为控制器与对象的传递函数。由干扰 v 到输出 y 的闭环传递函数为

$$S = \frac{1}{1 + FG_p}$$

称其为反馈系统的灵敏度函数，它表征了控制系统输出对于干扰的灵敏度，期望 $S \to 0$。

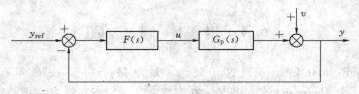

图 6.5　常规闭环控制系统

确定控制器 F，使闭环系统稳定，且极小化灵敏度函数的峰值，等价于极小化干扰对输出的影响。若采用无穷范数形式，得

$$\|S\|_\infty = \max_{\omega \in R} |S(j\omega)|$$

式中：R 为实数集；ω 为角频率。

在无限频率域范围内某些函数的峰值可能不存在，所以改用最大（最小）数概念表示，以最小上界取代最大值。

上界（或下界）：设 $A \subset R$，若有实数 M，对一切 $x \in A$ 都有 $x \leqslant M$（或 $x \geqslant M$），则称 M 为集合 A 的一个上界（或下界）。

上确界（或下确界）：数集 A 的最小上界（或最大下界）称为 A 的上确界（或下确界），记为 $\sup A$（或 $\inf A$）。

当 $\max A$ 存在时，它必是 A 的最小上界，则 $\sup A = \max A$；当 $\min A$ 存在时，它必是 A 的最大下界，则 $\inf A = \min A$，所以

$$\|S\|_{\infty} = \sup_{\omega \in R} |S(j\omega)|$$

由于 H_{∞} 最优化的性能指标为最小，寻找 F 使 $J_u = \min\limits_{\omega \in R} \|S\|_{\infty}$ 存在，所以表示为

$$J_u = \inf_{F} \|S\|_{\infty}$$

灵敏度函数 S 的峰值越小，则在所有频率上 S 的幅值就越小，因而干扰对输出的影响就越小。可见，$\|S\|_{\infty}$ 极小化相当于极小化最坏情况下干扰对输出的影响。

另一方面，无穷范数是 2 范数的导出范数，即

$$\|S\|_{\infty} = \sup_{\|v\|_2 < \infty} \frac{\|y\|_2}{\|v\|_2}$$

$$\|v\|_2 = \left(\int_{-\infty}^{+\infty} v^2(t)\,\mathrm{d}t \right)^{\frac{1}{2}}$$

由于 2 范数具有能量的意义，所以，$\|S\|_{\infty}$ 的物理意义是由传递函数 S 表示系统的能量放大系数，H_{∞} 最优化就是寻找控制器 F 使该系统能量放大系数最小化。

下面分析对象模型不精确时，H_{∞} 最优化与鲁棒控制的关系。根据图 6.6，系统的开环与闭环频率特性分别为

$$G_0 = G_p F$$

$$G_{cl} = \frac{G_p F}{1 + G_p F}$$

通过设计 F，可使闭环传递特性 G_{cl} 满足设定的性能指标。但是，若所用模型具有不确定的偏差 ΔG_p，即，实际对象为 $G_p + \Delta G_p$ 而非 G_p 时，则相应的开环频率特性具有下列误差：

$$\Delta G_0 = G_{r0} - G_0 = \Delta G_p F$$

式中：$G_{r0} = (G_p + \Delta G_p)F$。

实际的闭环传递函数为

$$G_{rcl} = \frac{(G_p + \Delta G_p)F}{(1 + G_p + \Delta G_p)F} = \frac{G_0 + \Delta G_0}{1 + G_0 + \Delta G_0}$$

传递函数的闭环偏差为

$$\Delta G_{cl} = G_{rcl} - G_{cl} = \frac{1}{1 + G_0} \frac{\Delta G_0}{G_{r0}} G_{rcl}$$

闭环偏差 ΔG_{cl} 与实际闭环传递函数相比，得

$$\frac{\Delta G_{c1}}{G_{rc1}}=\frac{1}{1+G_0}\frac{\Delta G_0}{G_{r0}}=S\frac{\Delta G_0}{G_{r0}}$$

可见，尽管设计时没考虑 ΔG_p 引起的开环频率特性偏差 ΔG_0，若由此引起的闭环特性偏差 ΔG_{c1} 相对于闭环特性函数足够小，则实际系统的闭环就不会受到该未建模的影响太大。灵敏度函数 S 体现了开环相对偏差 $\Delta G_0/G_{r0}$ 到闭环特性相对偏差 $\Delta G_{c1}/G_{rc1}$ 的增益，若通过设计控制器 F，使 S 足够小，则可将闭环特性的偏差抑制在工程允许误差范围之内。即对于任意给定的足够小正数 ε，满足

$$\|S\|_\infty < \varepsilon$$

因此，H_∞ 最优化相当于优化开环特性相对偏差对闭环特性相对偏差的影响程度，ε 越小，这种影响越小，控制器构成的系统鲁棒性也越强。

6.4.2　标准 H_∞ 控制

实际应用中，许多控制问题都可表示为如图 6.6 所示的 H_∞ 标准控制系统。

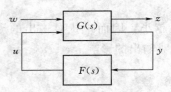

图 6.6　H_∞ 标准控制系统

图 6.6 中各信号均为向量信号，其中 w 为外部输入信号，包括指令信号、干扰等；z 为被控输出信号，也称评价信号，常包括跟踪误差、调节误差和执行机构输出；u 为控制信号；y 为测量输出信号；$F(s)$ 为控制器；$G(s)$ 为广义被控对象，它并不一定等同于实际被控对象。对于不同的设计目标，即使是同一个对象，其广义被控对象也可能不同。

一般情况，广义被控对象具有如下状态空间形式

$$\left.\begin{array}{l} x=Ax+B_1w+B_2u \\ z=C_1x+D_{11}w+D_{12}u \\ y=C_2x+D_{21}w+D_{22}u \end{array}\right\} \tag{6.33}$$

式中：x 为 n 维向量，$x\in R^n$；z 为 m 维向量，$z\in R^m$；y 为 q 维向量，$y\in R^q$；w 为 l 维向量，$w\in R^l$；u 为 p 维向量，$u\in R^p$。

将式（6.33）用传递函数矩阵表示时，得

$$\begin{pmatrix} Z(s) \\ Y(s) \end{pmatrix}=G(s)\begin{pmatrix} W(s) \\ U(s) \end{pmatrix} \tag{6.34}$$

$$G(s)=\begin{bmatrix} G_{11}(s) & G_{12}(s) \\ G_{21}(s) & G_{22}(s) \end{bmatrix}$$

$$G_{11}(s)=C_1(sI-A)^{-1}B_1+D_{11}$$

$$G_{12}(s)=C_1(sI-A)^{-1}B_2+D_{12}$$

$$G_{21}(s)=C_2(sI-A)^{-1}B_1+D_{21}$$

$$G_{22}(s)=C_2(sI-A)^{-1}B_2+D_{22}$$

式中：$Z(s)$ 为信号 z 的拉普拉斯变换；$Y(s)$ 为信号 y 的拉普拉斯变换；$W(s)$ 为信号 w 的拉普拉斯变换；$U(s)$ 为信号 u 的拉普拉斯变换。

由于

$$U(s)=F(s)Y(s) \tag{6.35}$$

则，从 $W(s)$ 到 $Z(s)$ 的闭环传递函数为

$$T_{zw}(s) = G_{11} + G_{12}F(I - G_{22}F)^{-1}G_{21} \tag{6.36}$$

H_∞ 最优控制问题，就是求一个实有理控制器 F，使闭环系统内部稳定，且使传递函数矩阵 $T_{zw}(s)$ 的 H_∞ 范数极小，即

$$J_u = \min_F ||T_{zw}||_\infty = \gamma_0 \tag{6.37}$$

当性能指标 γ_0 无法获取时，可以求一个实有理的控制器 F，使闭环系统内部稳定，且使

$$||Tzw||_\infty < \gamma, \quad \gamma \geqslant \gamma_0 \tag{6.38}$$

则称其为 H_∞ 次优控制。通过逐渐减小 γ，反复求解该次优控制问题，使 γ 逼近 γ_0，进而逼近 H_∞ 最优控制解。实际中的很多控制问题都可以转化成上述标准 H_∞ 控制问题。

6.5 变结构控制

变结构控制（Variable Structure Control，VSC）是由苏联学者欧曼尔扬诺夫（S. V. Emelyanov）、尤特金（V. I. Utkin）和伊特克斯（Uitkis）等人于 20 世纪 60 年代初首先进行的研究，40 多年来变结构控制已成为新型技术的一个重要分支。变结构控制是在状态空间设定的切换页面上，约束控制系统的动态，频繁地切换两个控制规则，使受控状态搜索至原点。变结构控制在大多数情况下指滑模控制，但从广义上讲，如开关控制、多模态控制也属于变结构控制。这种控制方法具有鲁棒性和稍微吸收模型化误差的能力。若要增加这种能力，有必要采用具有大增益的控制规则来切换，这势必增加控制能量和执行元器件的功耗。消除变结构控制中的"抖振"现象，是其重要的研究课题之一。

"结构"不是指控制系统的物理结构，也不指系统框图形式的结构，而是一种定性的概念，它能定性地反映控制系统的内在性质。控制系统的许多定性性质都可在系统的相轨迹中反映出来，如系统的稳定性、渐近特性、跟踪快速性、振荡特性及系统行为的鲁棒性等。所以，相轨迹描绘了系统的内在特性。

一个确定系统的所有可能的状态轨迹的全体，完全描述了系统动态行为的一切性质，在状态空间的一定范围内，系统的状态轨迹有一定几何性质，如稳定焦点、鞍点等。这些状态轨迹的几何性质代表了控制系统在状态空间中的几何结特点。对于具有不同这种特点的系统，可以说系统具有不同的几何结构。综上所述，系统的结构就是系统在状态空间（或相空间）中的状态轨迹（或相轨迹）的总体几何（拓扑）性质。

广义地说，在控制过程（或瞬态过程）中，系统结构（或叫模型）可发生变化的系统，叫变结构系统。变结构控制系统具有适应系统参数变化、抑制干扰等自适应能力，并有使原来不稳定的系统通过变换控制结构使系统稳定。介绍变结构控制，首先从如下一个二阶系统的例子看起。即

$$\ddot{x} + \xi \dot{x} + \phi x = 0, \xi > 0$$

当 $\xi = \alpha > 0$ 时，它的相平面轨迹如图 6.7（a）所示，$\xi = -\alpha$ 时的相平面轨迹如图 6.7（b）所示。由图 6.7（a）、（b）可看出，在此两种结构下，二阶系统都不稳定。但如果将此两种结构融在一起，即 ϕ 按以下规律变化：

$$\psi=\begin{cases} \alpha & \text{当 } xs>0 \\ -\alpha & \text{当 } xs<0 \end{cases} \qquad \begin{aligned} s&=cx+\dot{x} \\ c&=-\frac{\xi}{2}\pm\sqrt{\frac{\xi^2}{e}+\alpha} \end{aligned}$$

此时，系统的相平面轨迹如图 6.7（c）所示。

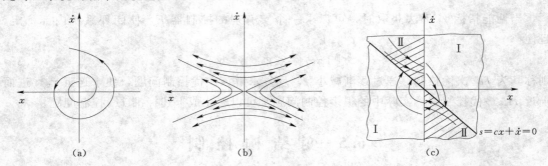

图 6.7　系统相平面轨迹图

(a) $\psi=\alpha$ 时的相轨迹；(b) $\psi=-\alpha$ 时的相轨迹；(c) 控制值在 $s=cx+\dot{x}=0$ 上切换时的相轨迹

由图 6.7 可知，在不同的区域变换不同的控制结构，就可使系统稳定了。由此例子可看出，两个原来不稳定的系统通过变换控制结构，就可使系统稳定。在直线 $s=cx+\dot{x}$ 上，控制值由 α 变为 $-\alpha$ 发生变化，称直线 s 为控制量的切换线。

当系统状态从 I 区域在控制作用下穿过切换线进入 II 区域时，控制值发表切换，系统状态在此控制值作用下继续运动直到再次穿越切换线，控制值再次发生变化，如此延续，直到状态到达稳定点（0，0）。但如果系统状态达到切换线，发生切换后，系统又马上切换，即在切换线附近切换频率很高，则系统状态将就在切换线上运动（理想状态），最后沿着切换线运动到稳定点。这种在切换线上的运动，称为滑动。控制结构按滑动方式进行切换的控制系统，称为具有滑动模态的变结构控制系统。

6.5.1　变结构控制中的滑动模态

对于图 6.8 所示变结构系统，若将切换函数取为

$$s(x_1,\dot{x}_1)=s(x_1,x_1)=x_1(x_2+cx_1)$$

则不同的 c 值将导致不同的系统行为。

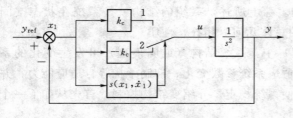

图 6.8　变结构系统

当 $c>\sqrt{k_c}$ 时，此变结构系统的响应呈现衰减振荡。例如，令 $k_c=4$，$c=3$，$y_{ref}=10$，且输出 y 的初始值为零，图 6.9 为系统的响应结果。

当 $c<0$ 时，此变结构系统的响应发散。

当 $0<c<\sqrt{k_c}$ 时，此变结构系统进入一种特殊的状态，称为滑动模态，其特征为：结构变换开关以极高的频率来回切换，而状态的运动点则以极小的幅度在开关线 $x_2+cx_1=0$ 上下穿行。例如，令 $k_c=4$，$c=1.7$，$y_{ref}=10$，输出 y 的初始值为零，图 6.10 为系统的响应结果。

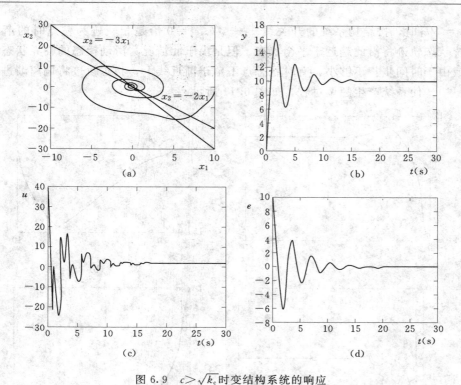

图 6.9 $c > \sqrt{k_c}$ 时变结构系统的响应

(a) 相轨迹；(b) 系统输出响应；(c) 控制作用；(d) 跟踪误差

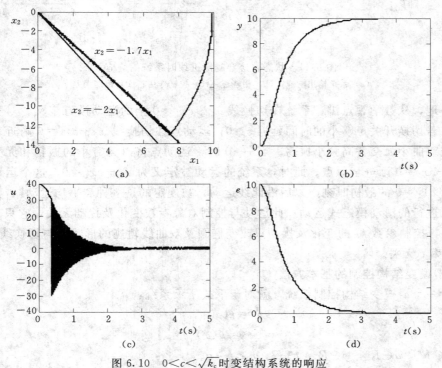

图 6.10 $0 < c < \sqrt{k_c}$ 时变结构系统的响应

(a) 相轨迹；(b) 系统输出响应；(c) 控制作用；(d) 跟踪误差

当 $c = \sqrt{k_c}$ 时，按结构系统的开关线 $x_2 + \sqrt{k_c}x_1 = 0$ 恰是相轨迹为鞍点时的渐进稳定线，系统状态轨迹将沿此趋近于平衡状态。但是由于此情况为滑动模态的临界状态，当存在时延或由于时间步长不够小，有时状态点不落于渐近线上，状态轨迹将偏离渐进稳定线（穿越而过），使系统产生超调过程，如图 6.11 所示。

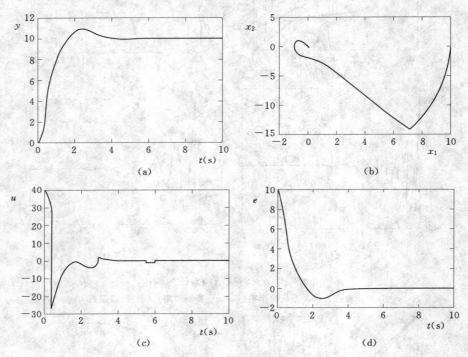

图 6.11　状态轨迹穿越渐进线时系统的响应
（a）系统输出响应；（b）相轨迹；（c）控制作用；（d）跟踪误差

严格地，从数学观点讲，系统在切换线 $x_2 + cx_1 = 0$ 上的运动没有定义。对于滑模运动而言，若切换开关足够小的时间延迟 $\tau > 0$，运动点在切换线 $x_2 + cx_1 = 0$ 附近表现为椭圆小弧或双曲小弧交替高频小振荡。当 $\tau \to 0$ 时，运动点将以无穷小的振幅和无穷高的频率沿 $x_2 + cx_1 = 0$ 渐进至原点。此时，系统的运动被定义为 $x_2 + cx_1 = 0$，这个运动起始于到达 $x_2 + cx_1 = 0$ 的最初时刻，以后沿此线运动，被规定的是一种"平均运动"，其状态是以为准线进行的滑动模态式运动。此运动与控制对象参数变化及扰动无关，它只与所选参数 c 有关，控制参数 k_c 的变化及扰动只改变椭圆及双曲线轨迹的形状，与切换线 $x_2 + cx_1 = 0$ 的斜率 c 无关。

6.5.2　滑模变结构控制的基本方法

设计一个滑模变结构控制系统，就对于下式所示系统：

$$\dot{x} = f(x, u, t)$$
$$y = h(x)$$

式中：$x \in R^n$，$u \in R^p$，$y \in R^q$，$t \in R$，$n \geqslant p \geqslant q$。

确定切换函数

$$s = s(x), \quad s \in R^p$$

求解控制函数

$$u_i = \begin{cases} u_i^+(x), s_i(x) > 0 \\ u_i^-(x), s_i(x) < 0 \end{cases}$$

式中：$u_i^+(x) \neq u_i^-(x)$，$i = 1$，…，p。

滑模变结构控制基本上可分为如下几种：

1. 常值切换控制

$$u_i = \begin{cases} k_i^+, s_i(x) > 0 \\ k_i^-, s_i(x) < 0 \end{cases}$$

式中：k_i^+、k_i^- 均为实数，$i = 1$，…，p。

图 6.12 为其基本结构，其中 $k^+ = [k_1^+, \cdots, k_p^+]$，$k^- = [k_1^-, \cdots, k_p^-]$。

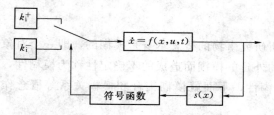 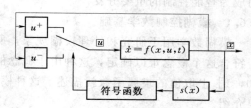

图 6.12 常值切换变结构控制　　　　图 6.13 函数切换变结构控制

2. 函数切换控制

$$u_i = \begin{cases} u_i^+(x), s_i(x) > 0 \\ u_i^-(x), s_i(x) < 0 \end{cases}$$

式中：$u_i^+(x)$、$u_i^-(x)$ 均为连续函数，$i = 1$，…，p。

图 6.13 为其基本结构，其中 $u^+ = [u_1^+, \cdots, u_p^+]$，$u^- = [u_1^-, \cdots, u_p^-]$。

3. 比例切换控制

$$u_j = \sum_{i=1}^{n} \Psi_{ij} x_i$$

$$\Psi_{ij} = \begin{cases} \alpha_{ij}, x_i s_j(x) > 0 \\ \beta_{ij}, x_i s_j(x) < 0 \end{cases}$$

式中：α_{ij}、β_{ij} 都是实数，$i = 1$，…，n，$j = 1$，…，p。

滑模控制与常规控制的根本区别在于控制的不连续性，一种使系统"结构"随时变化的开关特性。该控制特性可以迫使系统在一定条件下沿规定的状态轨迹做小幅度、高频率的上下运动，即滑模运动。这种滑动模态可以设计，且与系统参数、扰动无关，处于滑模运动的系统有很好的鲁棒性。

6.6 模 糊 控 制

模糊逻辑控制简称模糊控制（Fuzzy Control），是智能控制较早的形式，它吸取了人的思维具有模糊性的特点，从广义上讲，模糊控制指的是应用模糊集合理论，统筹考虑系统的一种控制方式，模糊控制不需要精确的数学模型，是解决不确定性系统控制的一种有效途径。在早期（1990 年以前）文献中，如 Lee C.C.，Zimmerman H.J. 认为模糊控制是在其他基于模型的控制方法不能很好地进行控制时的一种有效选样，模糊控制器的隶属度函数、控制规则是根据经验预先总结而确定的，控制过程中没有对规则的修正功能，不具有学习和适应能力。即便如此，模糊控制仍然取得了一些成功的应用，如在窑炉、工业机器人等方面。但在对较复杂的不确定性系统进行控制时往往精度较低，总结控制规则过分依赖现场操作，调试时间长，难以满足要求，比较而言，可以称为经典模糊控制。目前，众多学者对传统模糊控制进行了许多改进，发展成为多种形式的模糊控制，出现了模糊模型及辨识、模糊自适应控制，并在稳定性分析、鲁棒性设计等方面取得了进展，基于模型和分析力一法的模糊控制可以称为现代模糊控制，这给模糊控制带来了新的活力，从而成为智能控制的重要分支。

6.6.1 模糊控制数学基础

模糊数学用于研究和处理模糊现象，所研究事物的概念本身是模糊的，即一个对象是否符合这个概念难以确定，这种由于概念的外延的模糊而造成的不确定性称为模糊性，在 $[0,1]$ 上取值的隶属函数就描述了这种模糊性，下面就模糊集合和模糊关系等概念作简要介绍。

1. 模糊集合

集合是数学中最基本的概念，它描述和表现各种学科的抽象语言和系统。所谓集合是具有某种特定属性的对象的全体，其常用的描述方法有列举法、描述法和特征函数法。但在日常生活中，有许多情况无法用经典集合描述，例如："天气暖和"、"个子高"、"年轻人"等，这些概念都没有明确的内涵和外延，只能用模糊集合的方法来描述。

设论域为 E，E 在闭区间 $[0,1]$ 的任一映射 $\mu_A: E \to [0,1]$，$e \to \mu_A(e)$，确定 E 的一个模糊子集，简称为模糊集（或 F 集），记作 A。μ_A 称为模糊集 A 的隶属度函数，$\mu_A(e)$ 为元素 e 隶属于 A 的程度，简称为 $A(e)$。对于论域 E 上的模糊集合 A，通常采用的描述方法有：

（1）Zadeh 表示法。当 E 为离散有限域 $\{e_1、e_2、\cdots、e_n\}$ 时，按 Zadeh 表示法有

$$A = A(e_1)/e_1 + A(e_2)/e_2 + \cdots + A(e_n)/e_n$$

式中：$A(e_i)/e_i$ 并不代表分式，而是表示元素 e_i 对于模糊集合 A 的隶属度函数 $\mu_A(e_i)$ 和元素 e_i 的对应关系；"$+$"也不代表加法运算，而是表示在论域 E 上，组成模糊集合 A 的全体元素 e_i 间排序与整体间的关系。

当 E 为连续有限域时，按 Zadeh 法表示为

$$A = \int_E A(e)/e$$

式中："$\int$"符号也不表示"求积"，而是表示连续论域 E 上的元素 e 与隶属度 $\mu_A(e)$ 一一对应关系的总体集合。

（2）序偶表示法。若将论域 E 中元素 e_i 与其对应的隶属度函数值 $\mu_A(e_i)$ 组成序偶 $<$

e_i，$\mu_A(e_i)>$来表示模糊子集 A 的话，可以写成

$$A=\{<e_1,\mu_A(e_1)>,<e_2,\mu_A(e_2)>,\cdots,<e_n,\mu_A(e_n)>\}$$

上式表示方法即为序偶表示法。

（3）矢量表示法。如果单纯地将论域 E 中元素 e_i 所对应的隶属度值 $\mu_A(e_i)$，按顺序写成的矢量形式来表示模糊子集 A，则可以是

$$A=[A(e_1)、A(e_2)、\cdots、A(e_n)]$$

上式即为矢量表示法。

（4）函数描述法。根据模糊集合的定义，论域 E 中上的模糊子集 A 完全可以由隶属度函数 $\mu_A(e)$ 来表征。由于隶属度函数 $\mu_A(e_i)$ 本身表示元素 e_i 对模糊集合 A 的从属程度大小，因此与清晰集合用特征函数表示一样，可以用隶属度函数曲线来表示一个模糊子集 A。

2. 模糊集合的运算

对于给定论域 U 上的集合 A、B、C，借助于隶属函数定义它们之间的运算如下。

（1）相等 $\forall x \in U$，都有 $\mu_A(x)=\mu_B(x)$，则称 A 与 B 相等，记作 A=B。

（2）补集 $\forall x \in U$，都有 $\mu_B(x)=1-\mu_A(x)$，则称 B 是 A 的补集，记作 $B=\overline{A}$。

（3）包含 $\forall x \in U$，都有 $\mu_A(x) \geqslant \mu_B(x)$，则称 A 包含 B，记作 $A \supseteq B$。

（4）并集 $\forall x \in U$，都有 $\mu_C(x)=\max\{\mu_A(x),\mu_B(x)\}=\mu_A(x) \vee \mu_B(x)$，则称 C 是 A 与 B 的并集，记作 $C=A \cup B$。

（5）交集 $\forall x \in U$，都有 $\mu_C(x)=\min\{\mu_A(x),\mu_B(x)\}=\mu_A(x) \wedge \mu_B(x)$，则称 C 是 A 与 B 的交集，记作 $C=A \cap B$。

3. 模糊关系

模糊关系是定义在笛卡尔积空间 $X_1 \times X_2 \times \cdots \times X_n$ 上的模糊集合，它可表示为

$$R_{X_1 \times X_2 \times \cdots \times X_n} = \int_{X_1 \times X_2 \times \cdots \times X_n} \mu_R(x_1,x_2,\cdots,x_n)/(x_1,x_2,\cdots,x_n)$$

其中二维模糊关系最为常用。

模糊关系也是模糊集合，可用表示模糊集合的方法来表示。通常 x，y 为有限集合时，一般用模糊矩阵来表示。在这个矩阵中的元素是相应有序对，属于该模糊关系的隶属度函数。

（1）模糊集表示法。当 $A \times B$ 为有限域时，二元模糊关系 R 的模糊集表示方法为

$$R = \int_{A \times B} \mu_R(x,y)/(x,y) \quad x \in A, y \in B$$

同样，n 元模糊关系可以表示为

$$R_{X_1 \times X_2 \times \cdots \times X_n} = \int_{X_1 \times X_2 \times \cdots \times X_n} \mu_R(x_1,x_2,\cdots,x_n)/(x_1,x_2,\cdots,x_n) \quad x_i \in X_i$$

（2）模糊矩阵表示法。模糊矩阵通常用来表示二元模糊关系，并可进行相应运算。设 $A=\{x_1, x_2, \cdots, x_n\}$，$B=\{y_1, y_2, \cdots, y_m\}$ 为有限集合，$A \times B$ 上的模糊关系 R 可用 $n \times m$ 阶矩阵来表示：

$$R(A,B) = \begin{bmatrix} \mu_R(x_1,y_1) & \mu_R(x_1,y_2) & \cdots & \mu_R(x_1,y_m) \\ \mu_R(x_2,y_1) & \mu_R(x_2,y_2) & \cdots & \mu_R(x_2,y_m) \\ \vdots & \vdots & \cdots & \vdots \\ \mu_R(x_n,y_1) & \mu_R(x_n,y_2) & \cdots & \mu_R(x_n,y_m) \end{bmatrix}_{n \times m}$$

这样的矩阵称为模糊关系矩阵。由于其关系均为隶属函数，因此他们均在 $[0,1]$ 中取值。

模糊关系的合成运算在模糊控制中有着很重要的作用，其定义如下：设 R 是 $X \times Y$ 中的模糊关系，S 是 $Y \times Z$ 中的模糊关系，定义 R 和 S 的合成 $R \circ S$ 是 $X \times Z$ 中的模糊关系，其隶属函数为

$$\mu_{R \cdot S}(x,z) = \bigvee_{y \in Y} [\mu_R(x,y) \, ^* \mu_s(y,z)]$$

式中：$x \in X$；$y \in Y$；$z \in Z$。显然，$R \circ S$ 是 $X \times Z$ 上的一个模糊集合。最常用的有以下两种：

(1) 最大—最小合成 $\mu_{R \cdot S}(x,z) = \bigvee_{y \in Y} [\mu_R(x,y) \wedge \mu_s(y,z)]$

(2) 最大—积合成 $\mu_{R \cdot S}(x,z) = \bigvee_{y \in Y} [\mu_R(x,y)\mu_s(y,z)]$

6.6.2　模糊控制基本原理

1. 模糊语言

要使计算机能判别与处理带有模糊性的信息，提高计算机"智能度"，首先要构成一种语言系统，既能充分体现模糊性，而且又能被计算机所接受。Zadeh 首先从语义的角度对自然语言进行模糊集合的描述，并给出了模糊集合描述的语言系统，把这种含有模糊概念的语言系统简称为"模糊语言"。

通常在模糊用语言前面加上"极"、"很"、"非"、"相当"、"比较"、"略"、"稍微"等修饰词，这类用于加强或减弱语气算子的词可视为一种模糊算子，用于表达模糊值的肯定程度。其中"极"、"非"、"相当"成为集中化算子。"比较"、"略"、"稍微"称为散漫化算子，两者统一称为语气算子。这类修饰词改变了该模糊语言的含义，其相应的隶属度也要改变。

为了规范语气算子的意义，Zadeh 曾对此做了如下约定：H_λ 作为语气算子来定量描述模糊值。若模糊值为 A，则把 H_λ 定义成 $H_\lambda A = A^\lambda$。

H_4 代表"极"或者"非常非常"，其意义是对描述的模糊值求 4 次方。

H_2 代表"很"或者"非常"，其意义是对描述的模糊值求 2 次方。

$H_{0.5}$ 代表"较"或者"相当"，其意义是对描述的模糊值求 0.5 次方。

$H_{0.25}$ 代表"稍"或者"略微"，其意义是对描述的模糊值求 0.25 次方。

由于隶属函数的取值范围在闭区间 $[0,1]$，由于集中化算子的幂乘运算的幂次大于 1，故乘方运算后变小，即隶属函数曲线趋于尖锐化，而且幂次越高，越尖锐；相反，松散化算子的幂次小于 1，乘方运算后变大，隶属函数曲线趋于平坦化，幂次越高越平坦。

2. 隶属函数

模糊集合的元素无论是离散的还是连续的，它的模糊特性无论是用什么数学形式来表达，最终都是以函数的图解方法来表示的。用隶属度函数来描述基本上放映了模糊集合的模糊性，因此这种描述也体现了集合的模糊特性和运算本质。由于隶属度函数的确定与选

择对模糊理论的研究和模糊问题的求解都十分重要，因此近年来受到特别的重视，见图 6.14，图 6.15。

图 6.14 集中化算子的强化作用

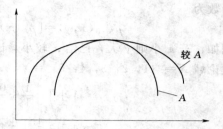

图 6.15 松散花算子的强化作用

隶属函数的正确选择将有助于问题的解决，先给出三条必须遵循的原则，即：表示隶属函数的模糊集合必须是图模糊集合；变量所取隶属函数通常是对称和平衡的；隶属函数要遵循语义顺序和避免不恰当的重叠，见图 6.16。

常用的隶属函数有三角形、梯形和正态形三种。

（1）三角形隶属函数为

$$\mu_A(x) = \begin{cases} (x-a)/(b-a) & a \leqslant x \leqslant b \\ (c-x)/(c-b) & b < x \leqslant c \\ 0 & x < a \text{ 或 } x > c \end{cases}$$

（2）梯形隶属函数为

$$\mu_A(x) = \begin{cases} 0 & x < a \\ (x-a)/(b-a) & a \leqslant x < b \\ 1 & b \leqslant x \leqslant c \\ (d-x)/(d-c) & c < x \leqslant d \\ 0 & x > d \end{cases}$$

（3）正态型隶属函数为

$$\mu_A(x) = e^{-(\frac{x-a}{b})^2}$$

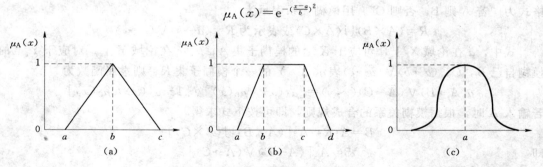

图 6.16 三种常用隶属函数

（a）三角形隶属函数；（b）梯形隶属函数；（c）正态型隶属函数

3. 模糊推理

应用模糊理论，可以对模糊命题进行模糊的演绎推理和归纳推理。这里主要讨论假言推理和条件语句。

(1) 假言推理。设 a、b 分别被描述为 X 和 Y 中之模糊子集 A 与 B，$(a) \rightarrow (b)$ 表示从 X 到 Y 一个模糊关系，它是 $X \times Y$ 的一个模糊子集，记作 $A \rightarrow B$（如 A 则 B），它的隶属函数为

$$\mu_{A \rightarrow B}(x,y) = [\mu_A(x) \wedge \mu_B(y)] \vee [1 - \mu_A(x)]$$

例如，若 x 小则 y 大，已给 x 较小，试问 y 如何？

设论域 $X = \{1, 2, 3, 4, 5\} = Y$

$$[小] = \frac{1}{1} + \frac{0.5}{2} + \frac{0}{3} + \frac{0}{4} + \frac{0}{5}$$

$$[较小] = \frac{1}{1} + \frac{0.4}{2} + \frac{0.2}{3} + \frac{0}{4} + \frac{0}{5} = A_1$$

$$[大] = \frac{0}{1} + \frac{0}{2} + \frac{0}{3} + \frac{0.5}{4} + \frac{1}{5}$$

则 $A \rightarrow B = [$若 x 小则 y 大$](x,y) = \{[小](x) \wedge [大](y)\} \vee \{1 - [小](x)\}$

算得矩阵 R 如下：

$$\mu_{小 \rightarrow 大}(x,y) = \begin{pmatrix} 0 & 0 & 0 & 0.5 & 1 \\ 0.5 & 0.5 & 0.5 & 0.5 & 0.5 \\ 1 & 1 & 1 & 1 & 1 \\ 1 & 1 & 1 & 1 & 1 \\ 1 & 1 & 1 & 1 & 1 \end{pmatrix} = R$$

矩阵中各元素的值是按隶属函数算出来的。如第二行第四列中的 0.5 是这样算得的

$$\mu_{小 \rightarrow 大}(x,y) = [\mu_{小(2)} + \mu_{大(4)}][1 - \mu_{小(2)}] = [0.5 \wedge 0.5][1 - 0.5] = 0.5$$

然后，进行合成运算，有模糊集合较小的定义，可进行如下的合成运算：

$$[较小] \circ [若 x 小则 y 大] = A_1 \circ R$$

$$= (1 \quad 0.4 \quad 0.2 \quad 0 \quad 0) \circ R = (0.4 \quad 0.4 \quad 0.4 \quad 0.5 \quad 1)$$

结果与 $[大] = 0/1 + 0/2 + 0/3 + 0.5/4 + 1/5$ 相比较，可得到"Y 比较大"。

(2) 模糊条件语句。在模糊自动控制中，应用较多的是模糊条件语句。它的一般语言格式为"若 A 则 B，否则 C"。用模糊关系表示为

$$R = (A \times B) \bigcup (\overline{A} \times C) \text{ 或表示为 } R = (a \rightarrow b) \vee (\overline{a} \rightarrow c)$$

式中，a 在论域 X 上，对应于 X 上的模糊子集 A；b、c 在论域 Y 上，对应于 Y 上的模糊自己 B，C。$(a \rightarrow b) \vee (\overline{a} \rightarrow c)$ 表示 $X \times Y$ 的一个模糊子集 R，则隶属函数为

$$\mu(A \rightarrow B) \vee (\overline{A} \rightarrow C)(x,y) = [\mu_A(x) \wedge \mu_B(x)] \vee [1 - \mu_A(x) \wedge \mu_C(x)]$$

若输入 A 时，根据模糊关系的合成规则，即可按下式求得

$$B = A \circ R = A \circ [(A \times B) \bigcup (\overline{A} \times C)]$$

即

$$B = A \circ [(A \rightarrow B) \vee (\overline{A} \rightarrow C)]$$

6.6.3 模糊控制器

模糊控制器是模糊控制系统的核心，一个模糊控制系统的性能优劣，主要取决于模糊控制器的结构、所采用的模糊规则、合成推理算法以及模糊决策的方法等因素。模糊控制器也成为模糊逻辑控制器，由于采用的模糊控制规则是由模糊理论中模糊条件语句来描述的，因此模糊控制器是一种语言型控制器，故也称为模糊语言控制器。

模糊控制器主要包括输入量模糊化接口、知识库、推理机、输出清晰化接口 4 个部分，如图 6.17 所示。

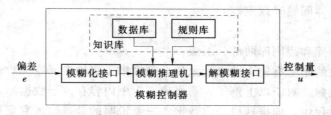

图 6.17 模糊控制器的组成

1. 模糊化接口

模糊控制器的确定量输入必须经过模糊化接口模糊化后，转换成一个模糊矢量才能用于模糊控制，具体可按模糊化等级进行模糊化。

例如，取值在 [a，b] 间的连续量 x 经公式

$$y = \frac{12}{b-a}\left(x - \frac{a+b}{2}\right)$$

变换为取值在 [−6，6] 之间的连续量 y，再将 y 模糊化为七级，相应模糊量用模糊语言表示如下：

在 −6 附近称为负大，记为 NL；

在 −4 附近称为负中，记为 NM；

在 −2 附近称为负小，记为 NS；

在 0 附近称为适中，记为 ZO；

在 2 附近称为正小，记为 PS；

在 4 附近称为正中，记为 PM；

在 6 附近称为正大，记为 PL。

因此，对于模糊输入标量 y，器模糊子集为 y = {NL，NM，NS，ZO，PS，PM，PL}。

表 6.1 模糊变量 y 不同等级的隶属度值

模糊变量 \ 等级 隶属度	−6	−5	−4	−3	−2	−1	0	1	2	3	4	5	6
PL	0	0	0	0	0	0	0	0	0.2	0.4	0.7	0.8	1
PM	0	0	0	0	0	0	0	0	0.2	0.7	1	0.7	0.2
PS	0	0	0	0	0	0	0.3	0.8	1	0.7	0.5	0.2	0
ZO	0	0	0	0	0.1	0.6		0.6	0.1	0	0	0	0
NS	0	0.2	0.5	0.7	1	0.8	0.3	0	0	0	0	0	0
NM	0.2	0.7	1	0.7	0.2	0	0	0	0	0	0	0	0
NL	1	0.8	0.7	0.4	0.2	0	0	0	0	0	0	0	0

这样，其对应的模糊自己合用表 6.1 表示。表中的数位对应元素在对应模糊集中的隶属度。当然，这仅是一个示意性的表，目的在于说明从精确量向模糊亮的转换过程。实际的模糊集要根据具体问题来规定。

2. 知识库

知识库由数据库和规则库两部分组成。

数据库所存放的是所有输入输出变量的全部模糊子集的隶属度矢量值，若论域为连续域，则为隶属度函数。对于以上例子，需将表 6.1 中内容存放于数据库，在规则推理的模糊关系方程求解过程中，向推理机提供数据。三要说明的是，输入变量和输出变量的测量数据集不属于数据库存放范畴。

规则库就是用来存放全部模糊控制规则的，在推理时为"推理机"提供控制规则。模糊控制器的规则是基于专家知识或手动操作经验来建立的，它是按人的直觉推理的一种语言表示形式。模糊规则通常由一系列的关系词连接而成，如 if－then、else、also、end、or 等。关系词必须经过"翻译"，才能将模糊规则数值化。如果某模糊控制器的输入变量为误差 e 和误差变化 ec，它们响应的语言变量为 E 和 EC。对于控制变量 U，给出下述一族模糊规则：

R1：if E is NL and EC is NL then U is PL

R2：if E is NL and EC is NM then U is PL

R3：if E is NL and EC is NS then U is PM

R4：if E is NL and EC is ZO then U is PM

R5：if E is NM and EC is NL then U is PL

R6：if E is NM and EC is NM then U is PL

R7：if E is NM and EC is NS then U is PM

R8：if E is NM and EC is ZO then U is PM

R9：if E is NS and EC is NL then U is PL

R10：if E is NS and EC is NM then U is PL

R11：if E is NS and EC is NS then U is PM

R12：if E is NS and EC is ZO then U is PS

R13：if E is ZO and EC is NL then U is PL

R14：if E is ZO and EC is NM then U is PM

R15：if E is ZO and EC is NS then U is PM

R16：if E is ZO and EC is ZO then U is ZO

通常把 if…部分称为"前提部"；而 then…部分称为"结论部"，语言变量 E 和 EC 为输入变量，而 U 为输出变量。

3. 模糊推理机

推理机是模糊控制器中，根据输入模糊量和知识库（数据库、规则库）完成模糊推理，并求解模糊关系方程，从而获得模糊控制量的功能部分。模糊控制规则也就是模糊决策，它是人们在控制生产过程中的经验总结。这些经验可以写成下列公式：

"如 A 则 B"型，也可以写成 if A then B。

"如 A 则 B 否则 C" 型，也可以写成 if A then B else C。

"如 A 且 B 则 C" 型，也可以写成 if A and B then C。

对于更复杂的系统，控制语言可能更复杂。例如，"如 A 且 B 且 C 则 D" 等。

最简单的单输入单输出的控制系统如下所示：

$$\xrightarrow[\text{A}]{\text{论域 X}} \boxed{\text{模糊关系 R}} \xrightarrow[\text{B}]{\text{论域 Y}}$$

则控制决策可用 "如 A 则 B" 语言描述，即若输入为 A_1，则输出为

$$B_1 = A_1 \circ R = A_1 \circ (A \times B)$$

双输入单输出的控制系统表示如下

$$\begin{array}{c}\xrightarrow[\text{A}]{\text{论域 X}} \\ \boxed{\text{模糊关系 R}} \xrightarrow[\text{C}]{\text{论域 Z}} \\ \xrightarrow[\text{B}]{\text{论域 Y}}\end{array}$$

其控制决策可用 "如 A 且 B 则 C" 语言描述。如果输入为 A_1、B_1，则输出 C_1 为

$$C_1 = (A_1 \times B_1) \circ R = (A_1 \times B_1) \circ (A \times B \times C)$$

确定一个控制系统的模糊规则就是要求得模糊关系 R，而模糊关系 R 的求得又取决控制的模糊语言。

4. 解模糊接口

通过模糊推理得到的结果是一个模糊集合或者隶属函数，但在模糊逻辑控制中，必须要用一个确定的值才能去控制伺服机构。在推理得到的模糊集合中取一个相对最能代表这个模糊集合的单值的过程就称作解模糊判决。常用的三种解模糊判决方法如下：

（1）重心法。重心法，又称加权平均法，就是取模糊隶属度函数曲线与横坐标轴围成面积的重心为代表点。通过计算输出范围内整个采样点的重心，这样在不花太多时间的情况下，用足够小的取样间隔来提供所需要的进度，这是一种最好的折中方案。即

$$u = \sum x_i \mu_N(x_i) / \sum \mu_N(x_i)$$

这种方法不仅充分利用了模糊子集提供的信息量，而且根据其隶属度值确定其提供信息的大小，因此该方法的应用最为普遍。

（2）最大隶属度法。最大隶属度法最简单，只要在推理结论的模糊集合中取隶属度最大的那个元素作为输出量即可。不过要求这种情况下其隶属度函数曲线一定是正规凸模糊集合。如果该曲线是梯形平顶的，那么具有最大隶属度的元素就可能不止一个，这时就要对所有取最大隶属度的元素求其平均值。这种方法简单、易行、实时性好，但概括的信息量少。

（3）取中位数判决法。在最大隶属度判决中，只考虑了最大隶属数，而忽略了其他信息的影响。中位数判决法是将隶属函数曲线的横坐标所围成的面积平均分成两部分，以分界点所对应的论域元素作为判决输出。

6.7 神 经 控 制

神经网络控制（Neural Network Control）是使用人工神经元网络作为控制器（或者

是其中的一部分），对被控系统进行学习、训练和控制。它具有对非线性函数逼近、大规模并行处理、学习、寻优和自适应、自组织等能力。显然，人工神经元网络具有最优化和学习两种功能，在控制系统中主要是利用多层神经网络的学习功能，适宜于构成一类智能控制系统和智能控制器的硬件实现。神经元网络是由人工神经元按多层（输入层、中间层和输出层）平行结构互连而成的信息处理网络，亦称人工神经网络。目前大致可以分成三大类，即前馈网络、互联网络和自组织网络。在神经元网络中，由于基本上没有像微分、积分这类的动态算子，因此一般只能学习静态非线性函数；当对控制系统的动态性能也有要求时，最简单的方法是外加积分器和微分器，将它们的输出作为神经元网络的输入信号，这样神经元网络也就可以学习非线性动态函数了。

6.7.1　人工神经网络理论基础

要研究神经系统的信息处理问题，首先要研究神经元的模型特征。基于控制的观点，重要的是从信息的角度出发来研究系统的行为和功能不同系统之间的相似性。人工神经元的结构特征与神经细胞有很多共通之处，在接收、传递和处理信息等方面有着相同功能。

1. 神经元结构及特性

连接机制结构的基本处理单元与神经生理学类比，往往称为神经元。每个构造起网络神经元模型模拟一个生物神经元，如图 6.18 所示。

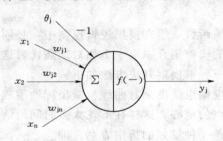

图 6.18　神经元模型

该神经元单元由多个输入 x_i（$i=1$, 2, $\cdots$, n）和一个输出 y 组成。中间状态由输入信号的权和表示，输出为

$$y_j(t) = f\left(\sum_{i=1}^{n} w_{ji} x_i - \theta_j\right)$$

式中：θ_j 为神经元单元的偏置（阈值）；w_{ji} 为连接权系数（对于激发状态，w_{ji} 取正值；对于抑制状态，w_{ji} 取负值），n 为输入信号数目；y_j 为神经元输出；t 为时间；$f(-)$ 为输出变换函数，有时称作激发或激励函数，往往采用 0 和 1 二值函数或 S 形函数，如图 6.19 所示，这 3 种函数都是连续和非线性的。

一种值函数可由下式表示

$$f(x) = \begin{cases} 1, & x \geqslant x_0 \\ 0, & x < x_0 \end{cases}$$

如图 6.19（a）所示。一种常规的 S 形函数如图 6.19（b）所示，可由下式表示

$$f(x) = \frac{1}{1+e^{-ax}}, \quad 0 < f(x) < 1$$

常用对称型 S 函数 ［见图 6.19（c）］来取代常规 S 形函数，因为 S 形函数的输出均为正值，而对称型 S 函数的输出值可为正或负。对称型 S 函数为

$$f(x) = \frac{1-e^{-ax}}{1+e^{-ax}}, \quad -1 < f(x) < 1$$

2. 人工神经网络的基本类型

人工神经网络由神经元模型构成，这种由许多神经元组成的信息处理网络具有并行分

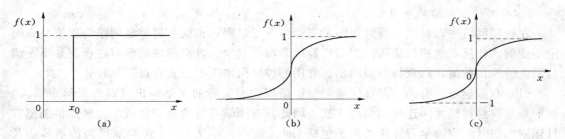

图 6.19 神经元模型中的常用函数

（a）二值函数；（b）非对称型 S 函数；（c）对称型 S 函数

布结构。每个神经元具有单一输出，并且能够与其他神经元连接，连接方法有许多种，每种方法对应一个连接权系数。严格地说，人工神经网络是一种具有下列特性的有向图：

（1）对于每个节点 i 存在一个状态变量 x_i。

（2）从节点 j 至节点 i，存在一个连接权系数 w_{ij}。

（3）对于每个节点 i，存在一个阈值 θ_i。

（4）对于每个节点 i，定义一个变换函数 $f_i(x_i，w_{ij}，\theta_i)$，$i \neq j$；对于最一般的情况，此函数取 $f_i(\sum_j w_{ij}x_j - \theta_i)$ 的形式。

人工神经网络的结构基本上分为两类，即递归（反馈）网络和前馈网络，简介如下。

（1）递归网络。在递归网络中，多个神经元互连以组织一个互连神经网络，如图 6.20 所示。有些神经元的输出被反馈至同层或前层神经元。因此，信号能够从正向和反向流通。Hopfield 网络、Elm—man 网络和 Jordan 网络是递归网络有代表性的例子。递归网络又叫做反馈网络。在图 6.20 中，V_n 表示节点的状态；x_n 为节点的输入（初始）值；x_n' 为收敛后的输出值。

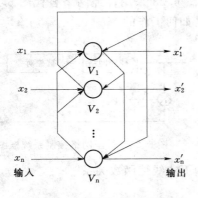

图 6.20 递归（反馈）网络

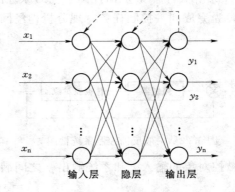

图 6.21 前馈（多层）网络

（2）前馈网络。前馈网络具有递阶分层结构，由一些同层神经元间不存在互连的层级组成。从输入层至输出层的信号通过单向连接流通；神经元从一层连接至下一层，不存在同层神经元间的连接，如图 6.21 所示。图中，实线指明实际信号流通，虚线表示反向传播。前馈网络的例子有多层感知器（MLP）、学习矢量量化（LVQ）网络、小脑模型连接控制（CMAC）网络和数据处理方法（GMDH）网络等。

3. 人工神经网络的学习算法

在神经网络中，修改权值的规则过程称为学习过程，也就是说神经网络的权值并非固定不变的，相反，这些权值可以根据经验或学习来改变。神经网络的学习过程就是不断调整网络的连接数值，以获得期望输出。常用的神经网络学习方式有以下几种：

（1）有师学习。有师学习算法能够根据期望的和实际的网络输出（对应于给定输入）间的差来调整神经元间连接的强度或权。因此，有师学习需要有老师或导师来提供期望或目标输出信号。有师学习算法的例子包括 Delta 规则、广义 Delta 规则或反向传播算法及 LVQ 算法等。

（2）无师学习。无师学习算法不需要知道期望输出。在训练过程中，只要向神经网络提供输入模式，神经网络就能够自动地适应连接权，以便按相似特征把输入模式分组聚集。无师学习算法的例子包括 Kohonen 算法和 Carpenter－ Grossberg 自适应谐振理论（ART）等。

（3）再励学习。它把学习看成试探评价过程，学习机制选择一个输出作用于系统后，使系统的状态改变，并产生一个再励信号反馈至模型，模型根据再励信号与当前系统状态，选择下一个输出作用于系统，输出选择的原则是使受到奖励的可能性增大。

6.7.2　神经控制基本原理

传统的基于模型的控制方式，是根据被控对象的数学模型及对控制系统要求的性能指标来设计控制器，并对控制规律加以数学解析描述；模糊控制是基于专家经验和领域知识总结出若干条模糊控制规则，构成描述具有不确定性复杂对象的模糊关系，通过被控系统输出误差及误差变化和模糊关系的推理合成获得空置量，从而对系统进行控制。这些控制方式都具有显示表达知识的特点，而神经网络不善于表达知识，但是它具有很强的逼近非线性函数的能力，即非线性映射能力。把神经网络用于控制正是利用它的这些独特优点。

图 6.22 给出了一般反馈控制系统的原理图，图 6.23 采用神经网络替代图 6.22 中的控制器，为完成同一控制任务，现分析神经网络是如何工作的。

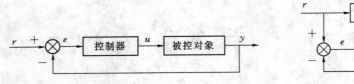
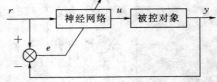

图 6.22　一般反馈控制系统框图　　　图 6.23　神经网络控制系统框图

设被控对象的输入 r 和系统输出 y 之间满足如下非线性函数关系

$$y = g(u)$$

控制的目的是确定最佳的控制量输入 u，使系统的实际输出 y 等于期望的输出 r。在该系统中，可把神经网络的功能看作输入输出的某种映射，或称函数变换，并设它的函数关系为

$$u = f(r)$$

为了满足系统输出 y 等于期望的输出 r，将 $u = f(r)$ 带入 $y = g(u)$，可得

$$y = g[f(r)]$$

显然，当 $f(\cdot) = g^{-1}(\cdot)$ 时，满足 $y = r$ 的要求。

由于要采用神经网络控制的被控对象一般是复杂的且多具有不确定性，因此非线性函数是难以建立的，可以利用神经网络具有逼近非线性的能力来模拟 $g^{-1}(\cdot)$。尽管 $g^{-1}(\cdot)$ 的形式未知，但通过系统的实际输出 y 与期望输出 r 之间的误差来调整神经网络中的连接权值，即让神经网络学习，直至误差趋于零的过程，就是神经网络模拟 $g^{-1}(\cdot)$ 的过程，它实际上是对被控对象的一种求逆过程，由神经网络的学习算法实现这一求逆过程，这就是神经网络实现直接控制的基本思想。

神经网络用于控制，主要是为了解决复杂的非线性、不确定性、不确知系统的控制问题。由于神经网络具有模拟人的部分智能的特性，主要具有学习能力和自适应性，使神经网络控制能对变化的环境具有自适应性，而且成为基本上不依赖于模型的一类控制，因此，神经网络控制已经成为"智能控制"的一个新的分支。神经网络在控制中的作用分为以下几种：

（1）在基于精确模型的各种控制结构中充当对象的模型。

（2）反馈控制系统中直接充当控制器。

（3）在传统控制系统中起优化计算作用。

（4）在与其他智能控制方法和优化算法的融合中，为其提供非参数化对象模型、优化参数、推理模型及故障诊断等。

神经网络具有的大规模并行处理，信息分布存储，连续的非线性动力学特性，高度的容错性和鲁棒性，自组织、自学习和实时处理等特点，因而神经网络在控制系统中得到了广泛的应用。

6.7.3 神经控制的结构方案

根据神经网络在控制器中的作用不同，神经网络在控制系统设计中的应用一般分为两类：一类是神经控制，它是以神经网络为基础而形成的独立智能控制系统，如神经元 PID 控制等；另一类称为混合神经网络控制，它是利用神经网络学习和优化能力来改善其他控制方法的控制，如 NN 学习控制等。

1. 神经元 PID 控制

它是在实际控制系统中使用最为广泛的一种控制方式。利用神经网络进行 PID 控制，通过神经控制器（NNC）和神经网络辨识器（NNI）进行参数调整，能够起到智能控制的作用。器结构如图 6.24 所示。

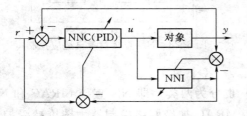

图 6.24 神经元 PID 控制

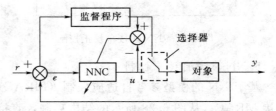

图 6.25 基于神经网络的监督式控制

2. NN 学习控制

由于受控系统的动态特性是未知或者部分已知的，因此需要寻找某些支配系统动作和行为的规律，使得系统能被有效地控制。在有些情况下，可能需要设计一种能够模仿人类作用的自动控制器。图 6.25 给出一个 NN 学习控制的结构，图中包括一个导师（监督程序）和一个可训练的神经网络控制器（NNC）。控制器的输入对应于由人接收的传感输入信息，而用于训练的输出对应于人对系统的控制输入。

3. NN 直接逆控制

它采用受控系统的一个逆模型，与受控系统串接，以便使系统在期望响应（网络输入）与受控系统输出间得到一个相同的映射。因此，该网络直接作为前馈控制器，而且受控系统的输出等于期望输出。这种方法在很大程度上依赖于逆模型的精确程度。由于不存在反馈，此种方法鲁棒性不足。逆模型参数可通过在线学习调整，以期把受控系统的鲁棒性提高至一定程度。图 6.26 给出 NN 直接逆控制的两种结构方案。在图 6.26（a）中，网络 NN1 和 NN2 具有相同的逆模型网络结构，而且采用同样的学习算法。图 6.26（b）中采用一个评价函数（EF）。

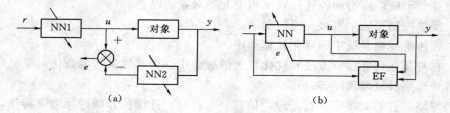

（a）　　　　　　　　　　　　（b）

图 6.26　NN 直接逆控制

4. NN 自校正控制

基于 NN 的自校正控制（STC）有两种类型，包括直接 STC 和间接 STC，前者的结构基本上与直接逆控制相同。NN 间接自校正控制中，由神经网络辨识器（NNI）对被控对象进行在线辨识，根据"确定性等价"原则，设计控制论参数，以达到有效控制的目的，其相应的结构如图 6.27 所示。

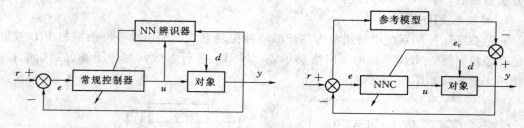

图 6.27　NN 间接自校正控制　　　　　　　图 6.28　NN 直接参考自适应控制

5. NN 参考自适应控制

基于 NN 的模型参考自适应控制（MRAC）也分为两类，即 NN 直接 MRAC 和 NN 间接 MRAC。从图 6.28 所示的结构克制，直接 MRAC 神经网络控制器力图维持受控对象输出与参考模型输出间的差。由于反向传播需要已知受控对象的数学模型，因而该 NN 控制器的学习与修正已遇到许多问题。NN 间接参考自适应控制结构如图 6.29 所示，图中 NN 识别器首先离线辨识受控对象的离线模型，然后由 $e_i(t)$ 进行在线学习与修正。显然，NNI 能提供误差 $e_c(t)$ 或者其变化率的反响传播。

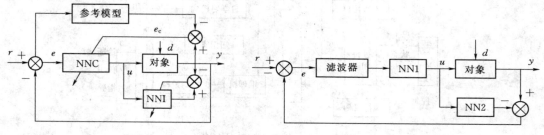

图 6.29 NN 间接参考自适应控制　　　　　　图 6.30 NN 内模控制

6. NN 内模控制

神经网络内部模型控制（IMC—Internal Model Control）先利用 NNI 对被控对象 F 进行在线辨识，然后利用 NNC 实现对象 F 的逆模型，再利用滤波器来提高系统鲁棒性能的一种控制方式。其控制器输出由被控对象与内部模型的输出误差来调整。内膜控制以其较强的鲁棒性和易于进行稳定性分析的特点在过程控制中得到了广泛的应用。图 6.30 为其结构图。

6.8 专 家 控 制

专家控制（Expert System）又称专家智能控制，它将专家系统的理论、技术与控制理论相结合，在未知环境下，仿效专家的智能，实现对系统的控制。基于专家控制的原理所设计系统称为专家控制系统，将专家控制系统根据实际工业过程的控制要求进行简化，即形成专家控制器。专家控制是人工智能的一个重要分支，自 1968 年世界上研制第一个专家系统 DENDRAL 以来，专家系统技术已经获得了非常迅速的发展，广泛应用于医疗诊断、图像处理和冶金电子等方面，计算机的应用已经历了数值计算、数据处理、知识处理三个阶段，专家系统作为知识处理阶段的成功代表，必将具有更强的生命力。专家系统的奠基人费根鲍姆（E. A. Feigenhaum）认为"专家系统是一种智能的计算机程序，它运用知识和推理步骤解决只有专家才能解决的复杂问题"。也就是，专家系统是一个智能程序系统；具有相关领域内大量的知识；能应用人工智能技术模拟人类专家求解问题的思维过程进行推理，解决相关领域内的问题，并且达到领域专家的水平。例如，在医学界有许多医术高明的医生，他们治病救人的医疗实践经验丰富，有妙手回春的绝招。若把某一具体领域的医疗经验集中起来，并以某种模式存储到计算机中形成知识库，然后再把专家们运用这些知识诊断治疗疾病，则此程序系统就是一个专家系统。专家系统所要解决的问题一般没有算法解，并且经常要在不完全、不精确或不确定的信息基础上作出结论。

6.8.1 专家控制系统

通常的专家系统是综合有关领域专家的知识、仿照专家解决问题的方法设计的计算机智能软件系统，它一般离线工作。与此不同，专家控制系统需要在线运行，具有实时性的要求，并且它不仅是独立的决策者，还可以获得反馈信息实施在线控制。

专家控制系统的完整结构如图 6.31 所示。一般说来，专家控制系统由以下几部分

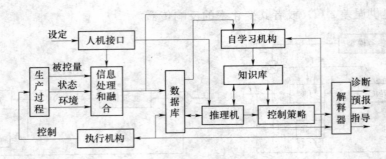

图 6.31　专家控制系统结构

组成：

（1）数据库。主要存储事实、证据和目标等。对过程控制而言，事实包括传感器测量误差、操作阈值、报警阈值、操作约束等静态数据；证据包括传感器及仪表的实时测量数据等；目标即规定的控制系统的静态目标和动态目标。数据库还用来存放推理的中间结果。

（2）知识库。在控制系统中又称规则库，用来存储作为专家经验的判断性知识、启发性知识和有关领域的理论知识和常识性知识，例如建议、推断、策略等规则。这些规则一般以"产生式"表达，其典型描述为"如果（条件），那么（结果）"。其中，"条件"表示来源于数据库的事实、证据、假设和目标；"结果"表示在条件成立的前提下，应产生的作用或估计算法。

知识库的建造包括知识获得和知识表示两个过程，前者通过适当的方式获得专家的经验，后者的核心是选择合适的数据结构把所获得的专家知识进行形式化处理并存入知识库中。

（3）推理机。它利用数据库和知识库中两类不同的知识，进行自动推理，以得到问题的解答（即控制作用）。具体来说，它有两种功能，一种功能是利用规则库中的判断性知识推导出新的知识；另一种功能是决定判断性知识的使用次序。推理机的具体结构决定于控制问题的特点和知识库中规则的表示方法。

推理机的推理方式有正向推理、反向推理和正反向混合推理三种。正向推理是根据原始数据和已知条件推断出结论；如果先提出结论或假设，再寻找支持这个结论或假设的条件或证据，如成功则结论成立，否则再重新假设，这种推理方式称为反向推理；运用正向推理帮助系统提出假设，再运用反向推理寻找证据，这种推理方式称为正反向混合推理。

（4）控制策略。控制策略是对被控过程的各种控制模式和经验的归纳和总结，它可作为知识库的一部分，为适应过程控制的特点，常把它从知识库中分离出来。

（5）自学习机构。采用专家控制的对象，往往具有时变性和不确定性，为适应对象的这些特点，知识库的内容和控制规则应根据对象特性的变化而进行相应的修改。自学习机构的功能就是根据在线获得的信息，补充和修改知识库的内容和控制规则。

（6）信息处理和融合。它包括实时数据的获取、特征信息的提取和信息融合三部分。实时数据获取即利用各种传感器得到过程的实时信息；特征信息提取即对实时数据进行一定的加工处理，为控制决策和自学习机构提供依据；信息融合即利用一定的理论和方法对实时数据进行综合处理，使各相关数据彼此协调，并用统一的表达方式表示其特征。

（7）解释器。它输出故障诊断、各种预报和生产操作指导的有关信息。

（8）执行机构。专家控制系统的输出通过它实现对过程的控制。

（9）人—机接口。负责用户和系统间的双向信息转换。

6.8.2 专家控制器

工业被控对象的复杂程度各不相同，对控制性能指标、可靠性、实时性及对性价比的要求也不相同，所以对于某些系统，可以将专家控制系统加以简化。例如，可以不设人—机自然语言对话；考虑到专用性，可将知识库规模减小，有关规则也可被压缩，因而使推理机变得相当简单。这样的专家控制系统就简化为一个专家控制器控制系统，其结构如图6.32所示。

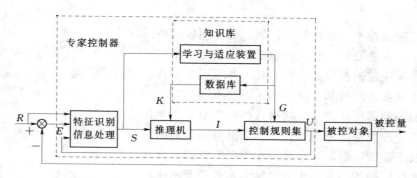

图 6.32 专家控制器的结构

因为在专家控制器中，数据量比较小，知识库简化为由数据库和学习与适应装置两部分组成。另外，由于控制规则比较少，推理机可以采用简单的正向推理，并逐次判定各条规则的条件是否满足，若满足则执行，否则继续搜索。图中的特征识别和信息处理部分接收被控量、给定值、偏差和控制量，完成对这些信息的提取和加工处理，为控制器推理提供依据。

从图6.33可以看出，专家控制器实际上是建立了控制量 U 和偏差 E 之间的一个映射关系，这个关系可用下式表示：

$$U = f(E)$$

式中：f 为智能算子；U 和 E 分别为输出和输入的集合，即

$$\begin{cases} E = \{e_1, e_2, \cdots, e_n\} \\ U = \{u_1, u_2, \cdots, u_n\} \end{cases}$$

智能算子反映了控制规则。全部控制规则的集合构成控制规则集，它是在知识集的基础上概括、总结、归纳而成的，它体现了专家的专门知识和经验，集中反映了人在操作过程中的智能控制行为和决策艺术。例如控制规则集可以包括下述6条规则：

（1）if $E > E_{PB}$ then $U = U_{NB}$

（2）if $E < E_{NB}$ then $U = U_{PB}$

（3）if $C > E_{PB}$ then $U = U_{NB}$

（4）if $C < E_{PB}$ then $U = U_{PB}$

(5) if E·C<0 or E=0 then U=INT$[\alpha E+(1-\alpha)C]$

(6) if E·C>0 or C=0 and E≠0 then U = INT$[\beta E+(1-\beta)C+\gamma\sum_{i=1}^{k}E_i]$

其中，C 为误差变化量，其量化等级选择与 E、U 完全相同；E、C 及 U 分别为正向最大值；而分别为 E、C 及 U 的负向最大值；α、β 及 γ 为待调整的因子，由知识集中的经验规则确定；$\sum_{i=1}^{k}E_i$ 为对误差的智能积分项，用以改善控制系统的稳态性能；符号 INT [a]表示取最接近于 a 的一个整数。

习　　题

1. 传统控制技术在解决复杂控制问题时面临哪些困难？

2. 什么是先进控制？它主要包括哪些控制技术？

3. 简述先进控制技术的发展过程，并说明其对自动控制的影响。

4. 简述预测控制的基本原理和主要特点。

5. 典型的预测控制方法包括哪几种？其基本思想是什么？

6. 自适应控制基本思想是什么？它具有哪些功能？

7. 自校正控制控制算法有哪两种类型？它们有什么区别？

8. 鲁棒性问题涉及哪三个重要概念？并简要阐述。

9. 滑模变结构控制的基本方法有哪几种？滑模控制与常规控制主要有什么区别？

10. 模糊控制器由哪些部分组成？各部分的作用是什么？

11. 举例说明模糊控制系统的应用。

12. 简述人工神经网络的结构和主要学习算法。

13. 人工神经网络在控制系统中有哪些作用？并举例说明。

14. 专家控制系统由哪几个部分组成？画出专家控制器的结构图。

第7章　常用的计算机控制系统

本章简要介绍目前常用的几种计算机控制系统，主要包括：基于 PLC 的计算机控制系统；集散控制系统 DCS；现场总线控制系统和工业以太网控制系统。

7.1　基于 PLC 的计算机控制系统

7.1.1　概述

可编程逻辑控制器（Programmable Logic Controller，简称 PLC），是指以计算机技术为基础的新型工业控制装置。

PLC 是在传统的顺序控制器的基础上引入了微电子技术、计算机技术、自动控制技术和通信技术而形成的一代新型工业控制装置，目的是用来取代继电器、执行逻辑、计时、计数等顺序控制功能，建立柔性的程控系统。国际电工委员会（IEC）颁布的 PLC 标准草案中对 PLC 作了如下定义：可编程逻辑控制器是一种数字运算操作的电子系统，专为在工业环境下应用而设计。它采用可编程序的存储器，用来在其内部存贮执行逻辑运算、顺序控制、定时、计数和算术运算等操作的指令，并通过数字的、模拟的输入和输出，控制各种类型的机械或生产过程。可编程序控制器及其有关设备，都应按易于与工业控制系统形成一个整体，易于扩充其功能的原则设计。由于 PLC 具有通用性强、使用方便、适应面广、可靠性高、抗干扰能力强、编程简单等特点。使得 PLC 应用十分广泛。现在，PLC 已经广泛应用在钢铁、采矿、水泥、石油、化工、电力、机械制造、汽车装卸等各行各业。

7.1.2　PLC 的结构及基本配置

一般讲，PLC 分为箱体式和模块式两种。但它们的组成是相同的，对箱体式 PLC，有一块 CPU 板、I/O 板、显示面板、内存块、电源等，当然按 CPU 性能分成若干型号，并按 I/O 点数又有若干规格。对模块式 PLC，有 CPU 模块、I/O 模块、内存、电源模块、底板或机架。无论哪种结构类型的 PLC，都属于总线式开放型结构，其 I/O 能力可按用户需要进行扩展与组合。PLC 的基本结构框图如图 7.1 所示。

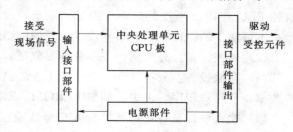

图 7.1　PLC 的基本结构框图

1.CPU 的构成

CPU 是 PLC 的核心，起神经中枢的作用，每套 PLC 至少有一个 CPU，它按 PLC 的系统程序赋予的功能接收并存贮用户程序和数据，用扫描的方式采集由现场输入装置送来的状态或数据，并存入规定的寄存器中，同时，诊断电源和 PLC 内部电路的工作状态和编程过程中的语法错误等。进入运行后，从用户程序存储器中逐条读取指令，经分析后再按指令规定的任务产生相应的控制信号，去指挥有关的控制电路。

CPU 主要由运算器、控制器、寄存器以及实现它们之间联系的数据、控制及状态总线构成，CPU 单元还包括外围芯片、总线接口及有关电路。内存主要用于存储程序及数据，是 PLC 不可缺少的组成单元。CPU 的控制器控制 CPU 工作，由它读取指令、解释指令及执行指令。但工作节奏由震荡信号控制。运算器用于进行数字或逻辑运算，在控制器指挥下工作。寄存器参与运算，并存储运算的中间结果，它也是在控制器指挥下工作。CPU 处理速度和内存容量是 PLC 的重要参数，它们决定着 PLC 的工作速度，IO 数量及软件容量等，因此限制着控制规模。

2.I/O 模块

PLC 的对外功能，主要是通过各种 I/O 接口模块与外界联系的，按 I/O 点数确定模块规格及数量，I/O 模块可多可少，但其最大数受 CPU 所能管理的基本配置的能力，即受最大的底板或机架槽数限制。I/O 模块集成了 PLC 的 I/O 电路，其输入暂存器反映输入信号状态，输出点反映输出锁存器状态。

3. 电源模块

有些 PLC 中的电源，是与 CPU 模块合二为一的，有些是分开的，其主要用途是为 PLC 各模块的集成电路提供工作电源。同时，有的还为输入电路提供 24V 的工作电源。电源以其输入类型有：交流电源，加的为交流 220V 或 110V；直流电源，加的为直流电压，常用的为 24V。

4. 底板或机架

大多数模块式 PLC 使用底板或机架，其作用是：在电气上，实现各模块间的联系，使 CPU 能访问底板上的所有模块，实现各模块间的连接，使各模块构成一个整体。

5.PLC 的外部设备

外部设备是 PLC 系统不可分割的一部分，它有四大类。

（1）编程设备：分简易编程器和智能图形编程器，可用于编程、对系统作一些设定、监控 PLC 及 PLC 所控制的系统的工作状况。编程器是 PLC 开发应用、监测运行、检查维护不可缺少的器件，但它不直接参与现场控制运行。

（2）监控设备：分数据监视器和图形监视器。可直接监视数据或通过画面监视数据。

（3）存储设备：分存储卡、存储磁带、软磁盘或只读存储器，可用于永久性地存储用户数据，使用户程序不丢失，例如 EPROM、EEPROM 写入器等。

（4）输入输出设备：可用以接收信号或输出信号，便于与 PLC 进行人—机对话。输入设备有条码读入器，输入模拟量的电位器等。输出设备有打印机、编程器、监控器等。随着技术进步，这些输入和输出设备将更加丰富。

6.PLC 的通信联网

依靠先进的工业网络技术可以迅速有效地收集、传送生产和管理数据。因此，网络在自动化系统集成工程中的重要性越来越显著，甚至有人提出网络就是控制器的观点说法。

PLC 具有通信联网的功能，它使 PLC 与 PLC 之间、PLC 与上位计算机以及其他智能设备之间能够交换信息，形成一个统一的整体，实现集散集中控制。多数 PLC 具有 RS-232 接口，还有一些内置有支持各自通信协议的接口。

PLC 的通信，还未实现互操作性，IEC 规定了多种现场总线标准，PLC 各厂家均有采用。对于一个自动化工程来讲，选择网络非常重要的。首先，网络必须是开放的，以方便不同设备的集成及未来系统规模的扩展；其次，针对不同网络层次的传输性能要求，选择网络的形式，这必须在深入地了解该网络标准的协议、机制的前提下进行；最后，综合考虑系统成本、设备兼容性、现场环境适用性等具体问题，确定不同层次所使用的网络标准。

7.1.3 可编程逻辑控制器的工作原理及主要技术指标

1. 可编程逻辑控制器的工作原理

结合 PLC 的组成和结构分析 PLC 的工作原理更容易理解。PLC 是采用周期循环扫描的工作方式，CPU 连续执行用户程序和任务的循环序列称为扫描。CPU 对用户程序的执行过程是 CPU 的循环扫描，并用周期性地集中采样、集中输出的方式来完成的。一个扫描周期主要可分为以下几个阶段。

（1）读输入阶段。每次扫描周期的开始，先读取输入点的当前值，然后写到输入映像寄存器区域。在随后用户程序执行的过程中，CPU 访问输入映像寄存器区域，而非读取输入端口的状态，然而输入信号的变化并不会影响到输入映像寄存器的状态。通常要求输入信号有足够的脉冲宽度，这样输入信号才能被响应。

（2）执行程序阶段。在用户程序执行阶段，PLC 按照梯形图的顺序，自左而右、自上而下的逐行扫描。在这一阶段，CPU 从用户程序的第一条指令开始执行直到最后一条指令结束，程序运行结果放入输出映像寄存器区域。在此阶段，允许对数字量 I/O 指令和不设置数字滤波的模拟量 I/O 指令进行处理，在扫描周期的各个部分，均可对中断事件进行响应。

（3）处理通信请求阶段。此阶段是扫描周期的信息处理阶段，CPU 处理从通信端口接收到的信息。

（4）执行 CPU 自诊断测试阶段。在此阶段 CPU 检查其硬件，用户程序存储器和所有 I/O 模块的状态。

（5）写输出阶段。每个扫描周期的结尾，CPU 把存在输出映像寄存器中的数据输出给数字量输出端点（写入输出锁存器中），并更新输出状态。然后 PLC 进入下一个循环周期，重新执行输入采样阶段，周而复始。

如果程序中使用了中断，中断事件出现，立即执行中断程序，中断程序可以在扫描周期的任意点被执行。如果程序中使用了立即 I/O 指令，可以直接存取 I/O 点。用立即 I/O 指令读输入点值时，相应的输入映像寄存器的值未被修改；用立即 I/O 指令写输出点值时，相应的输出映像寄存器的值被修改。

2. 可编程逻辑控制器主要技术指标

可编程逻辑控制器的种类很多，用户可以根据控制系统的具体要求选择不同技术性能指标的 PLC。可编程逻辑控制器的技术性能指标主要有以下几个方面。

（1）输入/输出点数。可编程逻辑控制器的 I/O 点数指外部输入、输出端子数量的总和。它是描述的 PLC 大小的一个重要的参数。

（2）存储容量。PLC 的存储器由系统程序存储器，用户程序存储器和数据存储器三部分组成。PLC 存储容量通常指用户程序存储器和数据存储器容量之和，表征系统提供给用户的可用资源，是系统性能的一项重要技术指标。

（3）扫描速度。可编程逻辑控制器采用循环扫描方式工作，完成 1 次扫描所需的时间叫做扫描周期。影响扫描速度的主要因素有用户程序的长度和 PLC 产品的类型。PLC 中 CPU 的类型、机器字长等直接影响 PLC 运算精度和运行速度。

（4）指令系统。指令系统是指 PLC 所有指令的总和。可编程逻辑控制器的编程指令越多，软件功能就越强，但掌握应用也相对较复杂。用户应根据实际控制要求选择合适指令功能的可编程逻辑控制器。

（5）通信功能。通信方面可分为 PLC 之间的通信和 PLC 与其他设备之间的通信。通信方面主要涉及通信模块，通信接口，通信协议和通信指令等内容。PLC 的组网和通信能力也已成为 PLC 产品水平的重要衡量指标之一。

7.1.4　基于 PLC 的计算机控制系统

1. PLC 控制系统的设计原则及内容

（1）PLC 系统的设计原则。关于 PLC 系统的设计原则往往涉及很多方面，其中最基本的设计原则可以归纳为四点。

1）最大限度地满足工业生产过程或机械设备的控制要求。

2）确保计算机控制系统的可靠性。

3）力求控制系统简单、实用、合理。

4）适当考虑生产发展和工艺改进的需要，在 I/O 接口、通信能力等方面要留有余地。

（2）PLC 系统设计包含的内容。PLC 的种类很多，不同类型的 PLC 在性能、适用领域等方面是有差异的，它们在设计内容和设计方法上也会有所不同，通常还与设计人员习惯的设计规范及实践经验有关。但是，所有设计方法要解决的基本问题是相同的，下面是 PLC 系统设计所要完成的一般性内容。

1）分析被控对象的工艺特点和要求，拟定 PLC 系统的控制功能和设计目标。

2）细化 PLC 系统的技术要求，如 I/O 接口数量、结构形式、安装位置等。

3）PLC 系统的选型，包括 CPU、I/O 模块、接口模块等。

4）编制 I/O 分配表和 PLC 系统及其与现场仪表的接线图。

5）根据系统要求编制软件规格说明书，开发 PLC 应用软件。

6）编写设计说明书和使用说明书。

7）系统安装、调试和投运。

2. PLC 控制系统的硬件设计

设计一个良好的控制系统，第一步就是需要对被控生产对象的工艺过程和特点做深入的了解，这也是现场仪表选型与安装、控制目标确定、系统配置的前提。一个复杂的生产工艺过程，通常可以分解为若干个工序，而每个工序往往又可分解为若干个具体步骤，这样做可以把复杂的控制任务明确化、简单化、清晰化，有助于明确系统中各 PLC 及 PLC 中 I/O 的配置，合理分配系统的软硬件资源。

第二步需要创建设计任务书，设计任务书实际上就是对技术要求的细化，把各部分必须具备的功能和实现方法以书面形式描述出来。设计任务书是进行设备选型、硬件配置、软件设计、系统调试的重要技术依据，若在 PLC 系统的开发过程中发现不合理的方面，需要及时进行修正，通常设计任务书要包括以下各项内容。

1）数字量输入总点数及端口分配。

2）数字量输出总点数及端口分配。

3）模拟量输入通道总数及端口分配。

4）模拟量输出通道总数及端口分配。

5）特殊功能总数及类型。

6）PLC 功能的划分以及各 PLC 的分布与距离。

7）对通信能力的要求及通信距离。

第三步需要在满足控制要求的前提下，对系统所涉及的硬件设备进行选型。PLC 硬件设备的选型应该追求最佳的性能价格比。硬件设备的选型主要包括 CPU、I/O 配置、通信、电源等方面进行考虑。

第四步需要设计安全回路。安全回路是能够独立于 PLC 系统运行的应急控制回路或后备手操系统。安全回路一般以确保人身安全为第一目标、保证设备运行安全为第二目标进行设计，这在很多国家和国际组织发表的技术标准中均有明确的规定。一般来说，安全回路在以下几种情况下将发挥安全保护作用：设备发生紧急异常状态时；PLC 失控时；操作人员需要紧急干预时。

设计安全回路的一般性任务主要包括。

1）为 PLC 定义故障形式、紧急处理要求和重新启动特性。

2）确定控制回路与安全回路之间逻辑和操作上的互锁关系。

3）设计后备手操回路以提供对过程中重要设备的手动安全性干预手段。

4）确定其他与安全和完善运行有关的要求。

3. PLC 的控制系统的软件设计

PLC 用户程序的设计过程可分为两个阶段，即前期工作和应用软件的开发和调试。在软件设计过程中，前期工作内容往往会被设计人员所忽视，事实上这些工作对提高软件的开发效率、保证应用软件的可维护性、缩短调试周期都是非常必要的，特别是对较大规模的 PLC 系统更是如此。

（1）前期工作。前期工作主要包括制定控制方案、制定抗干扰措施、编制 I/O 分配表、确定程序结构和数据结构、定义软件模块的功能。

（2）应用软件的开发和调试。根据功能的不同，PLC 应用软件可以分为基本控制程序、中断处理程序和通信服务程序三个部分。其中基本控制程序是整个应用软件的主体，它包括信号采集、信号滤波、控制运算、结果输出等内容。对于整个应用软件来说，程序结构设计和数据结构设计是程序设计的主要内容。合理的程序结构不仅决定着应用程序的编程质量，而且还对编程周期、调试周期、可维护性都有很大的影响。根据功能的不同，PLC 应用软件可以分为基本控制程序、中断处理程序和通信服务程序三个部分。其中基本控制程序是整个应用软件的主体，它包括信号采集、信号滤波、控制运算、结果输出等内容。对于整个应用软件来说，程序结构设计和数据结构设计是程序设计的主要内容。合理的程序结构不仅决定着应用程序的编程质量，而且还对编程周期、调试周期、可维护性都有很大的影响。

7.2　DCS 控 制 系 统

7.2.1　概述

集散型计算机控制系统又名分布式计算机控制系统，简称集散型控制系统（Distributed Control System，简称 DCS）。集散型控制系统综合了计算机（Computer）技术、控制（Control）技术、通信（Communication）技术、CRT 显示技术即 4C 技术，集中了连续控制、批量控制、逻辑顺序控制、数据采集等功能。

传统意义上 DCS 系统的最基本结构如图 7.2 所示。

图中：C_1，C_2，…，C_n 为控制，f_1，f_2，…，f_n 为反馈信息。对 DCS 系统而言，各控制单元之间没有直接信息联系，各控制单元有自己的性能指标，控制策略和算法，且其性能指标和控制算法等由决策单元按一定优化准则调节给出。

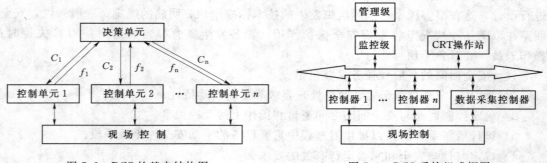

图 7.2　DCS 的基本结构图　　　　　图 7.3　DCS 系统组成框图

在工程应用中，DCS 系统除完成控制功能，还要实现监视、管理等其他功能，其系统组成框图如图 7.3 所示。

由图 7.3 可见，DCS 系统实际上是一种分级递阶结构。各控制器完成过程现场的控制任务，根据控制对象特性，可以分情况采用顺序控制，程序控制，模拟量控制等。其控制策略与控制算法要随被控对象与要求而定。数据采集器用于收集控制信息和被控过程的各种状态信息，数据采集任务不但可由控制器完成，也可由一般仪表和逻辑箱完成。控制器和数据采集器在控制现场对信号进行预处理后经高速数据通道送到上级计算机和 CRT 操作站，CRT 操作站是显示操作装置，监控级通过协调各控制器的工作，实现控制过程的动态最优化。管理级具有管理功能，又兼具对监控级实现监控功能，它具有丰富的信息资源，能够对被控对象进行监控，制定计划，进行成本核算，对设备和人员进行管理等，以实现被控过程的静态最优化和综合自动化。

7.2.2　DCS 体系结构

典型的 DCS 体系结构分为三层，如图 7.4 所示。第一层为集散过程控制级；第二层为集中操作监控级；第三层为综合信息管理级。层间由高速数据通路 HW 和局域网络 LAN 两级通信线路相连，级内各装置之间由本级的通信网络进行通信联系。

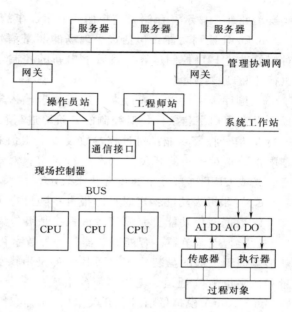

图 7.4　DCS 体系结构图

1. 第一层：集散过程控制级

集散过程控制级是 DCS 的基础层，它向下直接面向工业对象，其输入信号来自于生产过程现场的传感器（如热电偶、热电阻等）、变送器（如温度、压力、液位、流量等）及电气开关（输入触点）等，其输出去驱动执行器（如调节阀、电磁阀、电机等），完成生产过程的数据采集、闭环调节控制、顺序控制等功能；其向上与集中操作监控级进行数据通信，接收操作站下传加载的参数和操作命令，以及将现场工作情况信息整理后向操作站报告。构成这一级的主要装置有：现场控制站，可编程逻辑控制器，智能调节器及其他测控装置。

（1）现场控制站。现场控制站具有多种功能——集连续控制、顺序控制、批量控制及数据采集功能为一身。

1）现场控制站的硬件构成。现场控制站一般是标准的机柜式机构，柜内由电源、总线、I/O 模件、处理器模件、通信模件等部分组成。

一般在机柜的顶部装有风扇组件，其目的是带走机柜内部电子部件所散发出来的热量；机柜内部设若干层模件安装单元，上层安装处理器模件和通信模件，中间安装 I/O 模件，最下边安装电源组件。机柜内还设有各种总线，如电源总线，接地总线，数据总线，地址总线，控制总线等。现场控制站的电源不仅要为柜内提供电源，还要为现场检测器件提供外供电源，这两种电源必须互相隔离，不可共地，以免干扰信号通过电源回路耦合到 I/O 通道中去。一个现场控制站中的系统结构如图 7.2 所示，包含一个或多个基本控制单元，基本控制单元是由一个完成控制或数据处理任务的处理器模件以及与其相连的若干个输入/输出模件所构成的（有点类似于 IPC）。基本控制单元之间，通过控制网络 Cnet 连接在一起，Cnet 网络上的上传信息通过通信模件，送到监控网络 Snet，同理 Snet 的下传信息，也通过通信模件和 Cnet 传到各个基本控制单元。在每一个基本控制单元中，处理器模件与 I/O 模件之间的信息交换由内部总线完成。内部总线可能是并行总线，也可能是串行总线。近年来，多采用串行总线。

2）现场控制站的软件功能。现场控制站的主要功能有 6 种，即数据采集功能、DDC 控制功能、顺序控制功能、信号报警功能、打印报表功能、数据通信功能：

a. 数据采集功能：对过程参数，主要是各类传感变送器的模拟信号进行数据采集、变换、处理、显示、存储、趋势曲线显示、事故报警等。

b. DDC 控制功能：包括接受现场的测量信号，进而求出设定值与测量值的偏差，并对偏差进行 PID 控制运算，最后求出新的控制量，并将此控制量转换成相应的电流送至执行器驱动被控对象。

c. 顺序控制功能：通过来自过程状态输入输出信号和反馈控制功能等状态信号，按预先设定的顺序和条件，对控制的各阶段进行顺序控制。

d. 信号报警功能：对过程参数设置上限值和下限值，若超过上限或下限则分别进行越限报警；对非法的开关量状态进行报警；对出现的事故进行报警。信号的报警是以声音、光或 CRT 屏幕显示颜色变化来表示。

e. 打印报表功能：定时打印报表；随机打印过程参数；事故报表的自动记录打印。

f. 数据通信功能：完成集散过程控制级与集中操作监控之间的信息交换。

（2）智能调节器。智能调节器是一种数字化的过程控制仪表，也称可编程调节器。其外形类似于一般的盘装仪表，而其内部是由微处理器 CPU、存储器 RAM、ROM、模拟量和数字量 I/O 通道、电源等部分组成的一个微型计算机系统。智能调节器可以接受和输出 4～20mA 模拟量信号和开关量信号，同时还具有 RS—232 或 RS—485 等串行通信接口。一般有单回路、2 回路、或 4 回路的调节器，控制方式除一般的单回路 PID 之外，还可组成串级控制、前馈控制等复杂回路。因此，智能调节器不仅可以在一些重要场合下单独构成复杂控制系统，完成 1～4 个过程控制回路，而且可以作为大型集散控制系统中最基层的一种控制单元，与上位机（即操作监控级）连成主从式通信网络，接受上位机下传的控制参数，并上报各种过程参数。

（3）可编程逻辑控制器。可编程逻辑控制器即 PLC，与智能调节器最大的不同点是：它主要配制的是开关量输入、输出通道，用于执行顺序控制功能。在新型的 PLC 中，也提供了模拟量输入输出及 PID 控制模块，而且均带有 RS—485 标准的异步通信接口。同智能调节器一样，PLC 的高可靠性和不断增强的功能，使它既可以在小型控制系统中担当控制主角，又可以作为大型集散控制系统中最基层的一种控制单元。

2. 第二层集中操作监控级

集中操作监控级是面向现场操作员和系统工程师的，如图 7.4 所示的中间层。这一级配有技术手段先进，功能强大的计算机系统及各类外部装置，通常采用较大屏幕、较高分辨率的图形显示器和工业键盘，计算机系统配有较大存储容量的硬盘或软盘，另外还有功能强大的软件支持，确保工程师和操作员对系统进行组态、监视和操作，对生产过程实行高级控制策略、故障诊断、质量评估等。集中操作监控级以操作监视为主要任务，即把过程参数的信息集中化，对各个现场控制站的数据进行收集，并通过简单的操作，进行工程量的显示、各种工艺流程图的显示、趋势曲线的显示以及改变过程参数（如设定值、控制参数、报警状态等信息）；另一个任务是兼有部分管理功能，即进行控制系统的组态与生成。

构成这一级的主要装置有：面向操作人员的操作员操作站、面向监督管理人员的工程师操作站、监控计算机及层间网络连接器。一般情况下，一个 DCS 系统只需配备一台工程师站，而操作员站的数量则需要根据实际要求配置。

（1）操作员操作站。DCS 的操作员站是处理一切与运行操作有关的人—机界面功能的网络节点，其主要功能就是使操作员可以通过操作员站及时了解现场运行状态、各种运行参数的当前值、是否有异常情况发生等。并可通过输出设备对工艺过程进行控制和调节，以保证生产过程的安全、可靠、高效、高质。

1）操作员站的硬件。操作员站由 IPC 或工作站、工业键盘、大屏幕图形显示器和操作控制台组成，这些设备除工业键盘外，其他均属通用型设备。目前 DCS 一般都采用 IPC 来作为操作员站的主机及用于监控的监控计算机。

操作员键盘多采用工业键盘，它是一种根据系统的功能用途及应用现场的要求进行设计的专用键盘，这种键盘侧重于功能键的设置、盘面的布置安排及特殊功能键的定义。

由于 DCS 操作员的主要工作基本上都是通过 CRT 屏幕、工业键盘完成的，因此，操作控制台必须设计合理，使操作员能长时间工作不感吃力。另外在操作控制台上一般还应留有安放打印机的位置，以便放置报警打印机或报表打印机。

作为操作员站的图形显示器均为彩色显示器，且分辨率较高、尺寸较大。打印机是 DCS 操作员站的不可缺少的外设。一般的 DCS 配备两台打印机，一台为普通打印机，用于生产记录报表和报警列表打印；另一台为彩色打印机，用来拷贝流程画面。

2）操作员站的功能。操作员站的功能主要是指正常运行时的工艺监视和运行操作，主要由总貌画面、分组画面、点画面、流程图画面、趋势曲线画面、报警显示画面及操作指导画面等 7 种显示画面构成。

（2）工程师操作站。工程师站是对 DCS 进行离线的配置、组态工作和在线的系统监督、控制、维护的网络节点。其主要功能是提供对 DCS 进行组态，配置工具软件即组态软件，并通过工程师站及时调整系统配置及一些系统参数的设定，使 DCS 随时处于最佳工作状态之下。

1）工程师站的硬件。对系统工程师站的硬件没有特殊要求，由于工程师站一般放在计算机房内，工作环境较好，因此不一定非要选用工业型的机器，选用普通的微型计算机或工作站就可以了，但由于工程师站要长期连续在线运行，因此其可靠性要求较高。目前，由于计算机制造技术的巨大进步，便得 IPC 的成本大幅下降，因而工程师站的计算机也多采用 IPC。

其他外设一般采用普通的标准键盘、图形显示器，打印机也可与操作员站共享。

2）工程师站的功能。系统工程师站的功能主要包括对系统的组态功能及对系统的监督功能。

组态功能：工程师站的最主要功能是对 DCS 进行离线的配置和组态工作。在 DCS 进行配置和组态之前，它是毫无实际应用功能的，只有在对应用过程进行了详细的分析、设计并按设计要求正确地完成了组态工作之后，DCS 才成为一个真正适合于某个生产过程使用的应用控制系统。系统工程师在进行系统的组态工作时，可依照给定的运算功能模块进行选择、连接、组态和设定参数，用户无须编制程序。

监督功能：与操作员站不同，工程师站必须对 DCS 本身的运行状态进行监视，包括各个现场 I/O 控制站的运行状态、各操作员站的运行情况、网络通信情况等。一旦发现异常，系统工程师必须及时采取措施，进行维修或调整，以使 DCS 能保证连续正常运行，不会因对生产过程的失控造成损失。另外还具有对组态的在线修改功能，如上、下限定值的改变，控制参数的修整，对检测点甚至对某个现场 I/O 站的离线直接操作。

在集中操作监控级这一层，当被监控对象较多时还配有监控计算机；当需要与上下层网络交换信息时还需配备网间连接器。

3. 第三层综合信息管理级

这一级主要由高档微机或小型机担当的管理计算机构成，如图 7.4 所示的顶层部分。DCS 的综合信息管理级实际上是一个管理信息系统（Management Information System，简称 MIS），由计算机硬件、软件、数据库、各种规程和人共同组成的工厂自动化综合服务体系和办公自动化系统。

MIS 是一个以数据为中心的计算机信息系统。企业 MIS 可粗略地分为市场经营管理、生产管理、财务管理和人事管理四个子系统。子系统从功能上说应尽可能独立，子系统之间通过信息而相互联系。

DCS 的综合信息管理级主要完成生产管理和经营管理功能。比如进行市场预测，经济信息分析；对原材料库存情况、生产进度、工艺流程及工艺参数进行生产统计和报表；进行长期性的趋势分析，做出生产和经营决策，确保最优化的经济效益。

目前国内使用的 DCS 重点主要放在底层与中层二级上。

4. 通信网络系统

DCS 各级之间的信息传输主要依靠通信网络系统来支持。通信网分成低速、中速以及高速通信网络。低速网络面向集散过程控制级；中速网络面向集中操作监控级；高速网络面向管理级。

用于 DCS 的计算机网络在很多方面的要求不同于通用的计算机网络。它是一个实时网络，也就是说网络需要根据现场通信的实时性要求，在确定的时限内完成信息的传送。

根据网络的拓扑结构，DCS 的计算机网络大致可分为星型、总线型和环型结构三种。DCS 厂家常采用的网络结构是环型网和总线型网，在这两种结构的网络中，各个节点可以说是平等的，任意两个节点之间的通信可以直接通过网络进行，而不需要其他节点的介入。在比较大的集散控制系统中，为了提高系统性能，也可以把集中网络结构合理地运用于一个系统中，以充分利用各网络结构的优点。

5. DCS 功能特点

由于 DCS 是多层体系结构，每层的硬件组成及其完成功能不同，因而相应的软件系统也会不同。处于高层的 DCS 综合信息管理级是一个以数据处理为中心的管理信息系统，而从自动控制的角度出发，更关心用于底层与中间层的软件系统，它主要包括控制软件包、操作显示软件包等。

（1）集散过程控制级的控制软件包：用于集散过程控制级的控制软件包为用户提供各种过程控制的功能，包括数据采集和处理、控制算法、常用运算公式和控制输出等功能模块。由于构成这一级的可能是现场控制站、PLC 或智能调节器等不同的测控装置，而且既便是同一种装置但厂家品牌、型号也可能不同，实际上支持这些硬件装置的软件平台和编程语言都不相同。归纳起来有图形化编程（包括功能块图、梯形图、顺序功能图），文本化语言（包括指令表和结构化文本），面向问题的语言（包括填表式和批处理两种）和通用的高级语言（包括 VB、VC 等）等多种。当把相应的软件安装在控制装置中，用户可以通过组态方式自由选用各种功能模块，以便构成控制系统。

（2）操作显示软件包：用于集中操作显示软件包为用户提供了丰富的人－机接口联系功能。在显示器和键盘组成的操作站上进行集中操作监视，可以选择多种图形显示画面，如总貌显示、分组显示、回路（点）显示、趋势显示、流程显示、报警显示和操作指导等画面，并可以在图形画面上进行各种操作，所以它可以完全取代常规模拟仪表盘。

需要指出的是，当前国内市场上已经成功运行着十几种通用监控组态软件。比如 KingView 组态王，通过策略组态与画面组态，可以迅速方便地在工业控制机上实现对各种现场的监测与控制，而且能支持国内最流行的 400 多种硬件设备的驱动程序，包括各种 PLC、智能仪表、板卡、智能模块、变频器以及现场总线等，而且与大型数据库软件都有很好的接口，体现了良好的通用性和灵活性。

7.2.3　DCS 控制系统的特点

DCS 继承和发展了历代模拟仪表控制和计算机控制的优点，成为过程自动化控制装置的主流，在功能上是管理集中，控制集散；在结构上是横向集散、纵向分极。不仅通过装置、位置和负荷的集散，有利于提高系统的应变能力，而且通过系统功能的集散，是危险得以集散，确保系统的可靠性。

DCS 控制系统有以下主要特点。

（1）采用分级递阶式控制。以微处理器为核心的基本控制器，不但能代替模拟仪表完成常规的模拟控制，并且能实现复杂算法控制和程序控制。在基本控制器内可采用固化的应用软件，在控制现场对输入输出数据进行数据处理，减少了信息的传输，大大减少了上级计算机的数据处理量，降低了对上级计算机的要求，使系统程序应用较为简单。

（2）采用物理上的集散结构，实现了集散控制。在现场就地安装控制器，不仅节省了输入输出电缆的长度，同时减少了传输信号的干扰。在功能上各控制器各自为政，各自独立完成各自的功能，使系统故障集散，从而使系统可靠性大为提高。

（3）具有计算机的通信系统，可实现综合控制。高速数据通道的通信系统，实现了各控制器、监控计算机和管理计算机的综合控制，通过高速数据通道，能把各自为政的控制器与监控计算机联系起来，进行协调控制。利用监控计算机的运算能力，能完成高级复杂的控制算法，以实现整体的最优化。利用管理计算机丰富的软硬件资源和信息资源，实现计划、管理、决策的最优化，从而实现整个系统控制的最优化。

（4）可设置多功能的 CRT 操作站以实现集中监控与操作。CRT 是人－机接口，要 CRT 操作站可以存取和显示多种画面，用以全面监控全部控制过程变量以及其他参数，并可直接远程操作各控制器，从而实现了集中监视和集中操作。

7.2.4　DCS 控制系统的发展趋势

技术的发展促使 DCS 系统向集成化、开放化、智能化方向发展。现场总线集成于 DCS 系统是现阶段控制网络的发展趋势。在现阶段使现场总线与传统的 DCS 系统尽可能地协同工作，这种集成方案能够灵活地系统组态，得到更广泛的、富于实用价值的应用。现场总线集成于 DCS 的方式可从三个方面来考虑。

（1）现场总线在 DCS 系统 I/O 总线上集成。DCS 的结构大致可以分为三层：管理层、监控操作层和 I/O 测控层。I/O 测控层的 I/O 总线上挂有 DCS 控制器和各种 I/O 卡件。I/O 卡件用于连接现场仪表，而 DCS 控制器负责现场控制。其关键是将一个现场总线接口卡挂在 DCS 的 I/O 总线上，现场总线的数据信息通过此卡映射为 DCS 的 I/O 总线可以接受的相应数据信息（如基本测量值、报警值或工艺设定等），使得在 DCS 控制器所看到的现场总线来的信息就如同来自一个传统的 DCS 设备卡一样。这种方案主要可用于 DCS 系统已经安装稳定运行，而用现场总线对原系统的控制进行小容量扩充的场合。此外，本方案也可适用于 PLC 系统。它的优点是：结构比较简单，只需安装现场总线接口卡，无需改变或升级 DCS 系统；采用低成本的 PC 作为现场总线组态、诊断的接口单元。

（2）现场总线与 DCS 系统网络层的集成。除了在 I/O 总线上的集成方案，还可以在更高一层的 DCS 网络层上集成现场总线系统。在这种方案中，现场总线接口卡是挂在 DCS 的上层 LAN 上。通过现场总线接口单元连接到 DCS 网络上，现场设备中用于控制、计算的各种功能块操作信息可以在 DCS 控制台中获取和更改。通过接口单元提供的服务，DCS 操作站能获取更多的现场设备信息。

（3）现场总线通过网关与 DCS 系统的集成。通过专门设计的网关接口实现现场总线网络和 DCS 系统的完全双向连接，便于实现现场总线和 DCS 的协调控制。此外，在这种集成方式下，现场总线的控制功能更加独立，可以构成一个脱离 DCS 的完整的控制系统。

可以预见，未来的 DCS 将采用智能化仪表和现场总线技术，从而彻底实现集散控制，并可节约大量的布线费用，提高系统的易展性。基于 PC 机的解决方案将使控制系统更具有开放性。总之，DCS 通过不断采用新技术将向标准化、开放化、通用化的方向发展。

7.3 现场总线控制系统

现场总线控制系统（Fieldbus Control System，简称 FCS）是一种以现场总线为基础的分布式网络自动化系统，它既是现场通信网络系统，也是现场自动化系统。现场总线和现场总线控制系统（FCS）的产生，不仅变革了传统的单一功能的模拟仪表，将其改为综合功能的数字仪；而且变革了传统的计算机控制系统（DDC，DCS），将输入、输出、运算和控制功能集散分布到现场总线仪表中，形成了全数字的彻底的集散控制系统。

7.3.1 概述

根据国际电工委员会（IEC）和美国仪表协会（ISA）的定义：现场总线是连接智能现场设备和自动化系统的数字、双向传输、多分支结构的通信网络，它的关键标志是能支持双向多节点、总线式的全数字通信，具有可靠性高、稳定性好、抗干扰能力强、通信速率快、系统安全、造价低廉、维护成本低等特点。

国际电工协会（IEC）的 SP50 委员会对现场总线有以下三点要求。

（1）同一数据链上过程控制单元（PCU）、PLC 等与数字 I/O 设备互连。

（2）现场总线控制器可对总线上的多个操作站、传感器及执行机构等进行数据存取。

（3）通信媒体安装费用较低。

SP50 委员会提出的两种现场总线结构模型是：

（1）星型总线用短距离、廉价、低速率电缆取代模拟信号传输线。

（2）总线型总线数据传输距离长、速率高，采用点对点、点对多点和广播式通信方式。

7.3.2 现场总线控制系统体系结构

如图 7.5 所示，最底层的 Infranet 控制网即 FCS，各控制器节点下放集散到现场，构成一种彻底的分布式控制体系结构，网络拓扑结构任意，可为总线形、星形、环形等，通信介质不受限制，可用双绞线、电力线、无线、红外线等各种形式。FCS 形成的 Infranet 控制网很容易与 Intranet 企业内部网和 Internet 全球信息网互连，构成一个完整的企业网络三级体系结构。

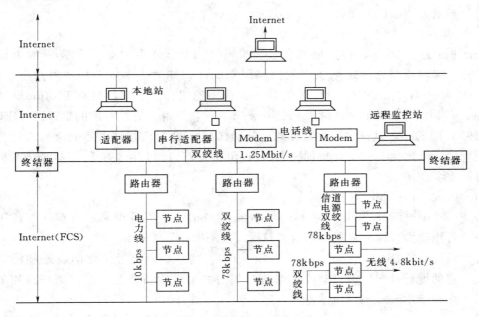

图 7.5　现场总线控制系统结构

7.3.3 现场总线控制系统的特点

1. 开放性和可互操作性

开放性意味 FCS 将打破 DCS 大型厂家的垄断，给中小企业发展带来了平等竞争的机遇。可互操作性实现控制产品的"即插即用"功能，从而使用户对不同厂家工控产品有更多的选择余地。

2. 彻底的集散性

彻底的集散性意味着系统具有较高的可靠性和灵活性，系统很容易进行重组和扩建，且易于维护。

3. 低成本

衡量一套控制系统的总体成本，不仅考虑其造价，而且应该考察系统从安装调试到运行维护整个生命周期内总投入。相对 DCS 而言，FCS 开放的体系结构和 OEM 技术将大大缩短开发周期，降低开发成本，且彻底集散的分布式结构将 1 对 1 模拟信号传输方式变为 1 对 N 的数字信号传输方式，节省了模拟信号传输过程中大量的 A/D、D/A 转换装置、布线安装成本和维护费用。因此从总体上来看，FCS 的成本大大低于 DCS 的成本。

可以说，开放性、集散化和低成本是现场总线最显著的三大特征，它的出现将使传统的自动控制系统产生划时代的变革，这场变革的深度和广度将超过历史上任何一次变革，必将开创自动控制的新纪元。

7.3.4   几种常用的现场总线

现场总线发展迅速，现处于群雄并起、百家争鸣的阶段。目前已开发出有 40 多种现场总线，如 Interbus、Bitbus、DeviceNet、MODbus、Arcnet、P－Net、FIP、ISP 等，其中最具影响力的有以下几种。

1. Profibus

Profibus 是 1987 年，德国联邦科技部集中了 13 家公司的 5 个研究所的力量，按 ISO/OSI 参考模型制订的现场总线的德国国家标准，其主要支持者是德国西门子公司，并于 1991 年 4 月在 DIN19245 中发表，正式成为德国标准。开始只有 Profibus－DP 和 Profibus－FMS，1994 年又推出了 Profibus－PA，它引用了 IEC 标准的物理层（IEC1158－2，1993 年通过），从而可以在有爆炸危险的区域（EX）内连接本质安全型通过总线馈电的现场仪表，这使 Profibus 更加完善。Profibus 已于 1996 年 3 月 15 日批准为欧洲标准 EN50170 的第 2 卷。

（1）组成：Profibus 有三个部分组成。

1）Profibus－FMS（Field Message Specification）。主要是用来解决车间级通用性通信任务。可用于大范围和复杂的通信。总线周期一般小于 100ms。

2）Profibus－DP（Decentralized Periphery）。这是一种经过优化的高速和便宜的通信总线，它的设计是专门为自动控制系统与集散的 I/O 设备级之间进行通信使用的。总线周期一般小于 10ms。

3）Profibus－PA（Process Automation）。是专门为过程自动化设计的，它可使传感器和执行器按在一根共用的总线上，甚至在本质安全领域也可接上。根据 IEC1158－2 标准，Profibus－PA 用双线进行总线供电和数据通信。

图 7.6 为 Profibus 组成说明，图 7.7 为 Profibus 的应用范围。Profibus 支持多主站通信（令牌方式）和主—从通信。

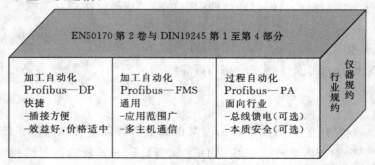

图 7.6 Profibus 的组成部分

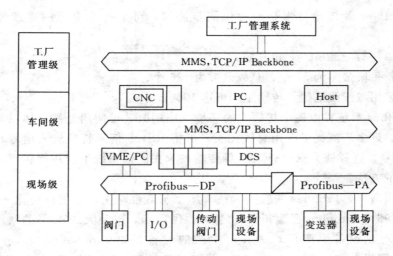

图 7.7 Profibus 应用范围

（2）协议结构。Profibus 协议结构是根据 ISO7498 国际标准以 OSI 作为参考模型的。但省略了 3～6 层，同时又增加了服务层。

Profibus—DP 使用了第一层（物理层），第二层（数据链路层）和用户接口，第三层到第七层未加以描述。这种结构确保了数据传输的快速和有效进行，直接数据链路映象（DDLM）为用户接口易于进入第二层。用户接口规定了用户系统以及不同设备可调用的应用功能，并详细说明了各种不同 Profibus—DP 设备的设备行为，还提供了传输用的 RS485 传输技术或光纤传输技术。

Profibus—FMS：对第一层、第二层和第七层（应用层）均加以定义。

Profibus—PA：采用了扩展的 DP 协议。另外还使用了描述现场设备行为的 PA 规约。根据 IEC1158—2 标准，这种传输技术可确保其本质的安全性并通过总线给现场设备供电。使用分段式耦合器，Profibus—PA 设备能很方便地集成到 Profibus—DP 网络上。

Profibus—DP 和 Profibus—FMS 系统使用了同样的传输技术和统一的总线访问协议，因而这两套系统可在同一根电缆上同时操作。

（3）传输技术。Profibus 提供了三种类型的传输：①用于 DP 和 FMS 的 RS—485 传输；②用于 PA 和 IEC1158—2 传输；③光纤（FO）。

1）RS485 传输是 Profibus 最常用的一种传输技术，这种技术通常称为 H2。采用屏蔽双绞铜线，共用一根导线对。线性总线结构允许站点增加或减少，而且系统的分步投入也不会影响到其他站点的操作。后增加的站点对已投入运行的站点没有任务影响。

传输速率可选：9.6kbit/s 和 12Mbit/s 之间。

站点数：每分段 32 个站，不带中继器；带中继器可多达 127 个站。

传输距离：

波特率（kbit/s）	9.6	19.2	93.75	187.5	500	1500	12000
距离/段（m）	1200	1200	1200	1000	400	200	100

2）IEC1158－2 传输技术是一种位同步协议，可进行无电流的连续传输，通常称为 H1。

传输速率：31.25kbit/s，电压式。

站点数：每段最多为 32 个，总数最多为 126 个。

距离：采用双绞线电缆，传输距离可达 1900m。

3）Profibus 系统在电磁干扰很大的环境下应用时，可使用光纤导体以增加高速传输的最大距离。许多厂商提供专用总线插头，可将 RS485 信号转换成光信号和光信号转换成 RS485 信号，这样就为 RS485 和光纤传输技术在同一系统上使用提供了一套开关控制的十分简便的方法。

（4）应用情况。Profibus 的应用包括了加工制造自动化、过程自动化和楼宇自动化。据调查在 1996 年 Profibus 已赢得了 43％的德国市场，以及大约 41％的欧洲市场。目前各主要的自动化设备生产厂均为其所生产的设备提供 Profibus 接口，产品范围包括 1000 多种不同设备和服务，约有 200 种设备已经认证。Profibus 已在全世界十多万的实际应用中取得成功。到 1997 年 1 月为止，安装的 Profibus 芯片已超过 100 万台。

2. FF（Fundation Fieldbus）基金会现场总线

现场总线基金会是一个国际性的组织，有 120 多个成员，包括了全球主要的过程控制产品的供应商，基金会成员生产的变送器、DCS 系统、执行器、流量仪表占世界市场的 90％。

FF 是迫于用户的压力于 1994 年 6 月由 ISP 与 WorldFIP（北美）合并成立的现场总线基金会。

ISP 是可互操作系统协议（Interoperable System Protocol，简称 ISP），它基于德国的 Profibus 标准，成立于 1992 年 9 月，当时有 100 多个公司参加，其中以仪表厂为多，由 Fisher Rosemount 公司牵头。WorldFIP 是工厂仪表世界协议（World Factory Instrumentation Protocol）的简称，它基于法国的 FIP 标准，由 Honeywell 公司牵头，也有 100 多个公司参加，不少是 PLC 制造厂。

（1）FF 的拓扑结构（图 7.8）。

基于 H1 标准的低速现场总线

· 31.25kbit/s

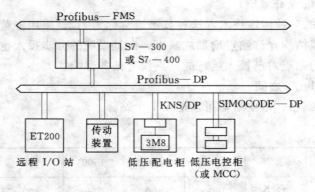

· 2～32 个设备/段
· 供电与通信
· 本质安全
· 双绞线 1900m（最大）
· 适用于过程设备的基层总线。

基于 H2 标准的高速现场总线
· 1Mbit/s/2.5Mbit/s 速率
· 可集成多达 32 条 H1 总线
· 冗余
· 双绞线 750m/500m。

图 7.8　FF 的拓扑结构

· 支持 PLC 和加工工业设备

（2）FF 的协议结构。FF 应用了 ISO/OSI 模型的第一层、第二层和第七层（应用层），再在应用层上加上了用户层。FF 的物理层符合 IEC1158－2 标准，采用 IEC1158－2 技术。

（3）FF 特点。由于世界上一些大的仪表公司都参加了 FF，因此 FF 开发的现场总线产品在品种与性能上都能满足过程控制的要求，而且使用方便，FF 具有很好的可互操作性和可互换性，可互操作性就是来自同厂家的设备可以相互通信并且可以在多厂家的环境中完成功能，可互换性就是来自不同厂家的设备在功能上可以用同类设备互换。

（4）应用情况。1997 年，由多个供应商提供的基于 H1 标准的小的试验系统被用于培训和技术确认，并已在世界上试用。

3. CAN（Controller Area Network）

CAN 是由 Robent Bosch 公司为汽车制造工业而开发的，是开放的通信标准，包括 ISO/OSI 模型的第一层和第二层，由不同的制造者扩展第七层，CIA（CAN In Automation）组织发展了一个 CAN 应用层（CAL）并由此规定了器件轮廓，以联网相互可操作的以 CAN 为基础的控制器件，或使 EIA 模块相互可操作。

CAN 目前已由 ISO/TC22 技术委员会批准为国际标准 ISO11898（通信速率小于 1Mbit/s）和 ISO11519（通信速率不大于 125kbit/s），在现场总线中，目前是唯一被批准为国际标准的现场总线。但 IEC 下面的 TC22 是分管电力电子的技术委员会，而工业自动化的现场总线则是由 IEC 的 TC65 所分管，须经 TC65 的批准才行。

（1）CAN 的协议结构。采用 ISO/OSI 模型的第一层、第二层和第七层。

（2）CAN 的特点。

1）废除了传统的站地址编码而代之以对通信数据块进行编码。

2）采用双绞线，通信速率高达 1Mbit/s/（40m），直接传输距离最远可达 10km（5kbit/s）。可挂设备最多可达 110 个。

3）信号传输采用短帧结构，每一帧有效字节数为 8 个，因而传输时间短，受干扰的概率低。当节点严重错误时，具有自动关闭的功能，以切断该接点与总线的联系，使总线上的其他接点及其通信不受影响，具有较强的抗干扰能力。

4）CAN 支持多主站方式，网络上任何接点均可在任何时刻主动向其他接点发送信息，支持点对点，一点对多点和全局广播方式接收/发送数据。CAN 采用总线仲裁技术，当出现几个节点同时在网络上传输信息时，优先级高的节点继续发送数据，而优先级低的节点则主动停止发送，从而避免总线冲突。

5）CAN 不能用于防爆区。

（3）应用情况。CAN 目前主要用于汽车、公共交通的车辆、机器人、液压系统及集散型 I/O 五大行业。此外 Allen－Bradley 以及 Honeywell、Micro Switch 在 CAN 基础上发展了特殊的应用层，组成了 A—B 公司的 Device Net 和 Honey Well 公司的 SDS（智能集散系统）现场总线。由于 CAN 的帧短，速度快，可靠性强，比较适合用于开关量控制的场合，故 CAN 的销量在增加，据欧洲市场调查，CAN 占有率从 1994 年的 5％增加到 1996 年的 9％。

4. WorldFIP

成立于 1987 年 3 月；是以法国几个跨国公司为基础，开发了 FIP（工厂仪表协议）现场总线系列产品。到目前为止，WorldFIP 协会拥有 100 多个成员，这些成员生产 300 多个 WorldFIP 现场总线产品。WorldFIP 产品在法国市场占有率大于 60%，在欧洲市场占有大约 25% 的份额。这些产品广泛用于发电及输配电、加工制造自动化、铁路运输过程自动化等领域，1996 年 6 月成为欧洲标准 EN50170 第 3 卷。

用 WorldFIP 构成的系统分为三级，即过程级、控制级和监控级。用单一的 World-FIP 总线可以满足过程控制、工厂制造加工系统和各种驱动系统的需要。

WorldFIP 的协议结构是由 ISO/OSI 模型的第一层、第二层和第七层构成。其中第一层物理层符合 IEC1158－2 标准。

传输媒体可以是屏蔽双绞线或光纤。

传输速率可分为：

（1）31.25kbit/s 用于过程控制。

（2）1Mbit/s 用于加工制造系统。

（3）2.5Mbit/s 用于驱动系统。

标准速率为 1Mbit/s，使用光纤时最高速率可达 5Mbit/s。

目前 WorldFIP 的总线产品有法国 CEGELEC 公司的 Alspa－8000 系统，Schneider 公司的 Modicon－TBXplc 系统，GEC－ALSTHOM 公司的 S－900 SCADA 系统等。

5. DeviceNet

DeviceNet 是一种低成本的现场总线链路，将工业设备（如：限位开关、光电传感器、阀组、电动机起动器、过程传感器、条形码读取器、变频驱动器、面板显示器和操作员接口）连接到网络，从而免去了昂贵的硬接线。DeviceNet 是一种简单的网络解决方案，在提供多供货商同类部件间的可互换性的同时，减少了配线和安装工业自动化设备的成本和时间。DeviceNet 的直接互连性不仅改善了设备间的通信，而且同时提供了相当重要的设备级诊断功能，这是通过硬接线 I/O 接口很难实现的。

DeviceNet 总线技术具有网络化、系统化、开放式的特点，DeviceNet 总线的组织机构是"开放式设备网络供货商协会"，简称"ODVA"（Open DeviceNet Vendor Association）。ODVA 是一个独立组织，管理 DeviceNet 技术规范，促进 DeviceNet 在全球的推广与应用。ODVA 实行会员制，会员分供货商会员（Vendor members）和分销商会员（Distributor member）。ODVA 现有供货商会员 300 多个，其中包括 ABB、Rockwell、Phoenix Contacts、Omron、Hitachi、Cutler－Hammer 等几乎所有世界著名的电器和自动化元件生产商。ODVA 的作用是帮助供货商会员向 DeviceNet 产品开发者提供技术培训、产品一致性试验工具和试验，支持成员单位对 DeviceNet 协议规范进行改进；出版符合 DeviceNet 协议规范的产品目录，组织研讨会和其他推广活动，帮助用户了解掌握 DeviceNet 技术；帮助分销商开展 DeviceNet 用户培训和 DeviceNet 专家认证培训，提供设计工具，解决 DeviceNet 系统问题。

DeviceNet 的网络结构如图 7.9 所示。

DeviceNet 可以归纳出以下一些技术特点。

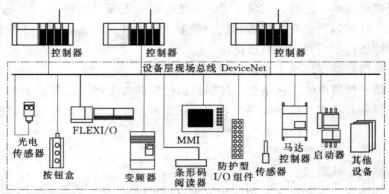

图 7.9 DeviceNet 的网络结构

（1）最大 64 个节点。

（2）125～500kbit/s 通信速率。

（3）点对点，多主或主/从通信。

（4）可带电更换网络节点，在线修改网络配置。

（5）采用 CAN 物理层和数据链路层规约，使用 CAN 规约芯片，得到国际上主要芯片制造商的支持。

（6）支持选通、轮询、循环、状态变化和应用触发的数据传送。

（7）低成本、高可靠性的数据网络。

（8）既适用于连接低端工业设备，又能连接像变频器、操作终端这样的复杂设备。

（9）采用无损位仲裁机制实现按优先级发送信息。

（10）具有通信错误分级检测机制、通信故障的自动判别和恢复功能。

（11）得到众多制造商的支持，如 Rockwell、OMRON、Hitachi、Cutter－Hammer、Mithileichi 等。DeviceNet 制造商协会拥有 300 多个会员遍布世界各地。

2002 年 12 月 1 日发行的国家标准化管理委员会通报中，公布了 DeviceNet 现场总线已被批准为国家标准。DeviceNet 中国国家标准的编号为 GB/T 18858.3—2002，名称为《低压开关设备和控制设备 控制器－设备接口（CDI）第 3 部分：DeviceNet》。该标准于 2002 年 10 月 8 日被批准，并于 2003 年 4 月 1 日开始实施。

6. ASI

执行器传感器接口（Actuator Sensor Interface，简称 ASI）总线是自动化系统中最低层级的现场总线。它是一种开发式与生产商无关的总线，适用于二值传感器和执行器的联网。

ASI 总线的优点：

（1）不再需要传感器/执行器与较高级的控制器之间的大量连接线，代之以一根二芯电缆线。

（2）不需要参数化的软件。

（3）在电气和机械方面都是标准化的，与生产商无关。

（4）应用穿刺法接触连接，安装简单、快速，极性不可能接错。

（5）接口芯片可以集成在传感器和执行器上，以提高其监视和故障分析能力。

（6）防护等级高，可在现场直接应用。

（7）具有自检测功能，抗干扰能力强。

ASI 总线是一种简单的主从系统，控制数据传输的每个线路段只有一个主设备。主设备依次查询从设备并要求从设备应答。它采用固定的报文长度和数据格式，识别过程是不必要的。

ASI 总线的主要技术数据如下。

（1）网络结构：线形或树型结构。

（2）传输媒体：数据和电源共用的无屏蔽双线电缆（$2 \times 1.5 \text{mm}^2$）。

（3）连接方法：采用穿刺法。

（4）最大电缆长度：无中继器/扩展器时为 100m，有中继器/扩展器时为 300m。

（5）最大循环时间：当完全配置时为 5ms。

（6）最大站点数：31 个。

（7）二值传感器/执行器数：

124 个（当用 4 输入，4 输出，2 输入/2 输出或 2×2 数模块时，即 4×31 个）。

248 个（当用 4 输入/4 输出模块时，即 8×31 个）。

（8）访问方法：循环查询主—从方法，从主设备（PLC、PC）循环采集数据。

（9）错误纠正：数据采集包含对错误报文的识别和重发。

7. Interbus

Interbus 是一种器件级现场总线，它是德国 PhoenixContact 公司（一种中小型私人企业）研究和开发的，在 1987 年正式公布，1996 年成为 DIN19825 标准，1998 年成为 EN50254 欧洲标准，目前已成为 IEC61158 国际标准。它快速、准确（令牌传递、环形拓扑），最多可连接 512 个"远程"节点，每段距离为 400m。Interbus 也允许次级有 10m 的回路环，在这些"本地"总线中，远程和本地可应用相同的芯片，但节点不能相互交换数据。

到 1997 年底，Interbus 已有 125000 多个应用项目和 170 万个联网的节点。Interbus 俱乐部有 700 多家制造商支持、400 多家会员单位，主要应用于汽车、印刷、物资搬运和机床等。

综合上述，现将上述部分现场总线技术特点总结如表 7.1 所示。

表 7.1　　　　　　　　　部分现场总线技术特点总结

现场总线	特　　点	应　　用
Profibus—DP	传输速率 9.6～12kbit/s 传输距离 100～1200m 传输介质 双绞线或光缆	支持 Profibus—DP 总线的智能电气设备、PLC 等，适用于过程顺序控制和过程参数的监控
FF	传输速率 31.25kbit/s 传输距离 1900m 传输介质 双绞线或光缆	现场总线仪表，执行机构等过程参数的监控

续表

现场总线	特　点	应　用
CAN	传输速率 5～500kbit/s 传输距离 40～500m 传输介质 两芯电缆	汽车内部的电子装置控制，大型仪表的数据采集和控制
WorldFIP	传输速率 31.25～2500kbit/s 传输距离 500～5000m 传输介质 双绞线或光缆	可应用于连续或断续过程的自动控制
DeviceNet	传输速率 125、250、500kbit/s 传输距离 100～500m 传输介质 五芯电缆	适用于电器设备和控制设备的设备级网络控制，以及过程控制和顺序控制设备等
Interbus	传输速率 500kbit/s～12Mbit/s 传输距离 100m 传输介质 同轴电缆或者光缆	车间设备和 PLC 网络控制
ControlNet	传输速率 5Mbit/s 传输距离 100～400m 传输介质 双绞线	车间级网络控制和 PLC 网络控制
LonWorks	传输速率 78～1250kbit/s 传输距离 130～2700m 传输介质双绞线或电力线	由于智能神经元节点技术和电力载波技术，可广泛应用于电力系统和楼宇自动化

7.4　工业以太网控制系统

工业以太网是基于 IEEE802.3 Ethernet 的强大的区域和单元网络。利用工业以太网，Simatic Net 提供了一个无缝集成到新的多媒体世界的途径。企业内部互联网 Intranet，外部互联网 Extranet，以及国际互联网 Internet 提供的广泛应用不但已经进入今天的办公室领域，而且还可以应用于生产和过程自动化。继 10M 波特率以太网成功运行之后，具有交换功能，全双工和自适应的 100M 波特率快速以太网 Fast Ethernet，符合 IEEE802.3u 的标准也已成功运行多年。采用何种性能的以太网取决于用户的需要。通用的兼容性允许用户无缝升级到新技术。

7.4.1　概述

以太网是按 IEEE802.3 标准的规定，采用带冲突检测的载波侦听多路访问方法（CS-MA/CD）对共享媒体进行访问的一种局域网协议，对应于 ISO/OSI 七层参考模型中的物理层和数据链路层。以太网的传输介质为同轴电缆、双绞线、光纤等，采用总线型或星型拓扑结构，传输速率为 10Mbit/s，100Mbit/s，1000Mbit/s 或更高。在办公和商业领域，以太网是最常用的通信网络。近些年来，随着以太网技术的快速发展，以太网技术开始广泛应用于工业控制领域。一般来讲，工业以太网是专门为工业应用环境设计的标准以太网。工业以太网在技术上与商用以太网（即 IEEE802.3 标准）兼容，工业以太网和标准以太网的异同可以比之与工业控制计算机和商用计算机的异同。

7.4.2　工业以太网技术的现状

1. 以太网技术在工业控制领域中的优势及特点

在工业控制领域中，随着控制系统规模的不断增大，被控对象、测控装置等物理设备地域集散性也越来越明显，集中控制系统已经不能满足要求。集散控制系统和其后出现的现场总线控制系统就是顺应这一趋势发展起来的技术，并在一定程度上解决了这一问题。但是，1999 年现场总线技术标准 IEC—61158 出台，8 种现场总线都成为 IEC 的现场总线技术标准，其实质是没有真正统一的通信标准。因此，世界各大工控厂商纷纷寻找其他途径以求解决扩展性和兼容性的问题，于是目前在信息网络中广泛应用的以太网成为首选的目标。

以太网是当今最流行、应用最广泛的通信技术，具有价格低、多种传输介质可选、高速度、易于组网应用等优点，而且其运行经验最为丰富，拥有大量安装维护人员，是一种理想的工业通信网络。其优势及特点主要体现如下几个方面。

(1) 基于 TCP/IP 的以太网是一种标准的开放式通信网络，不同厂商的设备很容易互联。这种特性非常适合于解决控制系统中不同厂商设备的兼容和互操作等问题。

(2) 低成本、易于组网是以太网的优势。以太网网卡价格低廉，以太网与计算机、服务器等接口十分方便。以太网技术人员多，可以降低企业培训维护成本。

(3) 以太网具有相当高的数据传输速率，可以提供足够的带宽。而且以太网资源共享能力强，利用以太网作现场总线，很容易将 I/O 数据连接到信息系统中，数据很容易以实时方式与信息系统上的资源、应用软件和数据库共享。

(4) 以太网易与 Internet 连接。在任何城市、任何地方都可以利用电话线通过 Internet 对企业生产进行监视控制；另外，以太网作为目前应用最为广泛的计算机网络技术，受到了广泛的技术支持。几乎所有的编程语言都支持以太网的应用开发，具有多种开发工具可供选择。

(5) 可持续发展潜力大。以太网是目前最为广泛应用的计算机网络，它的发展一直受到广泛的重视和大量的技术支持。工业控制网络采用以太网技术，就可以避免其发展游离于计算机网络技术的发展主流之外。并且工业控制网络与信息网络技术相互结合、相互促进，共同发展，可以保证技术上的可持续发展，避免将来在技术升级时的再次投入。

随着经济的发展和自动化技术的进步，企业综合自动化、管控一体化成为企业生存和发展的必由之路。以太网方便实现办公自动化网络与工业控制网络的无缝连接的优势可以使电子商务与工业生产控制紧密结合，实现企业管控一体化。

2. 以太网应用于工业现场存在的主要问题

(1) 信息传输存在实时性差和不确定性。工业控制网络要求具有比较高的实时性和确定性。而以太网采用带冲突检测的载波侦听多路访问协议 CSMA/CD 以及二进制指数退避算法 BEB，因此必然导致信息传送的滞后，因其时间滞后是随机的，这说明实质上以太网是一种非确定性的网络系统。因此，对于响应时间要求严格的控制过程会存在产生碰撞的可能性，造成响应时间的不确定性，使信息不能按要求正常传递，无法满足工业控制网络所要求的数据传输的实时性和确定性。

(2) 以太网的可靠性差。安装在工业现场的设备应该具有高可靠性，即能够抗冲击、耐振动、耐腐蚀、防尘、防水以及具有比较好的电磁兼容性。而传统的以太网主要应用于办公自动化领域，其所用插接件、集线器、交换机和电缆等都是为办公室应用而设计的，抗干扰能力差，难以满足工业现场的恶劣环境要求。

（3）缺乏应用于工业控制领域的应用层协议。以太网标准仅仅定义了 ISO/OSI 参考模型的物理层和数据链路层，即使再加上 TCP/IP 协议也只是提供了网络层和传输层的功能。两个设备要想正常通信必须使用相同的语言规则，也就是说还必须有统一的应用层协议。目前，商用计算机通信领域采用的应用层协议主要是 FTP 文件传输协议，Telnet 远程登录协议，SMTP 简单邮件传输协议，HTTP 超文本传输协议等。这些协议所规定的数据结构等特性不符合工业控制现场设备之间的实时通信要求。因此，必须制定统一的适用于控制领域的应用层协议。

3. 工业以太网技术的改进

（1）信息传输实时性和确定性的改进。最近几年来，以太网技术以来有了长足的进步。其中，交换式以太网技术、高速以太网技术、虚拟局域网（VLAN）技术、全双工通信技术、IP 的服务质量（QOS）技术的发展与相互结合和应用，大大地提高了以太网系统中信息传输的实时性、确定性。

1）采用以太网交换机，将网络分成若干网段，以太网交换机具有数据存储、转发功能，使各端口之间的输入输出的数据帧能够得到缓冲，不再发生冲突；同时交换机还对网络上传输的数据进行包过滤，使每个网段内节点之间数据的传输仅限于本地网段内进行，而不需要经过主干网，也不占用其他网段的带宽，从而降低了所有网段和主干网的网络负荷。

2）以太网的通信速率从 10Mbit/s，100Mbit/s 发展到现在的 1000Mbit/s，10Gbit/s，在数据吞吐量相同的情况下，通信介质的占用时间大大降低，有效地降低了网络碰撞的概率。

3）在应用过程中，系统可采用全双工通信技术可以使端口之间的两对双绞线（或光纤）分别同时接收和发送数据，从而使系统不再受到 CSMA/CD 的约束，这样，任一节点发送报文帧时不会再发生碰撞，冲突域也就不复存在，不会产生方式冲突。还可以采用虚拟局域网（VLAN）技术对网络系统进行不同的功能层、不同的部门区分的逻辑划分，增强网络系统中数据传输的实时性、安全性和确定性。IP 的服务质量（QOS）技术的应用则能使我们在网络系统中区分实时和非实时数据，识别数据的优先级，实时监控网络系统中实时数据传输，优化、控制网络通信负荷，提高系统中数据传输的实时性、确定性。

（2）通信可靠性的改进。为了适应工业现场恶劣环境的要求，一些厂家已经推出了工业级的以太网设备，用以提高以太网的可靠性。在实际应用中，主干网络可采用光纤传输，现场设备的连接可采用屏蔽双绞线。对于重要的网段和节点的通信器件采用冗余配置和自动无扰切换，在可能的情况下配置一个实时监控软件，不断监视整个网络的通信状况以及每一个节点的软硬件工作情况，一旦发现异常，就能够迅速将故障节点隔离开来，并做出相应报警。所有这些手段都可以有效地提高以太网通信的可靠性和稳定性。

（3）工业以太网协议。由于商用计算机普遍采用的应用层协议不能适应工业过程控制领域现场设备之间的以太网要求,所以必须在以太网和 TCP/IP 协议的基础上,建立完整有效的通信服务模型,制定有效的以太网服务机制,协调好工业现场控制系统中实时与非实时信息的传输,形成被广泛接受的应用层协议,也就是所谓的工业以太网协议。目前已经制定的工业以太网协议有 Modbus/TCP、ProfiNet、Ethernet/IP、HSE 等。

1) 法国施奈德公司推出透明工厂的战略使其成为工业以太网应用的坚决倡导者,该公司于 1999 年公布了 Modbus/TCP 协议。Modbus/TCP 协议以一种非常简单的方式将 Modbus 帧嵌入 TCP 帧中。这是一种面向连接的方式,每一个呼叫都要求一个应答。这种呼叫/应答的机制与 Modbus 的主从机制相互配合,使交换式以太网具有很高的确定性。利用 TCP/IP 协议,通过网页的形式可以使用户界面更加友好,并且利用网络浏览器就可以查看企业网内部的设备运行情况。施奈德公司已经为 Modbus 注册了 502 端口,这样就可以将实时数据嵌入到网页中,通过在设备中嵌入 Web 服务器,就可以将 Web 浏览器作为设备的操作终端。

2) 德国西门子公司于 2001 年发布其工业 Ethernet 的规范,称为 ProfiNet。该规范主要包括三方面的内容。

a. 基于组件的对象模型 COM 的分布式自动化系统。

b. 规定了 ProfiNet 现场总线和标准以太网之间开放透明通信。

c. 提供了一个独立于制造商,包括设备层和系统层的模型。ProfiNet 的基础是组件技术,在 ProfiNet 中,每一个设备都被看成是一个具有 COM 接口的自动化设备,同类设备都具有相同的 COM 接口。在系统中可以通过调用 COM 接口来调用设备功能。组件对象模型使不同制造商遵循同一个原则创建的组件之间可以混合使用,简化了编程。每一个智能设备都有一个标准组件,智能设备的功能通过对组件进行特定的编程来实现。同类设备具有相同的内置组件,对外提供相同的 COM 接口。为不同设备的厂家之间提供了良好的互换性和互操作性。

3) 美国罗克韦尔公司于 2000 年颁布工业 Ethernet 规范,称为 Ethernet/IP。Ethernet/IP 是一种工业网络标准,它很好地采用了当前应用广泛的以太网通信芯片以及物理媒体。IP 代表 Industrial Protocol,以此来与普通的以太网进行区别。它是将传统的以太网应用于工业现场层的一种有效方法,允许工业现场设备交换实时性强的数据。Ethernet/IP 模型由 IEEE802.3 标准的物理层和数据链路层、以太网 TCP/IP 协议和控制与信息协议 CIP 三部分组成。CIP 是一个端到端的面向对象并提供了工业设备和高级设备之间的连接的协议,CIP 有两个主要目的,一是传输同 I/O 设备相联系的面向控制的数据,二是传输同其他被控系统相关的信息,如组态、参数设置和诊断等。CIP 协议规范主要由对象模型、通用对象库、设备行规、电子数据表、信息管理等组成。

基金会现场总线 FF 于 2000 年分布工业 Ethernet 规范,称为 HSE。HSE 是以太网协议 IEEE802.3、TCP/IP 协议族和 FF H1 的结合体。FF 现场总线基金会将 HSE 定位于实现控制网络与 Ethernet 的集成。由 HSE 连接设备将 H1 网段信息传输到以太网的主干网上,这些信息可以通过互联网送到主控室,并进一步送到企业的 ERP 和管理系统。操作员可以在主控室直接使用网络浏览器查看现场运行情况,现场设备也可以通过网络获得控制信息。

7.4.3 工业以太网控制的应用

1. 以太网的应用示例

随着生产过程自动化水平的提高及网络建设的同步跟进，不少企业网络已覆盖到企业的各厂和各个车间，使现场设备层及生产监控层的 DCS、PLC 系统各个功能有可能得到更好地利用，为充分发挥信息在企业管理中的效益提供了良好的环境。因此建立统一的信息管理平台，使有使用价值的信息不致沉淀及流失，从更高层次发挥管理信息的效益是高层管理人员普遍关注的。信息平台建设是为指导发展生产服务的，为了提高科学管理和决策水平，建设重点应放在主线上。现以某冶炼企业为例，由于系统相当庞大和复杂，在企业平台建设中，以下子系统被考虑成重点建设对象。

(1) 生产计划管理系统。它可以按照各种生产指标并根据公司的生产能力制定出公司的年、季、月产品产量计划和各种消耗定额等；按照产品产量计划及消耗定额，编制原、燃料、水电消耗计划；按照产品产量计划制定各部门的工作计划。

(2) 生产调度指挥系统。它是整个生产管理的智能管理中心，是集数据通信、处理、采集、协调、图文显示为一体的综合数据应用系统，能在各种情况下准确、可靠、迅捷地做出反应及时处理生产过程中产生的问题，协调各车间工作，达到实时、合理监控的目的。为各级管理者提供实时生产信息（过程数据、分析数据），精确地监视生产过程，以提高生产过程控制水平和设备的监控能力。

(3) 办公自动化系统。它通过文件管理、信息服务、个人事宜和办公管理等子功能模块以实现文件的起草、校稿、批阅和存档以及公司会议的通知、记录等形式的自动化办公。

(4) 财务管理系统。它采用专用财务管理软件，由专业财务人员进行操作。它将有关财务管理软件进行无缝集成，以方便使用和维护。

(5) 物资管理系统。物资管理就是通过用料申请计划、采购、仓储、保管、领用等活动，解决物资供需之间存在的时间、空间、数量、品种、规格以及价格和质量等方面的矛盾，衔接好生产中的各个环节，确保生产的顺利进行。

(6) 设备管理系统。通过设备管理系统，设备管理部门可以对各车间的设备进行信息管理，包括查看设备的运行状况，对设备安排检修，查看设备的检修记录，添加设备，报废设备等操作。

(7) 视频监控系统。通过遍布各个关键岗位的摄像头，可以实时地监控各关键岗位的工作情况以及重要设备运行情况，并保存（如大约1周左右的）录像资料。

由于信息管理平台具备相关生产工艺过程基本数据的采集、传输、处理、显示与化验数据分析、统计等功能，对生产调度、生产指挥、生产协调起到了积极的作用，最终，使反映生产工艺过程的基础数据得到及时反映，为生产过程中出现问题快速做出决策，提供了积极的手段和方法，增加了处理问题的灵活性、机动性。更为关键的是，借助生产信息化管理系统，给管理人员注入了新的生产管理理念，同时也为企业带来了明显的经济效益。

2. 系统设计原则

生产管理信息系统，是集"管、调、控、监"于一体的自动化系统。系统设计中，应遵循"安全可靠、经济实用、整体技术先进"的原则。安全可靠，由于产品生产是工艺流程化的生产过程，为确保生产的连续、稳定运行，软件设计上，应逻辑严密，连锁完备，保证系统稳定可靠运行。经济实用，就是系统在设计上，在采用先进技术和设备的同时，也要注意技术的实用性，设计中尽量采用成熟的技术和设备，避免造成不必要的损失。整体技术先进，根据项目的需求，结合工程项目经验，力求建立一个完善的体系结构，使计算机系统能够在最大限度上满足用户不断增长的业务需求和变化，可不断利用迅速发展中的计算机技术和产品，重用性好，扩展方便。系统在整体设计上，起点要高，要反映当代的技术水平，并以此为基础，为企业创造良好的社会经济效益。

3. 系统总体设计

生产管理信息系统平台建设，涉及整个企业的各个生产车间及各个管理部门，为保证系统的可扩展性，在原生产线上软、硬件充分发挥作用的前提下，尽量利用已有的资源，因此在总体结构上，可采用分层设计；在功能上宜采用独立模块结构。

(1) 系统硬件结构。根据某企业的实际情况，系统配置的硬件结构图如图 7.10 所示。MIS 服务器：选用 Dell 产品，采用冗余技术和恢复技术，保证数据存储安全。采用访问认证技术，防止非法侵入或越级访问，保证应用安全。

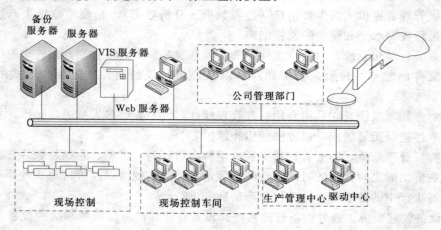

图 7.10　硬件结构图

WEB 服务器：选用 Dell 产品，采用访问认证技术，防止非法侵入或越级访问，保证应用安全。

实时数据库：采用 Wonderware 的 InSQL8.0 实时关系型工厂用数据库系统。

操作系统：采用 Windows 2000/2003/NT。

关系数据库：MS SQL Server 2000。

工作站：选用 DellPC 产品（CUP P4 3.0G RAM DDR 512MB 内存）。

通信协议：TCP/IP、Profibus—DP、MODBUS、OPC、DH＋等，以 TCP/IP 为主，其他为工业过程控制专用协议。

(2) 系统软件结构。根据用户要求采用 C/S 与 B/S 混合结构。系统的 C/S 结构：支持数据管理，支持多用户高效并发访问，可有效地解决企业地理数据库中的版本冲突等问题，数据存储更加安全有效，能满足数据编辑、高级空间分析等功能。系统的 B/S 结构：

同样也支持数据管理，支持多用户高效并发访问，也可有效地解决企业地理数据库中的版本冲突等问题，数据存储安全有效，但该方案具有客户端免维护、无限分发的特点，在某些应用中更有优势。

7.4.4 以太网技术在控制领域中的发展前景

以太网在工业领域的应用结构有两种，即控制中心网络结构和设备中心网络结构。在控制中心网络结构中，工业以太网与现场总线相结合，以太网应用在企业网的上层，将控制器、操作员站、管理计算机连接起来。企业网的最底层是现场总线机构，是控制网络与Ethernet融为一体的解决方案。在设备中心网络结构中，I/O设备连接到以太网上，在这种结构中，以太网取代了现场总线，工业以太网技术直接应用于工业现场设备之间的通信，真正建立了从企业网的上层到下层统一的工业以太网。

随着以太网在工业控制领域重要性的凸显，工业以太网技术已经成为控制系统网络发展的主要方向，具有很大的发展潜力。当然，工业以太网还有一些局限性，例如总线供电、本质安全以及没有统一的应用层协议等。

值得一提的是在科技部"863"计划的支持下，浙江大学、浙江中控技术公司、中科院沈阳自动化研究所、重庆邮电学院、大连理工大学、清华大学等单位联合成立了标准起草工作小组，经过技术攻关，起草了我国第一个拥有自主知识产权的现场总线国家标准《用于工业测量与控制系统的EPA通信标准》（以下简称《EPA标准》）。该标准通过增加一些必要的改进措施，改善以太网的通信实时性，在以太网、TCP/IP协议之上定义工业控制应用层服务和协议规范，将在IT领域应用较为广泛的以太网（包括无线局域网、蓝牙）以及TCP/IP协议应用于工业控制网络，实现工业企业综合自动化系统中由信息管理层、过程监控层直至现场设备层的无缝信息集成，解决基于以太网的确定性通信调度规范、定义基于以太网和TCP/IP协议的应用层服务和协议规范、基于XML的电子设备描述等内容，为用户应用进程之间无障碍的数据和信息交换提供统一的平台。该标准有以下特点。

（1）兼容性。EPA控制系统兼容IEEE802.3、IEEE802.1P&Q、IEEE802.1D、IEEE802.11、IEEE802.15以及UDP（TCP）/IP等协议。微网段化系统结构，EPA控制系统中，控制网络划分为若干个控制区域，每个控制区域即为一个微网段。每个微网段通过EPA网桥与其他网段进行分隔，该微网段内EPA设备间的通信被限制在本控制区域内进行，而不会占用其他网段的带宽资源。处于不同微网段内EPA设备间的通信，需由相应EPA网桥进行转发控制。

（2）通信的确定性。该标准在数据链路层与网络层之间定义了一个确定性通信调度管理接口，用于处理EPA设备的报文发送调度。通过该通信调度管理接口，EPA设备按组态后的顺序，采用分时发送方式向网络上发送报文，以避免报文冲突，并确保通信的确定性。支持EPA报文与通用网络报文并行传输，在不影响实时性的前提下，支持EPA报文与通用网络报文并行传输。

（3）分层的安全策略。对基于EPA的分布式现场网络控制系统，从企业信息管理层、过程监控层和现场设备层3个层次，采用不同的安全技术，如防火墙技术、网络隔离、硬件加锁等安全措施。

(4) 网络供电。该标准采用 XML 结构化文本语言，规定了 EPA 设备资源的描述方法，以实现不同 EPA 设备的互可操作性。《EPA 标准》作为我国自主制定、并被国际上认可和接收的第一个现场总线国家标准，是国内从事工业自动化控制系统以及现场总线、网络通信的研究、开发、应用单位联合开发和编制的，得到了国家科技部和国家标委会的极大重视和支持，在产品开发和工程应用上有比较好的基础，现已开发出了基于 EPA 的变送器、执行器、现场控制器、数据采集器、远程集散控制站、无纸记录仪等产品，基于 EPA 的分布式网络控制系统已在化工企业得到成功应用。尽管该技术标准还有待在今后工程实践中进一步完善和发展，还有许多后续工作要做，但是在工业自动化领域，我国已经有了第一个拥有自主知识产权的现场总线国家标准，为工业自动化领域的技术进步做出了积极的贡献。

由上可知，工业以太网技术的应用已经有了长足的发展，业界专家、学者为解决工业应用中的通信确定性、可靠性以及实时性等问题提供了多种手段，而且解决问题的方案也不是唯一的，只要遵循基本原理，针对工业控制现场的具体实际情况，其实这些问题都是可以不断完善并最终得以解决的。

习　题

1. 什么是工业控制个人计算机，它有何特点？
2. PLC 的特点是什么？
3. PLC 结构和工作原理是什么？
4. 基于 PLC 计算机控制系统的设计原则和设计内容是什么？
5. 什么是 DCS？它有何特点？
6. DCS 的发展趋势是什么？
7. 用于 DCS 的计算机网络和通用的计算机网络相比，在哪些方面的要求不同？
8. 什么叫现场总线控制？它的特点是什么？
9. 常用的现场总线有哪几种？说明其特点和应用。
10. 什么是工业以太网？
11. 工业以太网的发展趋势是什么？

第8章 计算机控制系统软件

在实时工业控制应用系统中，为了实现特定的应用目标，需要进行应用程序的设计和开发。随着计算机控制系统应用的深入发展，那种小规模的、解决单一问题的应用程序已不能满足控制系统的需要，于是出现了由专业化公司投入大量人力财力研制开发的用于工业过程计算机控制、并可满足不同规模控制系统的商品化软件，即工业控制组态软件。对最终的应用系统用户而言，他们并不需要了解这类软件的各种细节，经短期培训后，所需做的工作仅是填表式的组态而已。由于这些商品化软件的研制单位具有丰富的系统的经验，软件产品经过考核和许多实际项目的成功应用，所以可靠性和各项性能指标都可得到保证。

8.1 组态软件概述

组态软件是监控系统不可缺少的部分，其作用是针对不同的应用对象，组态生成不同的数据实体。下面具体介绍组态软件的基本概念、特点、功能、发展趋势及使用工业组态软件的步骤。

8.1.1 组态软件的基本概念及其特点

在使用工控软件中，经常提到组态一词，组态（Configuration）就是用应用软件中提供的工具、方法、完成工程中某一具体任务的过程。"组态"的概念是伴随着集散型控制系统（Distributed Control System，简称 DCS）的出现才开始被广大的生产过程自动化技术人员所熟知的。在工业控制技术的不断发展和应用过程中，PC（包括工控机）相比以前的专用系统具有的优势日趋明显。这些优势主要体现在：PC 技术保持了较快的发展速度，且各种相关技术已经成熟；由 PC 构建的工业控制系统具有相对较低的成本；PC 的软件和硬件资源丰富，软件之间的互操作性强；基于 PC 的控制系统易于学习和使用，容易得到技术方面的支持。在 PC 技术向工业控制领域的渗透中，组态软件占据着非常特殊而且重要的地位。

组态软件是指一些数据采集与过程控制的专用软件，它们是在自动控制系统监控层一级的软件平台和开发环境，使用灵活的组态方式，为用户提供快速构建工业自动控制系统监控功能的、通用层次的软件工具。组态软件应该能支持各种工控设备和常见的通信协议，并且通常应提供分布式数据管理和网络功能。其预设置的各种软件模块可以非常容易地实现和完成监控层的各项功能，并能同时支持各种硬件厂家的计算机和 I/O 设备，与高可靠的工控计算机和网络系统结合，可向控制层和管理层提供软、硬件的全部接口，进行系统集成。

组态软件主要包括人—机界面软件（HMI）、基于 PC 的控制软件以及生产执行管理软件。

监控组态软件主要体系结构包括以下内容：

（1）图形画面组态生成。

（2）实时数据库和历史数据库。

（3）动画连接。

（4）历史趋势曲线和实时趋势曲线。

（5）报表系统、创建报表、报表组态。

（6）报警和事件系统。

（7）脚本程序、脚本程序语言句法、脚本程序语言函数。

（8）I/O 设备管理与驱动程序。

（9）数据共享技术。

（10）自动化组态软件的网络与冗余功能。

从功能上分析，目前组态软件都具有以下共同点：

（1）强大的图形组态功能：组态软件大都以 Microsoft Windows 平台作为操作平台，充分利用了 Windows 图形功能完备，界面一致性好，易学易用的特点。设计人员可高效快捷地绘制出各种工艺画面，并可方便进行编辑，使采用 PC 比以往使用专用机开发的工业控制系统更有通用性，减少了工控软件开发者的重复工作。丰富的动画连接如"闪烁"、"旋转"、"填充"、"移动"等，使画面生动直观。

（2）脚本语言：从使用脚本语言方面，组态软件均使用校本研提供二次开发。脚本语言也称命令语言、控制语言。用户可根据自己需要编写程序。组态软件在脚本语言功能及提供的脚本函数数量上不断提高。

（3）开放式结构：组态软件能与多种通信协议互联，支持多种硬件设备。既能与低层数据采集设备通信，也能与管理层通信。在 SCADA 应用于通用数据库及用户程序间传送实时、历史数据库。

（4）提供多种数据驱动程序：组态软件用于和 I/O 设备通信，互相交换数据。DDE 和 OPC Client 是两个通用的标准 I/O 驱动程序，用来支持 DDE 标准和 OPC 标准的 I/O 设备通信。

（5）强大的数据库：组态软件均有一个实时数据库作为整个系统数据处理、数据组织和管理的核心。负责整个应用系统的实时数据处理、历史数据存储、报警处理，完成与过程的双向数据通信。

（6）丰富的功能模块：组态软件以模块形式挂接在基本模块上，互相独立提高了系统可靠性和可扩展性。利用各种功能模块，完成实时监控、报表生成、实时曲线、历史曲线、提供报警等功能。

8.1.2　组态软件的功能

控制系统的软件组态是生成整个系统的重要技术，对每一控制回路分别依照其控制回路图进行。组态工作是在组态软件的支持下进行的。组态软件的功能主要包括：硬件配置组态功能，数据库组态功能，控制回路组态功能，逻辑控制及批控制组态功能，显示图形生成功能，报表画面生成功能，报警画面生成功能及趋势曲线生成功能。程序员在组态软件提供的开发环境下以人机对话方式完成组态操作，系统组态结果存入磁盘存储器中，供运行时使用。下面对各组态功能作简单介绍。

1. 硬件配置组态功能

计算机控制系统使用不同种类的输入/输出板、卡实现多种类型的信号输入和输出。组态软件需将各输入和输出点按其名称和意义预先定义，然后才能使用。其中包括定义各现场 I/O 控制站的站号、网络节点号等网络参数及站内的 I/O 配置等。

2. 数据库组态功能

各数据库点逐点定义其名称，如工程量转换系数、上下限值、线性化处理、报警特性、报警条件等；历史数据库组态需要定义各个进入历史库的点的保存周期。

3. 控制回路组态功能

该功能定义各个控制回路的控制算法、调节周期及调节参数以及某些系数等。

4. 逻辑控制及批控制组态

这种组态定义预先确定的处理过程。

5. 显示图形生成功能

在 CRT 屏幕上以人机交互方式直接作图的方法生成显示画面。图形画面主要用来监视生产过程的状况，并可通过对画面上对象的操作，实现对生产过程的控制。显示画面生成软件，除了具有标准的绘图功能之外，还应具有实时动态点的定义功能。因此，实时画面是由两部分组成的：一部分是静态画面（或背景画面），一般用来反映监视对象的环境和相互关系；另一部分是动态点，包括实时更新的状态和检测值、设定值使用的滑动杆或滚动条等。另外，还需定义多种窗口显示特性。

6. 报表画面生成功能

类似于显示图形生成，利用屏幕以人机交互方式直接设计报表，包括表格形式及各个表项中所包含的实时数据和历史数据，以及报表打印格式和时间特性。

7. 报警画面生成功能

报警画面分为三级，即报警概况画面、报警信息画面、报警画面。报警概况画面记录系统中所有报警点的名称和报警次数；报警信息画面记录报警时间、消警时间、报警原因等；报警画面反映出各警点相应的显示画面，包括总貌画面、回路画面、趋势曲线画面等。

8. 趋势曲线生成功能

趋势曲线显示在控制中很重要，为了完成这种功能，需要对趋势曲线进行画面组态。趋势曲线的规格主要有：趋势曲线幅数、趋势曲线没幅条数、每条时间、显示精度。趋势曲线登记表的主要内容有：幅号、幅名、编号、颜色、曲线名称、来源、工程量上限和下限。

8.1.3 组态软件的发展趋势

需求决定产品，只有满足需求的产品才有生存的空间，这是不变的规律。组态软件也是如此。原先每个 DCS 厂商在制造工控硬件的同时，兼作相应的专用控制软件。后来市场竞争的激烈使得行业分工越来越细，导致软硬件制作逐渐分开。更由于使用了国际标准协议，进而促进了通用的组态软件的发展。

20 世纪 80 年代，世界上第一个商品化监控组态软件是由美国的 Wonderware 公司研制的 InTouch，随后又出现了 Intelution 公司的 Fix 系统，通用电气的 Climplicity，以及德国西门子的 WinCC 等；在国内主要有亚控公司的 KingView 组态王，昆仑公司的 MCGS，三维公司的力控，太力公司的 Synall 等组态软件。

现场总线技术的成熟更加促进了组态软件的应用。因为现场总线的网络系统具备 OSI 协议，因此可以认为它与普通网络系统具有相同的属性，这为组态软件的发展提供了更多机遇。组态软件的发展方向之一是能够兼容多操作系统平台。随着 UNIX、LINIX 操作系统越来越多地被公司采用作为主机操作系统，可移植性成为组态软件的主要发展方向。几种典型的自动化组态软件：

1. InTouch

美国 Wonderware 公司的 InTouch 堪称组态软件的"鼻祖"，率先推出的 16 位 Windows 环境下的组态软件，在国际上曾得到较高的市场占有率。InTouch 软件的图形功能比较丰富，使用较方便，但控制功能较弱。其 I/O 硬件驱动丰富，但只是使用 DDE 连接方式，实时性较差而且驱动程序需单独购买。它的 5.6 版（16 位）很稳定，在中国市场也普遍受到好评。7.0 版（32 位）在网络和数据管理方面有所加强。并实现了实时关系数据库，但其实只是在 SQL server 上增加了数据传输插件。在 32 位 Windows 环境下，InTouch 已受到其他产品的猛烈冲击。

2. Fix

美国 Interlution 公司的 Fix 产品系列较全，包括 DOS 版、16 位 Windows 版、32 位 Windows 版、OS/2 版和其他一些版本，功能较强，但实时性仍欠缺。其 I/O 硬件驱动丰富，只是驱动程序也需单独购买。最新推出的 iFix 是全新模式的组态软件，思想和体系结构都比较新，提供的功能也较为完整。但也许过于"庞大"和"臃肿"，对系统资源耗费巨大，用户最为明显的感受就是"缓慢"，提供的许多"大而全"的功能对于中国用户也并不适用。

3. WinCC

德国西门子公司的 WinCC 新版软件有了很大进步，但体系结构还是比较老的思想，在网络结构和数据管理方面要比 iFix 差，也属于比较先进的产品之一，西门子似乎仅是想把这个产品当作其硬件的陪衬，对第三方硬件的支持也不热衷，若选用西门子硬件，能免费得到 WinCC，所以对于使用其他硬件的用户，不是个好选择。

4. KingView（组态王）

北京亚控科技发展有限公司的组态王是国内组态软件产品的典型代表。该公司主要产品包括：组态王、软逻辑控制 KINGACT、组态王电力版。另外，国内其他组态软件产品如 MCGS、Force Control、SYNALL、Controx2000 等也有许多应用。

8.1.4　组态生成控制系统流程

下面以组态王为例，对利用组态软件设计监控系统的步骤做简单的介绍。

（1）建模。根据实际需要，为控制系统建立数学模型。

（2）设计图形界面。利用组态软件的图库，使用相应的图形对象模拟十几的控制系统和控制设备。

（3）构造数据库变量。创建实时数据库，用数据库中的变量反映控制对象的各种属性，变量描述控制对象的各种属性。

（4）建立动画连接。建立变量和图形画面中的图形对象的连接关系，画面上的图形对象通过动画的形式模拟实际控制系统的运行。

（5）运行、调试。

这五个步骤并不是完全独立的，事实上，这些步骤常常是交错运行的。

8.2　组态软件的I/O设备驱动及数据交换技术

设备驱动程序（I/O Server）是组态软件与PLC、智能仪表、ISA/PCI总线板卡等设备交互通信的桥梁，由于组态软件面向的是开放式测控设备，因此建立PC与设备间的通信链路不存在理论上的障碍。各种测控设备也越来越多的采用标准通信接口，使设备与PC间及设备间的互联通信越来越简单。

在多用户、多任务的计算机系统中实现程序间的数据交换比较方便，操作系统对这种操作室支持的，而在个人计算机上实现程序间的交换就比较麻烦。自从Windows及微机版UNIX、Linux操作系统面世后，出现了程序之间交换数据的技术、协议或标准，实现程序间的数据交换才比较容易。目前Windows提供有DDE、OLE（包括OPC）、ODBC等几种标准，来支持程序之间的数据交换。

8.2.1　设备驱动的主要功能

1. 从I/O设备采集所需数据进行链路维护

I/O Server要将来自设备的数据转换成实时数据库需要的数据类型（实数、整型数、字符或字符串型等），同时要对越界数据作合理解释，以避免操作人员得到错的数据。例如，有的设备以"0XFFFF"（十六进制）表示回路断开，有的设备以"----"（ASCII）表示数据超过上限。

为提高数据的采集效率和数据安全，要将所有数据连接项划分成只读、只写、可读写3种类型，以防止误写、误读的发生。

一个I/O Server可以同时处理多个同类设备，如果其中某个设备出现故障不能响应通信，则I/O Server要花费多余的时间等待其相应，从而减慢了整个系统的响应周期。因此对于故障设备，I/O Server要减少访问频次，以免影响整个系统的数据刷新周期，当故障恢复正常后再将设备的采集周期恢复原值。

2. 执行来自操作员的I/O命令管理输出队列

界面系统要对送给I/O设备的命令数据进行第一步检查，检查数据类型是否正确，数据是否越界。实时数据库对数据进行第二阶段检查，主要检查越界情况。I/O Server对来自操作员的I/O命令要针对设备的特殊要求逐级做合法性检查，也是最严格的检查，如首先检查是否只读数据，再检查数据是否越界（如串级回路的回路方式中0表示自动，1表示手动，2表示串级，其他数据则为非法的越界数据）等。

3. 与实时数据库系统进行无缝连接

I/O Server与实时数据库间应采用进程间通信、直接内存映射、OLE方式或其他更为有效的内部通信方式，较采用第三方的 DDE 设备驱动程序或 OPC Server 具有更高的通信效率，同时可以迅速报告设备的故障信息，产生系统报警。

I/O Server 对来自设备的数据可以进行初步预处理，在一段时间内数值没有发生变化的数据可以不向实时数据库传送或减少传送次数，以进一步提高数据通信的效率。

8.2.2　标准 I/O 驱动程序 DDE

1. DDE 的含义

DDE 即动态数据交换。它最早是随着 Windows3.1 由美国微软公司提出的。目前 WIN98/WIN NT 仍支持 DDE 技术，但近 10 年间微软公司已经停止发展 DDE 技术，只保持对 DDE 技术给予兼容和支持。

两个同时运行的程序之间通过 DDE 方式交换数据时是 Client/Server 关系。一旦 Client 和 Server 建立起了连接关系，则当 Server 中的数据发生变化后就会马上通知 Client。通过 DDE 方式建立的数据连接通道是双向的，即 Client 不但能够读取 Server 中的数据，而且可以对其修改。

Windows 操作系统中有一个专门协调 DDE 通信的程序 DDEML（DDE 管理库），实际上 Client 和 Server 之间的多数会话并不是直达对方的，而是经由 DDEML 中转。程序可以同时是 Client 和 Server。

DDE 的方式有冷连接（cool link）、温连接（warn link）、热连接（hot link）。在冷连接方式下，当 Server 中的数据发生变化后不通知 Client，但 Client 可以随时从 Server 读写数据。在温连接方式下，当 Server 中的数据发生变化后马上通知 Client，Client 得到通知后将数据取回。在热连接方式下，当 Server 中的数据发生变化后马上通知 Client，同时将变化后的数据直接送给 Client。

2. DDE 通信的数据交换过程及原理

DDE 和 Client 程序向 DDE Server 程序请求数据时，它必须首先知道 DDE Server 程序的名称（即 DDE Service 名）、DDE 主题名称（Topic 名），还要知道请求哪一个数据项（Item 名）。DDE Service 名应该具有唯一性，否则容易产生混乱。通常 DDE Service 名就是 DDE Server 的程序名称，但不绝对，它是由程序设计人员在程序内部设定好的，并不是通过修改程序名称就可以改变的。Topic 名和 Item 名也是由 DDE Service 在其内部设定好的。所有 DDE Server 程序的 Service 名、Topic 名都注册在系统中。当一个 DDE Client 向一个 DDE Server 请求数据时，DDE Client 必须向系统报告 DDE Server 的 Service 名、Topic 名。只有当 Service 名、Topic 名与 DDE Server 内部设定的名称一致时，系统才将 DDE Client 的请求传达给 DDE Server。当 Service 名和 Topic 名相符时，DDE Server 马上判断 Item 名是否合法。如果请求的 Item 名是 DDE Server 中的合法数据项，DDE Server 即建立此项连接。建立了连接的数据发生数值改变后，DDE Server 会随时通知 DDE Client。一个 DDE Server 可以有多个 Topic 名，Item 名的数量也不受限制。

3. DDE 方式的优缺点

DDE 是最早的 Windows 操作系统面向非编程程序用户的程序间通信标准。很多早期 Windows 程序均支持 DDE，当前的绝大多数软件仍旧支持 DDE。但 DDE 的缺点也很明显，那就是通信效率低下，当通信数据量大时，数据刷新速度慢。在数据量较少时，

DDE 比较实用。

8.2.3 标准 I/O 驱动程序 OPC

1. OPC 产生的背景

随着计算机技术的发展，计算机在工业控制领域发挥着越来越重要的作用。各种仪表、PLC 等工业监控设备都提供了与计算机通信的协议。但是，不同厂家产品的协议互不相同，即使同一厂家的不同设备与计算机之间通信的协议也不同。在计算机上，不同的语言对驱动程序的接口有不同的要求。这样又产生了新的问题：应用软件需要为不同的设备编写大量的驱动程序，而计算机硬件厂家要为不同的应用软件编写不同的驱动程序。这种程序可复用程度低，不符合软件工程的发展趋势，在这种背景下，产生了 OPC 技术。

OPC 是 OLE for Process Control 的缩写，即把 OLE 应用于工业控制领域。

OLE 原意是对象连接和嵌入，随着 OLE2 的发行，其范围已远远超出了这个概念。现在的 OLE 包含了许多新的特征，如统一数据传输、结构化存储和自动化，已经成为独立于计算机语言、操作系统甚至硬件平台的一种规范，是面向对象程序设计概念的进一步推广。OPC 建立于 OLE 规范之上，它为工业控制领域提供了一种标准的数据访问机制。

工业控制领域用到大量的现场设备，在 OPC 出现以前，软件开发商需要开发大量的驱动程序来连接这些设备。即使硬件供应商在硬件上做了一些小小改动，应用程序也可能需要重写。同时，由于不同设备甚至同一设备不同单元的驱动程序也有可能不同，软件开发商很难同时对这些设备进行访问以优化操作。硬件供应商也在尝试解决这个问题，然而由于不同客户有着不同的需要，同时也存在着不同的数据传输协议，因此也一直没有完整的解决方案。自 OPC 提出以后，这个问题终于得到解决。OPC 规范包括 OPC 服务器和 OPC 客户两个部分。其实质是在硬件供应商和软件开发商之间建立一套完整的"规则"。只要遵循这套规则，数据交互对两者来说都是透明的，硬件供应商就无需考虑应用程序的多种需求和传输协议，软件开发商也就无需了解硬件的实质和操作过程。

2. OPC 的特点

OPC 是为了解决应用软件与各种设备驱动程序的通信而产生的一项工业技术规范和标准。它采用客户服务器体系，基于 Microsoft 的 OLE/COM 技术，为硬件厂商和应用软件开发者提供了一套标准的接口。

综合起来说，OPC 有以下 3 个特点。

（1）计算机硬件厂商只需要编写一套驱动程序就可以满足不同用户的需要。硬件供应商只需提供一套符合 OPC Server 规范的程序组，无需考虑工程人员需求。

（2）应用程序开发者只需编写一个接口便可以连接不同的设备。软件开发商无需重写大量的设备驱动程序。

（3）工程人员在设备选型上有了更多的选择。对于最终用户而言，选择面更宽了一些，可以根据实际情况的不同，选择切合实际的设备。OPC 扩展了设备的概念。只要符合 OPC 服务器的规范，OPC 客户都可与之进行数据交互，而无需了解设备究竟是 PLC 还是仪表，甚至只要在数据库系统上建立 OPC 规范，OPC 客户就可与之方便地实现数据交互。OPC 把硬件厂商和应用软件开发者分离开来，使得双方的工作效率都有了很大的提高，因此 OPC 在短时间内取得了飞速的发展。现在，国内外的工业控制软件都在做这方面的开发工作。

3. OPC 的适用范围

OPC 设计者们的最终目标是在工业领域建立一套数据传输规范，并为之制定了一系列的发展计划，现有的 OPC 规范涉及如下 5 个领域。

（1）在线数据监测。OPC 实现了应用程序和工业控制设备之间高效、灵活的数据读写。

（2）报警和事件处理。OPC 提供了 OPC 服务器发生异常时，以及 OPC 服务器设定事件到来时向 OPC 客户发送通知的一种机制。

（3）历史数据访问。OPC 实现了对历史数据库的读取、操作、编辑

（4）远程数据访问。借助 Microsoft 的 DCOM（distributed component object model）技术，OPC 实现了高性能的远程数据访问能力。

（5）OPC 的功能还包括安全性、批处理、历史报警事件数据访问等。

4. OPC 服务器的组成

OPC 服务器由 3 类对象组成，相当于 3 种层次上的接口：服务器（Server）、组（group）和数据项（item）。

（1）服务器对象包含服务器的所有信息，同时也是组对象的容器。一个服务器对应于一个 OPC Server，即一种设备的驱动程序。在一个 Server 中，可以有若干个组。

（2）组对象包含本组的所有信息，同时包含并管理 OPC 数据项。OPC 组对象为客户提供了组织数据的一种方法。组是应用程序组织数据的一个单位。客户可对其进行读写，还可设置客户端的数据更新速率。当服务器缓冲区内数据发生改变时，OPC Server 将向客户发出通知，客户得到通知后再进行必要的处理，而无需浪费大量的时间进行查询。OPC 规范定义了两种组对象：公共组（或称全局组，Pulic）和局部组（或称局域组、私有组，Local）。公共组由多个客户共有，局部组只隶属于一个 OPC 客户。全局组对所有连接在服务器上的应用程序都有效，而局域组只能对建立它的 Client 有效。一般说来，客户和服务器的一对连接只需要定义一个组对象在个组中，可以有若干个数据项。

（3）数据项是读写数据的最小逻辑单位，一个数据项与一个具体的位号相连。数据项不能独立于组存在，必须隶属于某一个组。组与项的关系如图 8.1 所示。图 8.1 中，组与数据项的关系在每个组对象中，客户可以加人多个 OPC 数据项（Item）。OPC 数据项是服务器端定义的对象，通常指向设备的一个寄存器单元。OPC 客户对设备寄存器的操作都是通过其数据项来完成的。通过定义数据项，OPC 规范尽可能地隐藏了设备的特殊信息，也使 OPC 服务器的通用性大大增强。OPC 数据项并不提供对外接口，客户不能直接对其进行操作，所有操作都是通过组对象进行的。

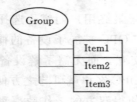

图 8.1　组与数据项的关系

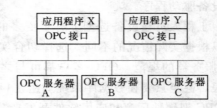

图 8.2　OPC 的访问关系

应用程序作为 OPC 接口中的 Client 方，硬件驱动程序作为 OPC 接口中的 Server 方。每一个 OPC Client 应用程序都可以连接若干个 OPC Server，每一个硬件驱动程序可以为若干个应用程序提供数据，其结构如图 8.2 所示。

5. 读写 OPC 数据项的一般步骤

（1）通过服务器对象接口枚举服务器端定义的所有数据项。如果客户对服务器所定义的数据项非常熟悉，此步可以忽略。

（2）将要读写的数据项加入客户定义的组对象中。

（3）通过组对象对数据项进行读写等操作。

每个数据项的数据结构包括三个成员变量：数据值、数据质量和时间戳。数据值是以 Variant 形式表示的。应当注意，数据项表示同数据源的连接而不等同于数据源。无论客户是否定义数据项，数据源都是客观存在的。可以把数据项看作数据源的地址，即数据源的引用，而不应看作数据源本身。

6. OPC 的报警（alarm）和事件（event）

报警和事件处理机制增强了 OPC 客户处理异常的能力服务器在工作过程中可能出现异常，此时，OPC 客户可通过报警和事件处理接口得到通知，并能通过该接口获得服务器的当前状态。在很多场合，报警和事件的含义并不加以区分，两者也经常互换使用。从严格意义上讲，两者含义略有差别。依据 OPC 规范，报警是一种异常状态，是 OPC 服务器或服务器的一个对象可能出现的所有状态中的一种特殊情况。例如，服务器上标记为 FC101 的一个单元可能有如下状态：高出警戒、严重高出警戒、正常、低于警戒、严重低于警戒。除了正常状态外，其他状态都视为报警状态。

事件则是一种可以检测到的出现的情况，这种情况或来自 OPC 客户，或来自 OPC 服务器，也可能来自 OPC 服务器所代表的设备，通常都有一定的物理意义。事件可能与服务器或服务器的一个对象的状态有关，也可能毫无关系，如与高出警戒和正常状态的转换事件和服务器某个对象的状态有关，而操作设备、改变系统配置以及出现系统错误等事件和对象状态就无任何关系。

7. OPC 的接口方式

OPC 规范提供了两套接口方案，即 COM 接口和自动化接口。COM 接口效率高，通过该接口，客户能够发挥 OPC 服务器的最佳性能，采用 C++语言的客户一般采用 COM 接口方案；自功化接口使解释性语言和宏语言访问 OPC 服务器成为可能，采用 VB 语言的客户一般采用自动化接口。自动化接口使解释性语言和宏语言编写客户应用程序变得简单，然而自动化客户运行时需进行类型检查，这一点则大大牺牲了程序的运行速度。OPC 服务器必须实现 COM 接口，是否实现自动化接口则取决于供应商的主观意愿。

8. OPC 的数据访问方式

（1）服务器缓冲区数据和设备数据。OPC 服务器本身就是一个可执行程序，该程序以设定的速率不断地同物理设备进行数据交互。服务器内有一个数据缓冲区，其中存有最新的数据值：数据质量戳和时间戳。时间戳表明服务器最近一次从设备读取数据的时间。服务器对设备寄存器的读取是不断进行的，时间戳也在不断更新。即使数据值和质量戳都没有发生变化，时间戳也会进行更新。客户既可从服务器缓冲区读取数据，又可直接从设备读取数据，从设备直接读取数据速度会慢一些。一般只有在故障诊断或极特殊的情况下才会采用。

（2）同步和异步。OPC 客户和 OPC 服务器进行数据交互可以有两种不同方式，即同步方式和异步方式。同步方式实现较为简单，当客户数目较少而且同服务器交互的数据量也比较少的时候可以采用这种方式；异步方式实现较为复杂，需要在客户程序中实现服务器回调函数。然而当有大量客户和大量数据交互时，异步方式的效率更高，能够避免客户数据请求的阻塞，并可以最大限度地节省 CPU 和网络资源。

8.3　组态软件的实时数据库系统

先进的监控组态软件都有一个实时数据库作为整个系统数据处理、数据组织和管理的核心，也有人称其为数据词典。实时数据库与基于传统数据库技术的数据库（如关系数据库），在原理、实现技术、功能和系统性能方面有很大的不同。集成了实时数据库功能的组态软件的应用范围更为广阔，尤其是在时间关键型应用中。

实时数据库是组态软件的核心，实时数据库能够及时准确地获取现场数据是整个工业控制系统正常工作的基本前提。实时数据库管理系统是事务调度中心，数据采集事务、图形显示事务、报警事务、历史存盘事务等都由实时数据库系统中的事务调度系统完成，从而达到监控的实时性、正确性和一致性。

8.3.1　实时数据库简介

数据库理论与技术的发展极其迅速。以关系型为代表的三大经典（层次、网状、关系）型数据库在传统的应用领域，尤其是商务和管理的事务型应用中获得极大的成功，然而它们在现代的（非传统）工程和时间关键型应用面前却显得软弱无力，面临着新的严峻的挑战，由此导致了实时数据库的产生和发展。

1. 实时数据库的特征

实时数据库的一个基本特征就是与时间的相关性。实时数据库在如下两方面与时间相关。

（1）数据与时间相关。按照与之相关的时间的性质不同又可分为两类。

1）时间本身就是数据，即从"时间域"中取值，如"数据采集时间"。它属于"用户定义的时间"，也就是用户自己知道，而系统并不知道它是时间，系统将毫无区别地把它像其他数据一样处理。

2）数据的值随时间而变化。数据库中的数据是对其所面向的"客观世界"中对象状态的描述，对象状态发生变化则引起数据库中相应数据值的变化，因而与数据值变化相连的时间可以是现实对象状态的实际时间，称为"真实"或"事件"时间（现实对象状态变化的事件发生时间）；也可以是将现实对象变化的状态记录到数据库，即数据库中相应数据值变化的时间，称为"事务时间"（任何对数据库的操作都必须通过一个事务进行）。实时数据的导出数据也是实时数据，与之相联的时间自然是事务时间。

（2）实时事务有定时限制。典型的定时限制就是其"截止时间"。对于实时数据库，其结果产生的时间与结果本身一样重要，一般只允许事务存取"当前有效"的数据，事务必须维护数据库中数据的"事件一致性"。另外，外部环境（现实世界）的反应时间要求也给事务施以定时限制所以，实时数据库系统要提供维护有效性和事务及时性的限制。

2. 监控组态软件的实时数据库及其使用技术

对于很多工程技术人员，在最早接触 DCS 时也就开始接触实时数据库了。DCS 将实时数据保存在一个"内存数据库"里，将历史数据保存在磁盘中实时数据库可以存储每个工艺点的多年数据，用户既可浏览工厂当前的生产情况，又可查询过去的生产情况。监控组态软件使用实时数据库是技术发展的必然。一开始出现的监控组态软件主要解决的是"人机界面"问题，也就是如何实现人机交互随着实际应用的不断扩展和复杂化，人们更加强调对数据的处理功能、支持分布式网络的功能、并发处理功能等，这为引入实时数据库技术提出了技术要求；另一方面随着 PC 处理能力的不断提高和普及，流行操作系统 Windows 性能的不断改进（包括实时性的提高、支持多任务、多线程等），也为监控组态软件采用实时数据库提供了客观条件。

从数据库技术和原理角度来看，组态软件还涉及一些实时数据库特有的技术和原理。

（1）实时数据模型。到目前为止，实时数据库还缺少较为成熟的实时数据模型。大多的实时数据库都使用传统的数据模型。它包括数据结构、数据操作和完整性约束 3 个部分。

1）数据结构。数据结构是所研究的对象类型的集合这些对象是数据库结构的基本组成部分，一般可分为两类，一类是与实体类型有关的对象；另一类是与实体间联系有关的对象。因此数据结构就是描述这类对象类型。一个模型的数据结构应该是简单的、基本的、易于被用户理解的，而且还要有足够强的表达能力。

2）数据操作。数据操作是指对数据库中各种对象类型的实例（值）允许操作的集合，其中包括各种操作的规则对实时数据库的操作主要包括数据更新和查询两大类。数据模型要定义这些操作的确切含义、操作规则以及实现的方法。

数据结构是对系统静态特性的描述，数据操作是对系统动态特性的描述。

3）数据的完整性约束。约束的定义进一步给出了关于数据模型的动态特胜的描述和限定。如果仅仅限定对特定的数据结构执行特定的操作那么仍有可能破坏数据的正确性。为此，常常把那些具有普遍性的问题归纳起来，形成一组通用的约束规则，只允许在满足规则的条件下对数据库进行更新、保存历史数据，这就排除了破坏数据正确性操作的可能性。

在上述三个方面内容中，数据结构是表达实时数据库模型的最重要方面。

（2）实时事务的模型与特性。传统的事务模型对于实时数据已不适用，必须使用复杂事务模型，即嵌套、分裂/合并、合作、通信等事务模型。因此，实时事务的结构复杂，事务之间有多种交互行动和同步，存在结构、数据、行为、时间上的相关性以及在执行方面的相互依赖性。

（3）实时事务的处理。实时数据库中的事务有多种定时限制，其中最典型的是事务截止期。系统必须能让截止期更早或更紧急的事务较早地执行，换句话说，就是能控制事务的执行顺序。所以，又需要根据截止期和紧迫度来标明事务的优先级，然后按优先级进行事务调度。

另外，对于实时数据库事务，传统的可串行化并发控制过严，且也不一定必要，它们"宁愿要部分正确而及时的数据，也不愿要绝对正确但过时的数据"，故应允许"放松的可串行化"或"暂缓可串行化"并发控制。

（4）数据存储与缓冲区管理。传统的磁盘数据库的操作是受 I/O 限制的，其 I/O 的时间延迟及其不确定性对实时事务是难以接受的。因此，实时数据库中数据存储的一个主要问题就是如何消除这种延迟及其不确定性。这需要底层的"内存数据库"支持，因而内存缓冲区的管理就显得更为重要。这里所说的内存缓冲区除"内存数据库"外，还包括事务的执行代码及其工作数据等所需的内存空间。

8.3.2　实时数据库的结构

1. 实时数据库的体系结构

组态软件的实时数据库的体系结构如图 8.3 所示。

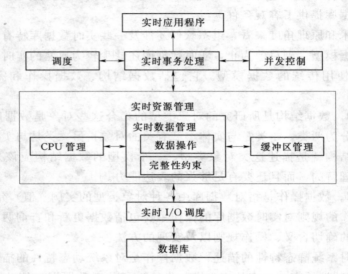

图 8.3　实时数据库的体系结构

实时数据库系统在结构上与传统数据库类似，其主要区别在于调度和事务管理方面。实时数据库系统是一个复杂的系统，它是采用了实时数据库技术的计算机系统。一个实时数据库系统是一个可实际运行的，按照数据方式存储、维护和向应用程序提供数据或信息支持的系统，是存储介质、处理对象和管理系统的集合体。实时数据库系统结构强调了实时特性，以实现其数据库状态最新、数据值的时间一致性和事务的及时处理能力。

从系统的体系结构来看，实时数据库与传统数据库的区别并不很大，同样可以把数据库分成 3 级：内部级、概念级和外部级。这 3 级组成了数据库系统的数据体系结构。外部级最接近用户，这里所说的用户可以是图形界面系统、第三方应用程序等。概念级涉及所有用户的数据定义。内部级最接近于物理设备（如内存或磁盘），涉及实际数据存储方式。

数据库的 3 级结构是数据的 3 个抽象级别，它把数据的具体组织留给数据库系统管理，使用户能逻辑抽象地处理数据，而不必关心数据在计算机中的表不和存储。实时数据库系统是一个复杂的系统，它是采用了实时数据库技术的计算机系统。它的含义已经不仅仅是一组对数据进行处理的软件，也不只是一个数据库。一个实时数据库系统是一个实际可运行的，按照数据方式存储、维护和向应用程序提供数据或信息支持的系统。它是存储介质、处理对象和管理系统的集合体，由数据库、硬件、软件3部分组成。

2. 实时数据库的数据结构

实时数据库与其他般数据库一样，包含一组对象及其结构由于目前对实时数据库还未能提出统一的数据模型，所以不同厂家开发的数据库的数据结构都有很大差别。下面以一个典型的实时数据库为实例，说明实时数据库的数据结构。

在实时数据库中，一个基本的数据对象为"点"（Tag）。一个点由若干参数组成，系统以点参数为单位存放各种信息。点参数相当于关系数据库中的字段（Field），一个点参数对应一个客观世界中的可被测量或控制的对象。点存放在实时数据库的点名称字典中。实时数据库根据点名称字典决定数据库的结构，分配数据库的存储空间。用户在组态实时数据库时总是以点名称为主索引（主关键字）进行编辑。点对象存在多个属性，以参数的形式出现，所以又称点的属性为点参数。

在点名称字典中每个点都包含若干参数。一个点可以包含一些系统预定义标准点参数，还可包含若干个用户自定义参数。用户引用点与参数的形式为"点名．参数名"。如"Tag1. DESC"表示点 Tag1 的点描述，"Tag1. PV"表示点 Tag1 的过程值。点参数有3种数据类型：实型、整型和字符型。系统预定义了一些常用的点参数。这些系统预定义点参数都能完成特定的功能，而且一个参数与另一个参数之间可能存在制约或导出关系这就是实时数据库的完整性。系统预定义参数是数据库提供的一种重要功能，它为用户提供了一整套预定义的数据处理功能和对数据库的访问方法。同时该数据库也允许用户自定义参数，自定义参数的名称和数据类型由用户指定（名称不能与已有的系统参数相同）。数据库对自定义参数也提供实时数据访问和历史数据保存的功能。因为点的结构是由参数组成，所以不同参数的组合就形成了不同类型的点。一个点可以包含任意数量用户自定义参数，或者只包含标准点参数但没有用户自定义参数，也可以既包含标准点参数又包含自定义参数。

8.3.3　实时数据库应用的新领域——数据仓库

数据仓库（Data Warehouse，DW）是计算机应用领域甲的一个崭新方向，它是一种信息管理技术，其研究的主要宗旨是通过畅通、合理、全面的信息管理，来达到对管理决策的支持。数据仓库是数据库技术一种新的应用，不是对数据库的替代。数据仓库和操作型数据库在企业信息环境中承担不同的任务（高层决策分析和日常操作性处理），并发挥着不同的作用。数据仓库与实时数据库存在着密切的联系，数据仓库需要实时数据库提供大量的历史数据。

按照 DW 的创始人 W. H. Inmon 的观点，数据仓库是面向主题的、集成的、稳定的、不同时间的数据集合，用于支持经营管理中的决策制定过程。

数据仓库的主要功能是提供企业决策支持系统（Decision Support System，DSS）或执行信息系统（Executive Information System，EIS）所需要的信息，它把企业日常营运中分散不一致的数据经归纳整理之后转换为集中统一的、可随时取用的深层信息这种信息虽然也是按关系数据库的存储结构存储起来的，但在数据仓库中的一条记录，有可能是基础数据中若干个表、若干条记录的归纳和汇总。实际上数据仓库是一个立体的、多层面的历史数据的有机集合，它必须依赖于丰富的历史数据，为所需要的各类主题（或专题）提供答案、分析及预测结果。

数据仓库具有以下几个基本特点：

（1）数据仓库存储的信息是面向主题来组织的。它根据所需要的信息，分不同类、不同角度等主题把数据整理之后存储起来（按横向对数据进行分类存储）。主题是一个在较高的层次将数据归类的标准。每一个主题基本上对应一个宏观的分析领域。

（2）数据仓库中要有一处专门用来存储 5～10 年或更久的历史数据，以满足比较、预测之用的数据需求（按纵向对数据进行分类存储）。

（3）不论数据来源于何处，进入数据仓库之后都具有统一的数据结构和编码规则。数据仓库中数据具有一致性的特点。

（4）数据仓库是一个信息源，它只是为在其上开发的 DSS 或 EI5 等提供数据服务。因此它就是只读数据库，一般不轻易做改动，只能定期刷新。数据仓库是随时间变化的。保存数据的时限要远远超过操作型数据的时限。

（5）数据仓库是集成的。原始数据与 DSS 数据差别很大，因而在数据进入数据仓库之前，必须进行加工与集成。

（6）数据仓库是稳定的。它反映的事历史数据，而不是处理联机数据。

数据仓库中的信息存储，是根据对数据的不同深度处理来分成不同层次的。数据仓库技术的应用要建立在实时数据库的基础上，并需要大量、长期的历史数据支撑。面对日益增长的数据仓库技术的需求，实时数据库也应该及时、尽快增加一些面向主题的组态工具和创建数仓库的接口工具，使实时数据库能够完成一些简单的数据仓库功能，同时为复杂的数据仓库应用创造便利的条件。数据仓库技术和实时数据库技术将互相促进地发展，数据仓库将从需求上对实时数据库的发展起到推动作用。

8.4　组态软件的网络通信功能

组态软件允许建立独立式或分布式应用程序。独立式应用程序的系统一般只用一个操作站，配置简单，没有网络。而分布式应用程序可以复杂得多，常常有好几层网络。一种典型的分布式应用的情况是：一台 PC 作为主服务器，其他几台工作站作为客户机，同时访问主服务器中数据库的数据；此外还可以建立基于 Web Server/Browser 的浏览器风格的分布式应用。

8.4.1　独立式结构

独立式应用程序定义为对每个监控过程只有单个操作界面的应用系统。一种典型的情况是：一台没联网的 PC 充当主要操作界面，这台计算机通过直接连接，如串行电缆与工业处理过程相连。

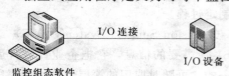

图 8.4　监控组态软件的独立式结构

监控组态软件的独立结构如图 8.4 所示。对于这种结构，PC 上安装的是单独的监控软件。由于不存在网络，独立式结构本身就是一个完整的系统，其优点是容易维护，不足是访问能力仅局限于单个结点。

独立式应用程序的系统配置较简单，应用程序运行时一般需要配置图形界面系统，实时数据库和 I/O 驱动程序。

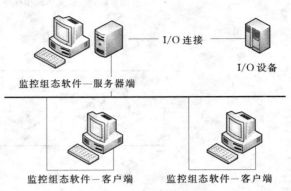

图 8.5 监控组态软件的客户/服务器结构

8.4.2 客户/服务器结构

客户/服务器结构是一种基于网络的、从独立式结构扩展来的结构。其结构如图 8.5 所示。在这种系统中，网络上一台结点机作为服务器端，其他多个结点机作为其客户端，客户端通过网络服务程序可访问服务器端的过程数数据，客户端本身没有数据库，过程 I/O 数据全都集中连接在服务器端。

对于客户/服务器结构，与过程 I/O 相连的服务器端只能有一个，客户端可以有一个或多个。无论是服务器端或是客户端的应用程序，都可以有完整的数据处理功能。谁是服务器端谁是客户端对操作人员来说是透明的。

在客户/服务器结构中，服务器端结点机的处理能力往往影响整个系统的性能。服务器端结点机的工作状态也直接关系整个系统的安全性。各个客户端结点机的大部分数据处理均在本地进行，相对负荷较轻，而且某一台客户端结点机出现故障也不会对整个系统产生很大影响。

8.4.3 对等结构

对等结构是一种更为复杂的网络结构，是从客户/服务器结构发展而来的。其结构如图 8.6 所示。在这种结构中，每个网络结点既是服务器端，为其他结点提供数据，同时又是客户端，从其他结点上获取过程数据。在这种情况下，每个结点都与过程 I/O 相连。

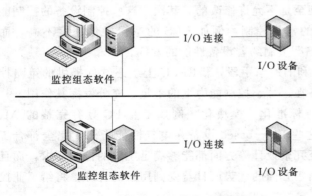

图 8.6 监控组态软件的对等结构

当过程 I/O 点数较多，生产装置的地域位置较分散时，适于采用这种结构。应用程序安装到对等结构中的每个结点机上，各个应用程序都不相同。每个结点机都要启动实时数据库 DB 和采集程序 I/O Server，以获取此结点相连的过程 I/O 数据。每个结点机也都可以访问其他结点机数据库中的数据。

8.4.4 混合结构

当应用规模较大时，可以采用混合结构。混合结构可以包括从班组到车间、到全厂在内的多层网络。数据流也是多样的，有生产过程数据、管理信息数据以及统计决策数据等。混合结构由客户/服务器结构、对等结构等基本系统结构混合组成。图 8.7 描述了某种混合结构的情况。

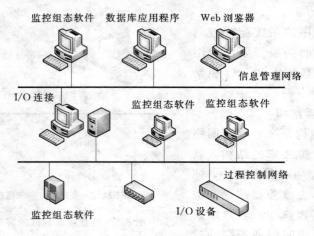

图 8.7　监控组态软件的混合结构

8.5　组态软件的控制功能

在监控系统中，监控硬件设备是必不可少的，这些设备可以是 PLC、DCS、智能仪表或基于 PC 的工业计算机（以下简称 PC－based 设备）。在传统的控制系统中这些设备是参与控制的主角，监控组态软件的控制功能，固然也不会离开这些设备，过程信号的输入和输出必须经由这些硬件设备与现场设备相连。组态软件的控制功能表现在弥补传统设备控制能力的不足、扩大 PC－based 设备在控制系统中所占比例等方面。

8.5.1　组态软件的控制功能概述

PLC、DCS、智能仪表的内部都具有现成的控制算法，通过组态就可以实现预定的控制方案和策略。但它们还有不足之处，首先，这些控制设备内部的控制策略修改起来很不方便，有些控制策略在系统运行期间甚至是不允许修改的。其次，这些控制设备的控制能力十分有限，它们只能完成一些简单的常规控制，例如 DCS 的逻辑操作速度不高，而 PLC 的控制算法种类则偏少。这些缺陷严重制约着设备性能的发挥。

这些控制设备与 PC 间都提供了便利的通信手段，借助 PC 上组态软件提供的策略控制器的丰富算法，就可以弥补这些设备在运算、控制能力上的不足，充分发挥其作用。

另外，PC－based 设备已经实现了标准化、模块化，例如工业 PC 具有完整的 AI、AO、DI、DO、计数器等 I/O 板卡，这些 PC－based 设备在电气性能指标上完全符合工业界的要求，在可靠性、稳定性，甚至冗余设计等方面都能够满足工厂的控制要求，而且因系统在成本、开放性、灵活性、界面等方面的优势而日益受到用户的青睐，将给工业控制系统带来巨变。

PC－based 系统是监控组态软件发挥作用的重要舞台，这是因为：

（1）PC－based 控制系统的出现将改变计算机控制系统的格局。PC 和现场总线技术是目前影响工业控制领域发展的最重要因素而 PC 和现场总线又是紧密地结合在一起的，

PC 和现场总线促进了控制系统走向开放，也使 PC 走进了工业控制领域。开放使应用规模可以自由伸缩，扩展应用变得极为方便，同时降低了安装维护费用，最终使用户受益。PC－based 控制系统既可以单独存在，又可以与其他系统混合使用。

目前 PC－based 控制系统正在向各个领域渗透，由于它具有多种优越性，它必将取代传统的控制系统。

（2）在组态软件上可以直接组态 PC－based 控制系统的控制策略，经编译后下装到每个控制器后即可进入运行。这种 PC－bascd 控制系统采用工业 PC 的 CPU，与普通商用 PC 的处理能力相当，因此处理能力强，运算速度快，与传统的控制系统相比具有很大的优越性，在控制能力上已超过了传统的 PLC 等控制系统

（3）PC－based 控制系统可以运行嵌入式操作系统，在这种情况下，若干个这种控制系统可以联成大规模的控制网络，每个独立系统的显示器、键盘等设备都可以卸掉，硬盘改用电子盘。在这种情况下，每个独立系统在形式上无异于一套 PLC 或 DCS，而处理和控制能力又大大强过它们。PC－based 控制系统在系统联网能力、联网成本方面比传统控制系统具有更为明显的优势。

（4）PC－based 控制系统编程工具采用图形化编程语言，只需用鼠标"单击、拖动"就可以建立一个可重复使用的控制方案，大大减少工程时间和人力。

8.5.2 组态软件控制功能模块

目前成熟的 PC－based 控制功能软件模块还很少，有的组态软件将控制功能模块称为"软 PLC 或 Soft PLC"，也有的称"软逻辑"，但这些叫法都不能准确地反映监控组态软件基于 PC 的控制功能模块的含义。在此引入"策略"（strategy）的概念来描述组态软件的控制功能。策略相当于计算机语言中的函数，是在编译后可以解释执行的功能体。

控制策略由一些基本功能块组成，一个功能块代表一种操作、算法或变量。功能块是策略的基本执行元素，类似一个集成电路块，有若干输入和输出，每个输入和输出管脚都有唯一的名称。不同种类的功能块其每个管脚的意义、取值范围也不相同。

一般控制策略是在控制策略生成器中编辑生成的，在控制策略存盘时自动对策略进行编译，同时检查语法错误，编译也可以随时手动进行。

一个应用程序中可以有很多控制策略，但是有且只有一个主策略。主策略被首先运行，主策略可以调用或间接调用其他策略。策略嵌套一般不超过 4 级（不包括主策略），即 0～3 级，否则容易造成混乱。在这 4 级中，0 级最高，3 级最低。高级策略可以调用低级策略，而低级策略不可以调用高级策略。如果策略 A 被策略 B 调用，则称 A 是 B 的子策略。0 级策略是主策略的子策略，0 级策略的子策略是 1 级策略，依此类推。

8.5.3 组态软件的策略生成器

监控组态软件在控制策略生成器中编辑生成控制策略，各种组态软件的策略生成器有着不同的设计，但最基本的思想还是相近的。

1. 编辑控制策略时的基本准则

策略只能调用其子策略，不能跨级调用，如不允许主策略调用 2 级策略。一个功能块的输出可以输出到多个基本功能块的输入上。一个功能块的输入只能来自一个输出。功能块的输出不能来自另一个块的输出。

2. 使用策略编辑器生成控制策略的基本步骤

使用策略编辑器生成控制策略的基本步骤如下：

（1）根据生产控制要求编写控制逻辑图。

（2）根据生产过程的控制要求配置 I/O 设备。

（3）根据逻辑图创建策略及子策略，建立 I/O 通道与基本功能块的连接。

（4）对创建的控制策略进行编译和排错。

（5）利用控制策略编辑器的各种调试工具对编辑的策略首先进行分段离线调试，再进行总调试，最后进行在线调试。

（6）如果控制策略在本地运行，则将经过调试的策略投入运行；如果策略在目标设备上运行，则将策略下装到目标机中投入运行。

3. 策略生成器的基本功能块

基本功能块可以被反复调用，每次调用被赋予一个名字。功能块的执行顺序与它在屏幕上的位置相关，位置靠左上方的功能块优先执行，按照先左后右、先上后下的顺序执行。基本功能块分为 5 类：变量功能块、数学运算功能块、程序控制功能块、逻辑功能块和控制算法功能块。一个基本功能块由下面 5 个部分组成：

（1）功能块名称，描述功能块的计算类别。

（2）功能块输入，功能块输入是功能块的输入参数，即参加计算的操作数。

（3）功能块输出，功能块输出是功能块的计算输出。

（4）功能块参数，功能块参数指定功能块中参与运算的必要参数。在组态期间设置这些参数的值，参数的值也可以与其他功能块的输入、输出进行连接，接受来自其他功能块的参数设定或将参数的值送给其他功能块。参数的名称不显示在功能块的输入和输出管脚上。

（5）功能块使能端，当它的数值为 Trtue 时，才允许功能块对输入变量进行计算，否则功能块不执行计算。计算输出保持上一次的值，可以用另一个功能块的输出连接到功能块的使能端，达到控制是否允许其计算的目的。

8.6　人—机接口技术

人—机接口是指人与计算机之间建立联系、交换信息的输入/输出设备的接口，本节主要介绍人—机接口（HMI/SCADA）技术的含义，以及基于工业控制组态软件设计人—机交互界面和基于 VB/VC++语言设计人—机交互界面。

8.6.1　HMI/SCADA 的含义

HMI（Human Machine Interface）广义的解释就是"使用者与机器间沟通、传达及接受信息的一个借口"。利用计算机数据处理的强大功能，向用户提供诸如工艺流程图显示、动态数据画面显示、参数修改与设置、报表编制、趋势图生成、报警画面、打印参数以及生产管理等多种功能，为系统提供良好的人—机界面。一般而言，HMI 系统必须有几项基本的能力：

（1）实时资料趋势显示——把获取的资料立即显示在屏幕上。

（2）历史资料趋势显示——把数据库中的资料作可视化的呈现。

（3）自动记录资料——自动将资料储存至数据库中，以便日后查看。

（4）警报的产生与记录——使用者可以定义一些警报产生的条件，为温度过高或压力超过临界值，在这样的条件下系统会产生警报，通知作业员处理。

（5）报表的产生与打印——能把资料转换成报表的格式，并能够打印出来。

（6）图形接口控制——操作者能够透过图形接口直接控制机台等装置。

凡是具有系统监控和数据采集功能的软件，都可称为 SCADA（Supervisor Control And Data Acqusition）软件。它是建立在 PC 基础之上的自动化监控系统具有以下的基本特征：图形界面、系统状态动态模拟、实时资料和历史趋势、报警处理系统、数据采集和记录、数据分析、报表输出。

SCADA 软件和硬件设备的连接方式主要可归纳为 3 种：

（1）标准通信协议。工业领域常用的标准协议有：ARCNET，CAN Bus，Device Net，Lon Works，Modbus，Profibus。SCADA 软件和硬件设备，只要使用相同的通信协议，就可以直接通信，不需再安装其他驱动程序。

（2）标准的资料交换接口。常用的有：DDE（Dynamic Data Exchange）与 OPC（OLE for Process Control）。使用标准的资料交换接口，SCADA 软件以间接方式通过 DDE 和 OPC 内部资料交换中心（Data Exchange Center）和硬件设备通信。这种方式的优点在于，不管硬件设备是否使用标准的通信协议，制造商只需提供一套 DDE 或 OPC 的驱动，即可支持大部分的 SCADA 软件。

（3）绑定驱动（Native Driver）。绑定驱动程序是指针对特定硬件和目标设计的驱动。这种方式的优点是执行效率比使用其他方式的驱动高，但缺点是兼容性差。制造商必须针对每一种 SCADA 软件提供特定的驱动程序。

对控制系统进行监控一般有两种方法：组态软件监控、第三方软件编制的监控软件监控。用组态软件实现监控，可以利用组态软件提供的硬件驱动功能直接访问硬件进行通信，不需编写通信程序，且功能强大，灵活性好，可靠性高，但软件价格高，对硬件的依赖比较大，当组态软件不支持相关的硬件时就会受到限制。在复杂控制系统中可以采用此方法。用第三方软件（面向对象的可视化编程语言如 VB 或 VC 等）编制的监控软件实现监控，其中包括数据通信、界面实现、数据处理和数据库功能等部分内容，灵活性好，系统投资低，能适用于各种系统。但开发系统工作量大、特别是要实现工业生产中复杂的流程和工艺的逼真显示要花费大量的时间，可靠性难保证，对设计人员的经验和技术水平的要求高，这种方法需要自己编写通信程序。

8.6.2 基于工业控制组态软件设计人—机交互界面

目前，越来越多的控制工程师已不再采用从芯片→电路设计→模块制作→系统组装调试→……的传统模式来设计计算机控制系统，而是采用组态模式。计算机控制系统的组态功能可分为两个主要方面，即硬件组态和软件组态。

硬件组态常以总线式（ISA 总线或 PCI 总线）工业控制机为主进行选择和配置。总线式工业控制机具有小型化、模块化、标准化、组合化、结构开放的特点，因此在硬件上可以根据不同的控制对象，选择相应的功能模板，组成各种不同的应用系统，使硬件工作量几乎接近于零，只需按要求对各种功能模板安装与接线即可。

软件组态常以工业控制组态软件为主来实现。工业控制组态软件是标准化、规模化、商品化的通用过程控制软件，控制工程师在不必了解计算机的硬件和程序的情况下，在CRT 屏幕上采用菜单方式，用填表的办法，对输入、输出信号用"仪表组态"方法进行软连接。这种通用树形填空语言有简单明了、使用方便等特点，十分适合控制工程师掌握应用，大大减少了重复性、低层次、低水平应用软件的开发，提高了软件的使用效率、价值和控制的可靠性，缩短了应用软件的开发周期。

控制系统的软件组态是生成整个系统的重要技术，对每一个控制回路分别依照其控制回路图进行。组态工作是在组态软件支持下进行的，组态软件主要包括控制组态、图形生成系统、显示组态（I/O 通道登记、单位名称登记、趋势曲线登记、报警系统登记、报表生成系统）共 8 个方面的内容。有些系统可根据特殊要求而进行一些特殊的组态工作。控制工程师利用工程师键盘，以人—机会话方式完成组态操作，系统组态结果存入磁盘存储器中，以作为运行时使用。

1. 控制组态

在工业控制组态软件中，一般有 PID 等几十种基本算法。控制算法的组态生成在软件上可以分为两种实现方式：一种方式是采用模块宏的方式，即一个控制规律模块（如PID 运算）对应一个宏命令（子程序），在组态生成时，每用到一个控制模块，则组态生成控制算法，产生的执行文件中就将该宏所对应的算法换入执行文件；另一种常用的方式是将各控制算法编成各个独立的可以反复调用的功能模块，对应每一模块有一个数据结构，该数据结构定义了该控制算法所需要的各个参数。因此，只要这些参数定义了，控制规律就定了。有了这些算法模块，就可以生成绝大多数的控制功能。

2. 图形生成系统

计算机控制系统的人机界面越来越多地采用图形显示技术。图形画面主要是用来监视生产过程的状况，并可通过对画面上对象的操作，实现对生产过程的控制。图形画面一般有两种即静态画面（或背景画面）和动态画面。静态画面一般用来反映监视对象的环境和相互关系，它的显示是不随时间的变化的。动态画面一般用以反映被监视对象和被控对象的状态和数值等，它在显示过程中是随现场被监控对象的变化而变化的。在生成图形画面时，不但要有静态画面，而且还要有"活"的部分即动态画面。

3. 显示组态

计算机控制系统的画面显示一般分为三级即总貌画面、组貌画面、回路画面。若想构成这些画面，就要进行显示组态操作。显示组态操作包括选择模拟显示表、定义显示表及显示登记方法等操作。

（1）选择模拟显示表。由于计算机控制系统显示画面常采用各种模拟显示表来显示测量值、设定值和输出值，因此，显示组态一般可用 6 种模拟显示表，即调节控制表、报警显示表、阀位操作表、监视操作表、比率设定表、流量累计表。

（2）定义模拟显示表。选择了回路的模拟显示表后，尚需对显示表的每一个参数进行确定，并在画面上设定相应的值。

（3）显示登记法。显示登记法是进入系统显示登记画面。选择过程控制站站号及工作方式；登记控制组号、组名，该组员的回路号，进行分组登记操作；显示表登记（登记每一个控制回路所用的模拟显示表）；将显示登记文件存入后备文件或打印。

（4）I/O通道登记。计算机控制系统能支持多种类型的信号输入和输出。从生产过程来看，每一输入输出都有不同的名称和意义，因此需将输入输出定义成特定的含义，这就是I/O通道登记。I/O通道主要是模拟量I/O和开关量I/O等通道。

（5）单位名称登记。对系统各种画面中需要显示的工程单位名称采用登记的方法，可使用中英文一切符号，登记生成自己特有的单位名称，主要登记编号和单位名。

（6）趋势曲线登记。趋势曲线显示在控制系统中很重要，为了完成这种功能需要对趋势曲线进行登记。系统的硬盘中保存有3种趋势曲线数据，即当天的、昨天的和历史的数据。当天的趋势曲线数据，系统以一定的周期将数据保存起来。到第二天就将当天的数据覆盖昨天的数据。历史数据是当你需要某天的数据时，从硬盘复制到软盘保存起来。

趋势曲线的规格主要有：趋势曲线幅数、趋势曲线每幅条数、每条时间、显示精度。趋势曲线登记表的内容主要有：幅号、幅名、编号、颜色、曲线名称、来源、工程量上限和下限。

（7）报警系统登记。报警显示画面分成三级即报警概况画面、报警信息画面、报警画面。报警概况画面是第一级，它显示系统中所有报警点的名称和报警次数；报警信息画面是第二级，它是第一级画面的展开与细化，可调出相应报警信息画面，即可观察到报警时间，消警时间，报警点名称和报警原因等；报警画面是第三级，可调出与报警点相应的各显示画面，包括总貌画面、组画面、回路画面、趋势曲线画面等。

为了完成报警登记，填写登记表。内容包括：编号、名称、原因类型、原因参数、画面类型、画面参数。

（8）报表生成系统。报表生成系统用于系统的报表及打印输出，因而报表系统主要功能是定义各种报表的数据来源、运算方式以及报表打印格式和时间特性。

8.6.3 基于VB/VC++语言设计人—机交互界面

1. Visual Basic

1991年，Microsoft公司推出了Visual Basic，它的诞生标志着软件设计和开发的一个新时代的开始。Visual Basic为开发Windows应用程序提供了强有力的工具。它极大地改变了人们对Windows的看法以及编写Windows应用程序的方式。Visual Basic极大地简化了界面的设计，它使程序员可以直观地设计应用程序的用户界面。通过事件驱动机制，用户在界面上的任何操作都自动被映射到了相应的处理代码上。这样，程序员可以将精力集中在程序功能的实现上，无须像以前那样需要耗费大量的精力为界面编写代码。Visual Basic还提供了OLE（Object Linking and Embedding，即对象的链接与嵌入）功能，也就是在应用程序里，可以通过控制其他应用程序中的对象来借用它们的某些功能。例如，建立一个Visual Basic应用程序，在这个程序中，可以使用Microsoft Excel建立一个计算器，用Microsoft Word建立一个报表等。

另外，Visual Basic 6.0中的数据访问特性，允许对SQL Server和其他企业数据库在内的大部分数据库格式建立数据库和前端应用程序，以及可调整的服务器端软件。

2. VC++

VC++是 Microsoft 公司推出的一款优秀的计算机开发语言，基于该编译程序，编程人员能够设计出良好的具有 Windows 界面特性的应用程序。Visual Basic 6.0 是到目前为止最新的 Visual C++料编译程序版本。它包含着 Microsoft 基本类（Foundation Class）和可以用来设计复杂的对话框、菜单、工具条、图像、应用程序所需的很多其他组件，可简化和加速 Windows 应用程序的开发。基于 VC++能够开发出各式各样的适应用户要求的监控界面。

8.7　组态软件应用举例

在一个自动监控系统中，监控组态软件是系统的数据采集处理中心、远程监视中心和数据转发中心，组态软件与各种检测、控制设备（如智能仪表、PLC 等）共同构成快速响应/控制中心。控制方案和算法一般在控制设备编程或组态执行，也可以在计算机（PC）上组态执行，应根据方案和设备的具体要求而定。下面介绍基于组态王的计算机监控系统设计。

8.7.1　应用组态软件设计监控系统的步骤

应用组态软件设计监控系统的一般步骤如下：

（1）分析应用系统的工艺过程，了解相关控制要求。

（2）分析控制系统设备组成，明确系统所采用 I/O 设备的生产商、种类、型号，确定设备支持的通信接口类型和采用的通信协议，以便在定义 I/O 设备时做出准确选择。

（3）根据工艺过程与监控系统设计要求，初步构建监控系统人—机界面的结构和画面草图。

（4）组态建立变量数据词典，正确组态各种变量属性，即在实时数据库中建立变量与设备 I/O 点的一一对应关系。

（5）根据监控系统人—机界面结构和画面草图，利用相应组态工具绘制具体的人机界面画面。

（6）建立画面的动态连接，动画效果应尽量与实际工艺一致。

（7）对组态画面内容进行部分的功能测试和系统集成调试。

（8）系统投入运行。

8.7.2　组态王软件应用工程分析

在组态王应用过程中，应用工程设计的一般过程包括建立新工程、图形界面设计（定义画面）、I/O 设备定义（管理）、数据变量定义（构造数据库）、建立动画连接、运行和调试等。需要说明的是，设计监控系统过程中，上述步骤并不是完全独立的，常常是交错进行的，并以图形界面设计、I/O 设备定义、数据变量定义等为应用的基本环节。

在构造应用程序之前，需要仔细规划设计项目，主要应考虑以下 3 个方面问题。

（1）图形方面：用怎样的图形画面来模拟实际的工业现场的相应的工控设备？用组态王系统开发的应用程序是以"画面"为程序单位的，每一个"画面"对应于程序实际运行时的一个 Windows 窗口。

（2）数据方面：怎样用数据描述工控对象的各种属性？也就是创建一个实时数据库，用此数据库中的变量来反映工控对象的各种属性，比如"电源开关"规划中可能还要为临时变量预留空间。

（3）动画方面：数据和图形画面中的图素的连接关系是什么？也就是画面上的图素以怎样的动画来模拟现场设备的运行，以及怎样让操作者输入控制设备的指令。

应用组态王进行工程设计的具体操作步骤如下所述。

1. 建立组态王新工程

建立新的组态王工程，应先为工程指定工作目录（或称"工程路径"）。组态王用工作目录标识工程，不同的工程应置于不同的目录。工作目录下的文件由组态王系统软件自动管理。

2. 创建组态画面

进入组态王开发系统后，就可以为每个工程建立数目不限的画面，在每个画面上生成互相关联的静态或动态图形（图素）对象。这些画面都是由组态王提供的类型丰富的图形对象组成的。系统为用户提供了矩形（圆角矩形）、直线、椭圆（圆）、扇形（圆弧）、点位图、多边形（多边线）、文本等基本图形对象，以及按钮、趋势曲线窗口、报警窗口、报表等复杂的图形对象。提供了对图形对象在窗口内任意移动、缩放、改变形状、复制、删除、对齐等编辑操作，全面支持键盘、鼠标绘图，并可提供对图形对象的颜色、线型、填允属性进行改变的操作工具。

组态王采用面向对象的编程技术，使用户可以方便地建立画面的图形界面。用户组态界面图形时可以像搭积木那样利用系统提供的图形对象完成画面的生成。同时支持画面之间的图形对象复制，可重复使用以前的开发结果。

3. I/O 设备设置

组态王把那些需要与之交换数据的设备或程序都作为外部设备。外部设备一般包括可编程序控制器、智能仪表、智能模块、变频器、计算机数据采集板卡等，它们通常采用串行口或并行总线的方式与组态王交换数据；外部设备还包括通过 DDE 设备交换数据的其他 Windows 应用程序以及网络上的其他计算机。只有在定义了外部设备之后，组态王才能通过 I/O 变量和它们交换数据。为方便组态配置外部设备，组态王提供了"设备配置向导"，通过"设备配置向导"，用户可以便捷地完成设备的连接。

4. 数据变量定义（组态变量数据库）

数据变量是现场设备运行状态与计算机监控界面之间的媒介。而数据库是承载变量的场所，是组态王的最核心部分，是应用系统的数据处理中心，系统各个部分均以实时数据库为公用区交换数据，实现各个部分协调动作。工业现场的生产状况要以动画的形式反映在屏幕上，操作者在计算机前发布的指令也要迅速送达生产现场，所有这一切都是以实时数据库为中介环节，所以说数据库是联系上位机和下位机的桥梁。在 Touch view 运行时，它含有全部数据变量的当前值。变量在组态王画面开发系统中定义，定义时要指定变量名和变量类型，某些类型的变量还需要一些附加信息。数据库中变量的集合形象地称为"数据词典"，数据词典记录了所有用户可使用的数据变量的详细信息。变量包括内存变量和I/O 变量。内存变量是指只在"组态王"内部需要的变量，比如计算过程的中间变量，内存变量不需要和其他应用程序交换数据，也不需要从下位机得到数据。"I/O 变量"指的是需要"组态王"和下位机设备或其他应用程序（包括 I/O 服务程序）交换数据的变量。这种数据交换是双向的、动态的，就是说，在"组态王"系统运行过程中，每当 I/O 变量的值改变时，该值就会自动写入远程应用程序；每当远程应用程序中的值改变时，"组态王"系统中的变量值也会自动更新。

5. 建立动画连接

定义动画连接是指在画面的图形对象与数据库的数据变量之间建立一种关系，当变量的值改变时，在画面上以图形对象的动画效果表示出来；或者由软件使用者通过图形对象改变数据变量的值。

组态王提供了多种动画连接方式，如属性变化（线属性变化、填充属性变化、文本色变化）、位置与大小变化（填充、缩放、旋转、水平移动、垂直移动）、值输出（模拟值输出、离散值输出、字符串输出）、值输入（模拟值输入、离散值输入、字符串输入）、特殊（闪烁、隐含）、滑动杆输入（水平、垂直）、命令语言（按下时、弹起时、按住时）等。一个图形对象可以同时定义多个动画连接，组合成复杂的动态效果，以满足实际系统中任意的动画显示需要。

6. 运行和调试

在组态王开发系统中，选择菜单栏中"文件/切换到 View"命令，进入组态王运行系统。

8.7.3　基于组态王软件的水位控制系统设计

工艺控制流程图是实现控制系统实时监控的最重要的部分之一。通过本设计示例，学习如何使用组态软件实现工艺控制的步骤，完成使用组态王实现水位控制系统的设计，拓展掌握其他通用组态软件产品设置的一般方法。

1. 建模

建模就是在对系统要求进行分析后，建立数学模型。以水位控制系统为例（见图8.12），水泵将水源中的水通过进水管道抽到水箱中，水箱出水管道连接用户，为用户提供水源。为了保护水压的相对稳定，对水箱中水位要有两个报警限，分别为上限和下限，当水位上升到上限，关闭水泵；水位低于下限，水泵工作，给水箱供水；在上下限之间，水泵不工作。

2. 变量的定义

在控制系统中，需要采用变量来存放外部设备传送来的检测信号（如水位信号），这些变量需要同外部设备进行数据交换。所以需要首先建立工程，然后进行设备配置，再建立相应的变量。

（1）建立工程。启动组态王工程管理器，选择菜单"文件"中的"新建工程"，或者单击工具栏的"新建"按钮。出现"新建工程向导之一"对话框，单击"下一步"按钮，弹出"新建工程向导之二"对话框，选择工程所在目录，单击"下一步"，弹出"新建工程向导之三"对话框，输入新建组态王工程名称：水位控制系统；工程描述：水位控制系统。单击"完成"按钮，在是否将所建的工程设为组态王当前工程的对话框中选择"是"。在菜单项中选择"工具/切换到开发系统"，或者退出工程管理器，直接打开组态王工程浏览器，进入工程浏览器画面，此时组态王自动生成初始的数据文件。至此，新的工程建立。

（2）建立画面。进入工程浏览器，打开图形工具箱和图库管理器。

1）在工具箱中的立体管道工具中选择"⌐"，在画面上，鼠标图形为"＋"模式，在适当位置单击鼠标左键，然后移动鼠标到结束位置，双击。则立体管道在画面上显示出来。如果立体管道需要弯曲，只需在折点处单击鼠标，然后继续移动鼠标，就可实现折线形式的立体管道。

选中所画的立体管道，在调色板上的对象选择按钮中按下线条色按钮，在选色区选择颜色，则立体管道变为相应的颜色。

2）打开图库管理器，在反应器图库中选择"🔧"图素，双击后在水位控制画面上单击鼠标，该图素出现在相应的位置，移动到相应的立体管道上，并拖动边框改变其大小，如图 8.8 所示。

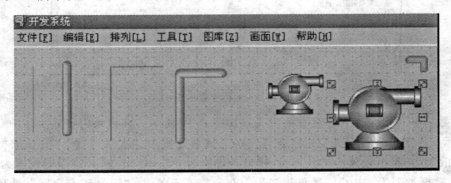

图 8.8　文本、图素的使用方法

（3）定义外部设备和数据变量。作为上位机，需要与外部设备交换数据。这些外部设备包括：下位机如 PLC、仪表、模块、板卡等，一般通过串行口和上位机交换数据；其他 Windows 应用程序，一般通过 DDE 交换数据。若组态软件在网络上运行，则外部设备还可以包括网络上的其他计算机。

只有在定义了外部设备之后，组态软件才能通过 I/O 变量进行数据交换。为方便定义外部设备，组态王设计了"设备配置向导"指导完成设备的连接。

本书使用仿真 PLC 和组态王通信，利用仿真 PLC 为组态王提供数据，假设仿真 PLC 连接在计算机的 COM1 口。（由于篇幅所限，这里对外部设备的设置省略，请参阅相关的书籍。）

在定义了相关的外部设备之后，可以使用数据词典定义需要的变量，对于水位控制系统至少需要一个模拟量和一个数字量。

1）模拟量"水位"变量的定义，如图 8.9 所示。单击"数据库"大纲的"数据词典"成员名，然后在目录内容显示区双击"新建"图标，出现"定义变量"窗口。在"基本属性"页输入变量名"水位"，变量类型为"I/O 实数"，连接设备设置为"新 IO 设备"，寄存器设置为 DICREA100，数据类型为"FLOAT"，读写数据为"只读"，采集频率为 1000ms，最小值 0，最大值 3.5，最小原始值 0，最大原始值 3。这样就可以把从外部设备传过来的 4

～ 20mA 的电流信号通过标准电阻转换为 0.5～3.5V 电压，再转换成 0～3m 的水位。

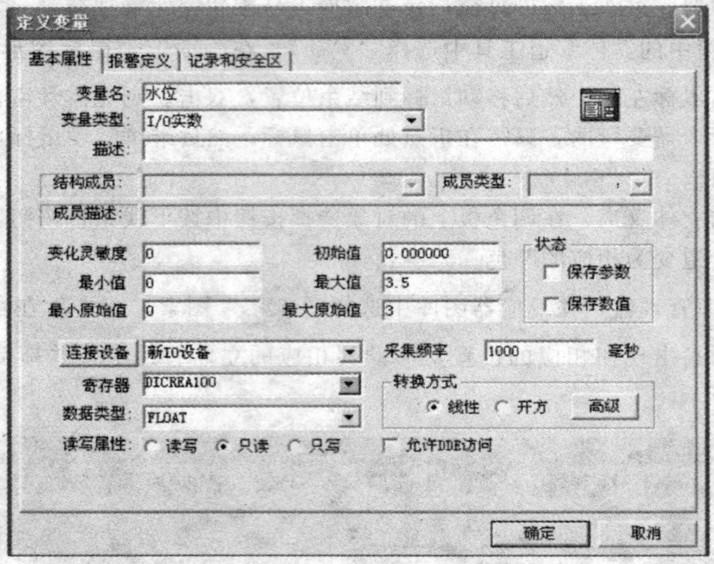

图 8.9　水位变量的定义

2）数字量"水泵运行"变量的定义，如图 8.10 所示。在目录内容显示区中双击"新建"图标，再次出现"定义变量"窗口，将变量名设置为"水泵运行"，变量类型设置为"I/O 离散"，初始值设置为"关"，连接设备设置为"新 IO 设备"，寄存器设置为"CommErr"，数据类型为"Bit"，采集频率为 1000ms，然后单击"记录和安全区"选项卡，单击选中"数据变化记录"单选按钮，再单击"确定"按钮，完成变量的设置。

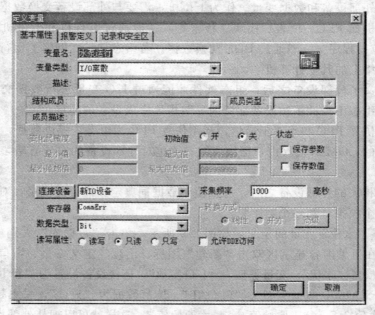

图 8.10　水泵运行变量的定义

3）实数变量的定义。实数变量是用来存储历史数据的。可以根据控制要求，例如存储 24 个小时整点的水位数值，需要 24 个内存实数变量如：水位 1，…，水位 24。

双击"新建"图标，出现"定义变量"对话框，将变量名设置为"水位 1"，变量类型设置为"内存实数"，最大值设置为 3.5。选中"保存数值"复选框，再单击"确定"按钮，定义完成。

4）内存离散变量的定义，如图 8.11 所示。内存离散变量是用来控制系统的启、停的。双击"新建"图标，出现"定义变量"对话框，将变量名设置为"启动"，变量类型设置为"内存离散"，再单击"确定"按钮，定义完成。

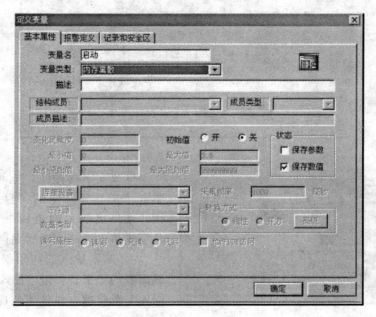

图 8.11 内存离散变量的定义

3. 画面的编辑与动画连接

（1）画面的编辑。前面已经对"水位控制系统"的建立有所陈述。现在利用组态王提供的各种绘图工具来制作完善的主画面，使得画面能够逼真地反映控制系统的工作运行状况，并且可以通过画面控制实际的运行状态，从而实现对系统的实时监控，如图 8.12 所示。

1）文本输入。用鼠标单击"工具箱"中的"文本"工具按钮，然后将鼠标移动到画面上适当位置单击，用户便可以输入文字。输入完毕后，单击鼠标，文字输入完成。

若需要对输入的文字进行修改，则可以首先选中该文本，然后用鼠标单击，在弹出的菜单中单击"字符串替换"菜单项，弹出"字符串替换"对话框，输入要修改的文字，单击"确定"按钮，如图 8.13 所示。

若要对字体进行修改，单击"工具箱"中的"字体"按钮，弹出"字体"对话框，用户可以在此对话框中选择需要的字体、字形和大小。单击"确定"按钮，字体的修改完成。

243

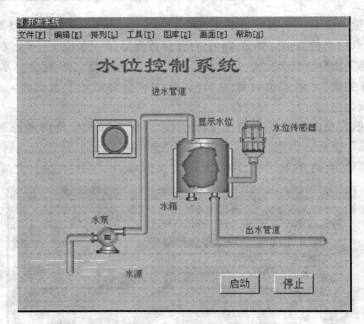

图 8.12　水位控制系统主画面

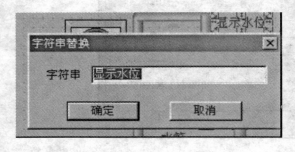

图 8.13　字符串替换

修改文字的颜色，则可以选中文本，单击"工具箱"中的"显示调色板"按钮，在弹出的"调色板"中单击"字符色"按钮，选择需要的颜色即可。

2）图素输入。利用组态王的图库绘制需要的图素。单击"图库"中的"打开图库"菜单项（或使用快捷键 F2），出现"图库管理器"窗口。下面以水泵为例，介绍图库的使用方法。

打开图库管理器后，在左侧的树状显示区中选中"泵"，右侧将出现所有与泵相关的图素。选中需要的水泵，这里选中左起的第二种，双击后将鼠标移动到画面适当位置并单击，则"泵"就出现在画面上，用鼠标将其大小调试到需要的尺寸后，即完成了"泵"的绘制，如图 8.14 所示。

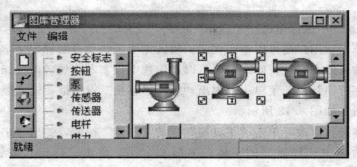

图 8.14　图库中选取水泵图素

同样的方法可以在画面上绘制出水箱、管道、水位传感器及相应的文本。至此，主画面绘制完成。

（2）动画连接。以上绘制的画面是静态的，要逼真的显示系统的运行状况，必须将图素和数据库中已经设定的相应变量联系起来，即让画面"动"起来。将图素和数据库中对应变量建立联系的过程称为"动画连接"。建立动画连接后，当数据库中的变量发生变化后，图形对象就可以按照设定的动画连接随之做同步的变化。

下面是水位控制系统主画面的动画连接过程。

1）启动按钮的动画连接设置。双击"启动"按钮，出现"动画连接"对话框，单击命令语言连接中的"弹起时"按钮，出现"命令语言"窗口。输入如下命令语言："\\ 本站点 \ 启动＝1;"单击"确定"按钮，返回到"动画连接"对话框，再单击"确定"按钮，则"启动"按钮的动画连接完成，如图8.15所示。当用鼠标单击"启动"按钮时，系统运行。

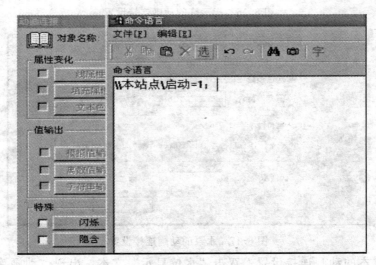

图 8.15　启动按钮的动画连接设置

同样的方法可以设置"停止"按钮。只要将输入命令改为："\\ 本站点 \ 启动＝0;"即可。

2）指示灯的动画连接设置。双击"指示灯"，出现"指示灯向导"对话框。将变量名设定为："\\ 本站点 \ 启动"，将"正常色"设置为绿色，"报警色"设置为红色。再单击"确定"按钮，则"指示灯"动画连接完成，如图8.16所示。在运行状态下，此指示灯的颜色将表明系统的运行状态：绿色表示系统处于运行状态，红色表示系统处于停止状态。

3）水泵的动画连接设置。双击"水泵"，出现"泵"对话框，将其中的变量名设置为"\\ 本站点 \ 水泵运行"，单击"确定"按钮，则"水泵"动画连接完成，如图8.17所示。在运行时，水泵中央显示绿色表示正在工作，红色表示停止状态。

4）水箱的动画连接设置。双击"水箱"，出现"反应器"对话框。变量名设置为"\\ 本站点 \ 水位"，填充颜色设置为蓝绿色，并把最大值设置为3.5。单击"确定"按钮，则"水箱"动画连接完成。运行时，水箱中填充的高度表示了水箱水位的高度。

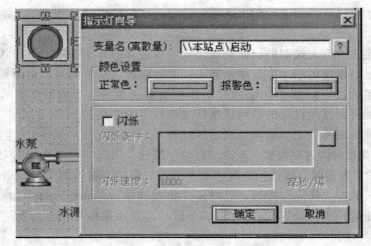

图 8.16　指示灯的动画连接设置

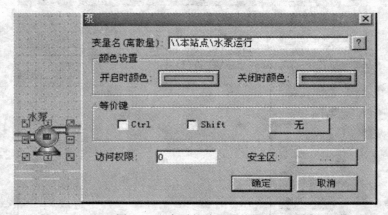

图 8.17　水泵的动画连接设置

5）显示文本的动画连接设置：双击"水位显示"文本，出现"动画连接"对话框，单击"模拟值输出"按钮，则弹出"模拟值输出连接"对话框。将其中的表达式设置为"\\本站点 \ 水位"，整数位数为 1，小数位数为 1，单击"确定"按钮返回到"动画连接"对话框，再次单击"确定"按钮，动画连接设置完成，如图 8.18 所示。

在所有的动画连接完成之后，将画面保存好。没有保存的画面，在运行时均不会起作用。

（3）命令语言及控制程序编写。在完成了上述的动画设置后，还必须通过命令输入，才能控制水泵的运行。工艺上要求水泵的工作状态是根据水位的高低而运行的。当水位低于下限时，水泵工作，为水箱送水；水位高于上限，水泵停止工作；在上下限之间，水泵不工作。

这里假定下限设置为 0.5m，上限为 3.1m。在工程浏览器中的工程目录显示区中单击"文件"大纲下面的"命令语言"下的"应用程序命令语言"成员名，然后在目录内容显示区中单击"请单击这儿进入＜应用程序命令语言＞对话框"图标，则进入"应用程序命令语言"对话框。单击"运行时"，将循环执行时间设定为 3000ms，然后在命令语言输入框内输入如下命令语言：

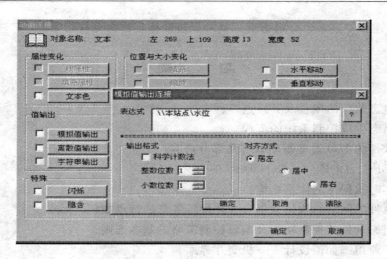

图 8.18　显示文本的动画连接设置

```
if（启动==1）
{     if（水位<0.5）
          水泵运行=1；
          if（水位>3.1）
          水泵运行=0；
      }
      else
      水泵运行=0；
```

　　然后单击"确定"按钮，完成命令语言的输入，如图 8.19 所示。注意，命令输入要求在语句的尾部加分号。

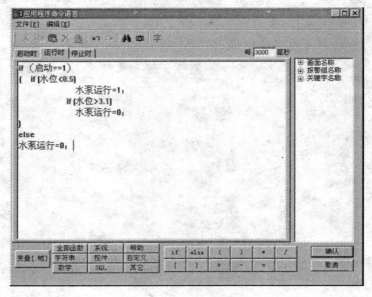

图 8.19　应用程序命令语言

在完成上述步骤后，运行组态王，就可以按照指定的命令执行了。

习　　题

1. 简述组态软件的概念及其特点。
2. 简述组态生成控制系统的流程。
3. 组态软件的 I/O 设备驱动有哪几部分内容。
4. 解释 OPC、DDE、OLE、ODBC 的含义。
5. 简述实时数据库的体系结构。
6. 组态软件的网络结构体系划分为几种？各自的特点如何。
7. 简述组态软件的控制功能及编辑控制策略的基本准则。
8. 简述工业组态如何设计人—机交互界面。
9. 简述组态软件设计监控系统的步骤。
10. 举例说明组态王软件在工程中的应用。

第 9 章　计算机控制系统设计与工程实现

　　计算机控制系统的设计，既是一个理论问题，又是一个工程问题。计算机控制系统的理论设计包括：建立被控对象的数学模型；确定满足一定技术经济指标的系统目标函数，寻求满足该目标函数的控制规律；选择适宜的计算方法和程序设计语言；进行系统功能的软、硬件界面划分，并对硬件提出具体要求。计算机控制系统的工程设计，不仅要掌握生产过程的工艺要求，以及被控对象的动态和静态特性，而且要通晓自动检测技术、计算机技术、通信技术、自动控制技术、微电子技术等。

　　本章主要介绍计算机控制系统设计的原则与步骤、计算机控制系统的工程设计与实现、计算机控制系统的设计举例。

9.1　系统设计的原则与步骤

　　尽管计算机控制的生产过程多种多样，系统的设计方案和具体的技术指标也是千变万化，但在计算机控制系统的设计与实现过程中，应遵守共同的设计原则与步骤。

9.1.1　系统设计的原则

1. 安全可靠

　　工业控制计算机不同于一般的用于科学计算或管理的计算机，它的工作环境比较恶劣，周围的各种干扰随时威胁着它的正常运行，而且它所担当的控制重任又不允许它发生异常现象。这是因为，一旦控制系统出现故障，轻者影响生产，重者造成事故，产生不良后果。因此，在设计过程中，要把安全可靠放在首位。

　　首先要选用高性能的工业控制计算机，保证在恶劣的工业环境下，仍能正常运行。其次是设计可靠的控制方案，并具有各种安全保护措施，比如报警、事故预测、事故处理、不间断电源等。

　　为了预防计算机故障，还常设计后备装置，对于一般的控制回路，选用手动操作为后备；对于重要的控制回路，选用常规控制仪表作为后备。这样，一旦计算机出现故障，就把后备装置切换到控制回路中去，维护生产过程的正常运行。对于特殊的控制对象，设计两台计算机，互为备用地执行任务，称为双机系统。

　　双机系统的工作方式一般分为备份工作方式和双工工作方式两种。在备份工作方式中，一台作为主机投入系统运行；另一台作为备份机也处于通电工作状态，作为系统的热备份机，当主机出现故障时，专用程序切换装置便自备份机切入系统运行，承担起主机的任务，而故障排除后的原主机则转为备份机，处于待命状态。在双工工作方式中，两台主机并行工作，同步执行同一个任务，并比较两机执行结果，如果比较相同，则表明正常工作，否则再重复执行，再校验两机结果，以排除随机故障干扰，若经过几次重复执行与校对，两机结果仍然不相同，则启动故障诊断程序，将其中一台故障机切离系统，让另一台主机继续执行。

2. 操作维护方便

操作方便表现在操作简单、直观形象、便于掌握，并不强求操作工要掌握计算机知识才能操作。既要体现操作的先进性，又要兼顾原有的操作习惯。例如，操作工已习惯了 PID 控制器的面板操作，因而设计成回路操作显示面板，或在 CRT 画面上设计成回路操作显示画面。

维修方便体现在易于查找故障，易于排除故障。采用标准的功能模板式结构，便于更换故障模板。并在功能模板上安装工作状态指示灯和监测点，便于维修人员检查。另外配置诊断程序，用来查找故障。

3. 实时性强

工业控制机的实时性，表现在对内部和外部事件能及时地响应，并做出相应的处理，不丢失信息，不延误操作。计算机处理的事件一般分为两类，一类是定时事件，如数据的定时采集，运算控制等；另一类是随机事件，如事故、报警等。对于定时事件，系统设置时钟，保证定时处理。对于随机事件，系统设置中断，并根据故障的轻重缓急，预先分配中断级别，一旦事故发生，保证优先处理紧急故障。

4. 通用性好

计算机控制的对象千变万化，工业控制计算机的研制开发需要有一定的投资和周期。一般来说，不可能为一台装置或一个生产过程研制一台专用计算机。尽管对象多种多样，但从控制功能来分析归类，仍然有共性。比如，过程控制对象的输入、输出信号统一为 0～10mA DC 或 4～20mA DC，可以采用单回路、串级、前馈等常规 PID 控制。因此，系统设计时应考虑能适应各种不同设备和各种不同控制对象，并采用积木式结构，按照控制要求灵活构成系统。这就要求系统的通用性要好，并能灵活地进行扩充。

工业控制机的通用灵活性体现在两方面，一是硬件模板设计采用标准总线结构（如 pc 总线），配置各种通用的功能模板，以便在扩充功能时，只需增加功能模板就能实现；二是软件模块或控制算法采用标准模块结构，用户使用时不需要二次开发，只需按要求选择各种功能模块，灵活地进行控制系统组态。

5. 经济效益高

计算机控制应该带来高的经济效益，系统设计时要考虑性能价格比，要有市场竞争意识。经济效益表现在两个方面，一是系统设计的性能价格比要尽可能的高；二是投入产出比要尽可能的低。

9.1.2　系统设计的步骤

计算机控制系统的设计虽然随被控对象、控制方式、系统规模的变化而有所差异，但系统设计的基本内容和主要步骤大致相同，系统工程项目的研制可分为 4 个阶段：工程项目与控制任务的确定阶段；工程项目的设计阶段；离线仿真和调试阶段；在线调试和运行阶段。下面对这 4 个阶段作必要的说明。

1. 工程项目与控制任务的确定阶段

工程项目与控制任务的确定一般按如图 9.1 所示的流程进行。该流程既适合于甲方，也适合于乙方。所谓甲方，就是任务的委托方，甲方有时是直接用户，有时是本单位的上级主管部门，有时也可能是中介单位。乙方是系统工程项目的承接方。国际上习惯称甲方为"买方"，称乙方为"卖方"。在一个计算机控制系统工程的研制和实施中，总是存在着甲乙双方关系。因此，能够对整个工程任务的研制过程中甲乙双方的关系及工作的内容有所了解是有益的。

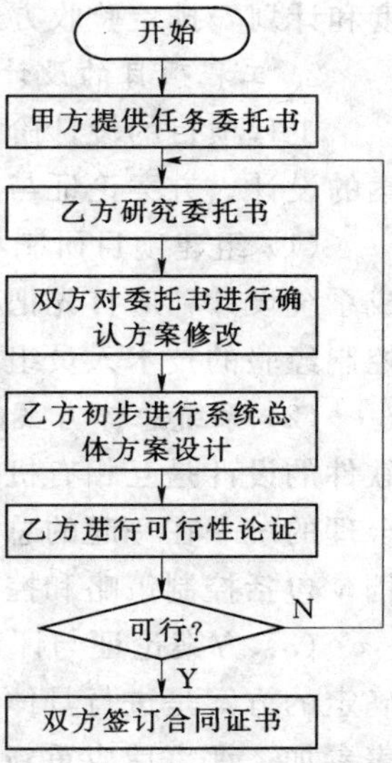

（1）甲方提出任务委托书。在委托乙方承接系统工程项目前，甲方一定要提供正式的书面任务委托书。该委托书一定要有明确的系统技术性能指标要求，还要包含经费、计划进度、合作方式等内容。

（2）乙方研究任务委托书。乙方在接到任务委托书后要认真阅读，并逐条进行研究。对含混不清、认识上有分歧和需补充或删节的地方要逐条标出，并拟订出要进一步弄清的问题及修改意见。

（3）双方对委托书进行确认性修改。在乙方对委托书进行了认真研究之后，双方应就委托书的确认或修改事宜进行协商和讨论。为避免因行业和专业不同所带来的局限性，在讨论时应有各方面有经验的人员参加。经过确认或修改过的委托书中不应有含义不清的词汇和条款，而且双方的任务和技术界面必须划分清楚。

（4）乙方初步进行系统总体方案设计。由于任务和经费没有落实，所以这时总体方案的设计只能是粗线条的。在条件允许的情况下，应多做几个方案以便比较。这些方案应在"粗线条"的前提下，尽量详细，其把握的尺度是能清楚地反映出三大关键问题：技术难点，经费概算和工期。

图 9.1 确定控制任务的流程图

（5）乙方进行方案可行性论证。方案可行性论证的目的是要估计承接该项任务的把握性，并为签订合同后的设计工作打下基础。论证的主要内容是：技术可行性，经费可行性和进度可行性。特别要指出，对控制项目尤其是对可测性和可控性应给予充分重视。

如果论证的结果可行，接着就应做好签订合同前的准备工作；如果不可行，则应与甲方进一步协商任务委托书的有关内容或对条款进行修改。若不能修改，则合同不能签订。

（6）签订合同书。合同书是双方达成一致意见的结果，也是以后双方合作的唯一依据和凭证。合同书（或协议书）应包含如下内容：经过双方修改和认可的甲方"任务委托书"的全部内容；双方的任务划分和各自应承担的责任；合作方式；付款方式；进

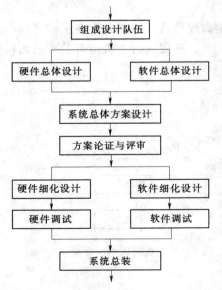

图 9.2 工程项目的设计阶段流程

度和计划安排；验收方式及条件；成果归属及违约的解决办法。

2. 工程项目的设计阶段

工程项目的设计阶段的流程如图 9.2 所示。主要包括组建项目研制小组、系统总体方案的设计、方案论证与评审、硬件和软件的细化设计、硬件和软件的调试、系统的组装。

（1）组建项目研制小组。在签订了合同或协议后，系统的研制进入设计阶段。为了完成系统设计，应首先把项目组成员确定下来。这个项目组应由懂得计算机硬件、软件和有控制经验的技术人员组成。还要明确分工和相互的协调合作关系。

（2）系统总体方案的设计。系统总体方案包括硬件总体方案和软件总体方案。硬件和软件的设计是互相有机联系的。因此，在设计时要经过多次的协调和反复，最后才能形成合理的统一在一起的总体设计方案。总体方案要形成硬件和软件的方块图，并建立说明文档，包括控制策略和控制算法的确定等。

（3）方案论证与评审。方案论证与评审是对系统设计方案的把关和最终裁定。评审后确定的方案是进行具体设计和工程实施的依据，因此应邀请有关专家、主管领导及甲方代表参加。评审后应重新修改总体方案，评审过的方案设计应该作为正式文件存档，原则上不应再作大的改动。

（4）硬件和软件的细化设计。此步骤只能在总体方案评审后进行，如果进行太早会造成资源的浪费和返工。所谓细化设计就是将方块图中的方块划到最底层，然后进行底层块内的结构细化设计。对于硬件设计来说，就是选购模板以及设计制作专用模板；对软件设计来说，就是将一个个模块编成一条条的程序。

（5）硬件和软件的调试。实际上，硬件、软件的设计中都需边设计边调试边修改。往往要经过几个反复过程才能完成。

（6）系统的组装。硬件细化设计和软件细化设计后，分别进行调试。之后就可进行系统的组装，组装是离线仿真和调试阶段的前提和必要条件。

3. 离线仿真和调试阶段

离线仿真和调试阶段的流程如图 9.3 所示。所谓离线仿真和调试是指在实验室而不是在工业现场进行的仿真和调试。离线仿真和调试试验后，还要进行考机运行。考机的目的是要在连续不停机的运行中暴露问题和解决问题。

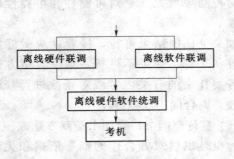

图 9.3 离线仿真和调试流程

图 9.4 在线调试和运行流程

4. 在线调试和运行阶段

系统离线仿真和调试后便可进行在线调试和运行。所谓在线调试和运行就是将系统和生产过程连接在一起，进行现场调试和运行。尽管上述离线仿真和调试工作非常认真、仔细，现场调试和运行仍可能出现问题，因此必须认真分析加以解决。系统运行正常后，再试运行一段时间，即可组织验收。验收是系统项目最终完成的标志，应由甲方主持乙方参加，双方协同办理。验收完毕应形成验收文件存档。整个过程可用图9.4来形象地说明。

9.2 系统的工程设计与实现

作为一个计算机控制系统工程项目，在研制过程中应该经过哪些步骤，应该怎样有条不紊地保证研制工作顺利进行，这是需要认真考虑的。如果步骤不清，或者每一步需要做什么不明确，就有可能引起研制过程中的混乱甚至返工。本章9.1.2小节详细地介绍了计算机控制系统工程项目的设计步骤，实际系统工程项目的设计与实现应按此步骤进行。本节就系统的工程设计与实现的具体问题作进一步的讨论，这些具体问题对实际工作有重要的指导意义。

9.2.1 总体方案设计

设计一个性能优良的计算机控制系统，要注重对实际问题的调查。通过对生产过程的深入了解、分析以及对工作过程和环境的熟悉，才能确定系统的控制任务，提出切实可行的系统总体设计方案来。

1. 硬件总体方案设计

依据合同书（或协议书）的技术要求和已作过的初步方案，开展系统的硬件总体设计。总体设计的方法是"黑箱"设计法。所谓"黑箱"设计，就是画方块图的方法。用这种方法做出的系统结构设计，只需明确各方块之间的信号输入输出关系和功能要求，而不需知道"黑箱"内具体结构。硬件总体方案设计主要包含以下几个方面的内容。

（1）确定系统的结构和类型。根据系统要求，确定采用开环还是闭环控制。闭环控制还需进一步确定是单闭环还是多闭环控制。实际可供选择的控制系统类型有：操作指导控制系统；直接数字控制（DDC）系统；监督计算机控制（SCC）系统；分级控制系统；分散型控制系统（DCS）；工业测控网络系统等。

（2）确定系统的构成方式。系统的构成方式应优先选择采用工业控制机来构成系统的方式。工业控制机具有系列化、模块化、标准化和开放结构，有利于系统设计者在系统设计时根据要求任意选择，像搭积木般地组建系统。这种方式可提高研制和开发速度，提高系统的技术水平和性能，增加可靠性。

当然，也可以采用通用的可编程序控制器（PLC）或智能调节器来构成计算机控制系统（如分散型控制系统、分级控制系统、工业网络）的前端机（或下位机）。

（3）现场设备选择。主要包含传感器、变送器和执行机构的选择，这些装置的选择要正确，它是影响系统控制精度的重要因素之一。

（4）其他方面的考虑。总体方案中还应考虑人机联系方式、系统的机柜或机箱的结构设计、抗干扰等方面的问题。

2. 软件总体方案设计

依据合同书（或协议书）的技术要求和已作过的初步方案，进行软件的总体设计。软件总体设计和硬件总体设计一样，也是采用结构化的"黑箱"设计法。先画出较高一级的框图，然后再将大的方框分解成小的方框，直到能表达清楚为止。软件总体方案还应考虑确定系统的数学模型、控制策略、控制算法等。

3. 系统总体方案

将上面的硬件总体方案和软件总体方案合在一起构成系统的总体方案。总体方案论证可行后，要形成文件，建立总体方案文档。系统总体文件的内容包括：

（1）系统的主要功能、技术指标、原理性框图及文字说明。

（2）控制策略和控制算法，例如 PID 控制、达林算法、Smith 补偿控制、最少拍控制、串级控制、前馈控制、解耦控制、模糊控制、最优控制等。

（3）系统的硬件结构及配置，主要的软件功能、结构及框图。

（4）方案比较和选择。

（5）保证性能指标要求的技术措施。

（6）抗干扰和可靠性设计。

（7）机柜或机箱的结构设计。

（8）经费和进度计划的安排。

对所提出的总体设计方案要进行合理性、经济性、可靠性及可行性论证。论证通过后，便可形成作为系统设计依据的系统总体方案图和设计任务书，以指导具体的系统设计过程。

9.2.2　硬件的工程设计与实现

采用总线式工业控制机进行系统的硬件设计，可以解决工业控制中的众多问题。由于总线式工业控制机的高度模块化和插板结构，因此，可以采用组合方式来大大简化计算机控制系统的设计。采用总线式工业控制机，只需要简单地更换几块模板。就可以很方便地变成另外一种功能的控制系统。在计算机控制系统中，一些控制功能既能由硬件实现，亦能用软件实现，故系统设计时，硬件、软件功能的划分要综合考虑。

1. 选择系统的总线和主机机型

（1）选择系统的总线。系统采用总线结构，具有很多优点。采用总线，可以简化硬件设计，用户可根据需要直接选用符合总线标准的功能模板，而不必考虑模板插件之间的匹配问题，使系统硬件设计大大简化；系统可扩性好，仅需将按总线标准研制的新的功能模板插在总线槽中即可；系统更新性好，一旦出现新的微处理器、存储器芯片和接口电路，只要将这些新的芯片按总线标准研制成各类插件，即可取代原来的模板而升级更新系统。

1）内总线选择：常用的工业控制机内总线有两种，即 ISA 总线和 PCI 总线，根据板卡类型需要选择其中一种。

2）外总线选择：根据计算机控制系统的基本类型，如果采用分级控制系统 DCS 等，必然有通信的问题。外总线就是计算机与计算机之间、计算机与智能仪器或智能外设之间进行通信的总线，它包括通用串行总线（USB）和串行通信总线（RS—232C）。另外，还有可用来进行远距离通信、多站点互联的通信总线 RS—422 和 RS—485。具体选择哪一种，要根据通信的速率、距离、系统拓扑结构、通信协议等要求来综合分析，才能确定。

但需要说明的是 RS—422 和 RS—485 总线在工业控制机的主机中没有现成的接口装置，必须另外选择相应的通信接口板。

（2）选择主机机型。在总线式工业控制机中，有许多机型，即因采用的 CPU 不同而不同。以 ISA 总线工业控制机为例，其 CPU 有 Intel PentiumⅢ、Intel Pentium4、Intel PentiumD、AMD AM2Sempron、AMD AM2 Athlon64 等多种品牌和型号，内存、硬盘、主频、显示卡、显示器也有多种规格。设计人员可根据要求合理地进行选型。

2. 选择输入输出通道模板

一个典型的计算机控制系统，除了工业控制机的主机以外，还必须有各种输入输出通道模板，其中包括数字量 I/O（即 DI/DO）、模拟量 I/O（AI/AO）等模板。

（1）数字量（开关量）输入输出（DI/DO）模板。PC 总线的并行 I/O 接口模板多种多样。通常可分为 TTL 电平的 DI/DO 和带光电隔离的 DI/DO。通常和工业控制机共地装置的接口可以采用 TTL 电平，而其他装置与工业控制机之间则采用光电隔离。对于大容量的 DI/DO 系统，往往选用大容量的 TTL 电平 DI/DO 板，而将光电隔离及驱动功能安排在工业控制机总线之外的非总线模板上，如继电器板（包括固体继电器板）等。

（2）模拟量输入输出（AI/AO）模板。AI/AO 模板包括 A/D、D/A 板及信号调理电路等。AI 模板输入可能是 0～±5V、1～5V、0～10mA、4～20mA 以及热电偶、热电阻和各种变送器的信号。AO 模板输出可能是 0～5V、1～5V、0～10mA、4～20mA 等信号。选择 AI/AO 模板时必须注意分辨率、转换速度、量程范围等技术指标。

系统中的输入输出模板，可按需要进行组合，不管哪种类型的系统，其模板的选择与组合均由生产过程的输入参数和输出控制通道的种类和数量来确定。

3. 选择变送器和执行机构

（1）选择变送器。变送器是将被测变量（如温度、压力、物位、流量、电压、电流等）转换为可远传的统一标准信号（0～10mA、4～20mA 等）的仪表，且输出信号与被测变量有一定的连续关系。在控制系统中其输出信号被送至工业控制机进行处理，实现数据采集。

DDZ—Ⅲ型变送器输出的是 4～20mA 信号，供电电源为 24V DC 且采用二线制，DDZ—Ⅲ型比 DDZ—Ⅱ型变送器性能好，使用方便。DDZ—S 系列变送器是在总结 DDZ—Ⅱ型和 DDZ—Ⅲ型变送器的基础上，吸取了国外同类变送器的先进技术，采用模拟技术与数字技术相结合，开发出的新一代变送器。现场总线仪表也将被推广应用。

常用的变送器有温度变送器、压力变送器、液位变送器、差压变送器、流量变送器、各种电量变送器等。系统设计人员可根据被测参数的种类、量程、被测对象的介质类型和环境来选择变送器的具体型号。

（2）选择执行机构。执行机构是控制系统中必不可少的组成部分，它的作用是接受计算机发出的控制信号，并把它转换成调整机构的动作，使生产过程按预先规定的要求正常运行。

执行机构分为气动、电动、液压 3 种类型。气动执行机构的特点是结构简单、价格低、防火防爆；电动执行机构的特点是体积小、种类多、使用方便；液压执行机构的特点是推力大、精度高。常用的执行机构为气动和电动的。

在计算机控制系统当中，将 $0\sim10mA$ 或 $4\sim20mA$ 电信号经电气转换器转换成标准的 $0.02\sim0.1MPa$ 气压信号之后，即可与气动执行机构（气动调节阀）配套使用。电动执行机构（电动调节阀）直接接受来自工业控制机的输出信号 $0\sim10mA$ 或 $4\sim20mA$，实现控制作用。

另外，还有各种有触点和无触点开关，也是执行机构，实现开关动作。电磁阀作为一种开关阀在工业中也得到了广泛的应用。

在系统中，选择气动调节阀、电动调节阀、电磁阀、有触点和无触点开关之中的哪一种，要根据系统的要求来确定。但要实现连续的精确地控制目的，必须选用气动或电动调节阀，而对要求不高的控制系统可选用电磁阀。

9.2.3 软件的工程设计与实现

用工业控制机来组建计算机控制系统不仅能减小系统硬件设计工作量，而且还能减小系统软件设计工作量。一般工业控制机都配有实时操作系统或实时监控程序，各种控制、运算软件、组态软件等，可使系统设计者在最短的周期内，开发出目标系统软件。

一般工业控制机把工业控制所需的各种功能以模块形式提供给用户。其中包括：控制算法模块（多为 PID），运算模块（四则运算、开方、最大值/最小值选择、一阶惯性、超前滞后、工程量变换、上下限报警等数十种），计数/计时模块，逻辑运算模块，输入模块，输出模块，打印模块，CRT 显示模块等。系统设计者根据控制要求，选择所需的模块就能生成系统控制软件，因而软件设计工作量大为减小。为了便于系统组态（即选择模块组成系统）、工业控制机提供了组态语言。

当然并不是所有的工业控制机都能给系统设计带来上述的方便，有些工业控制机只能提供硬件设计的方便，而应用软件需自行开发；若从选择单片机入手来研制控制系统，系统的全部硬件、软件均需自行开发研制。自行开发控制软件时，应先画出程序总体流程图和各功能模块流程图，再选择程序设计语言，然后编制程序。程序编制应先模块后整体。具体程序设计内容为以下几个方面。

1. 数据类型和数据结构规划

在系统总体方案设计中，系统的各个模块之间有着各种因果关系，互相之间要进行各种信息传递。如数据处理模块和数据采集模块之间的关系，数据采集模块的输出信息就是数据处理模块的输入信息，同样，数据处理模块和显示模块、打印模块之间也有这种产销关系。各模块之间的关系体现在它们的接口条件上，即输入条件和输出结果上。为了避免产销脱节现象，就必须严格规定好各个接口条件，即各接口参数的数据结构和数据类型。这一步工作可以这样来做：将每一个执行模块要用到的参数、要输出的结果列出来，对于与不同模块都有关的参数，只取一个名称，以保证同一个参数只有一种格式，然后为每一参数规划一个数据类型和数据结构。

从数据类型上来分类，可分为逻辑型和数值型，但通常将逻辑型数据归到软件标志中去考虑。数值型可分为定点数和浮点数。定点数有直观、编程简单、运算速度快的优点，其缺点是表示的数值动态范围小，容易溢出。浮点数则相反，数值动态范围大、相对精度稳定、不易溢出，但编程复杂，运算速度低。

如果某参数是一系列有序数据的集合，如采样信号序列，则不只有数据类型问题，还有一个数据存放格式问题，即数据结构问题。这部分内容在前面章节作了介绍，这里不再讨论。

2. 资源分配

完成数据类型和数据结构的规划后，便可开始分配系统的资源了。系统资源包括ROM、RAM、定时器/计数器、中断源、I/O 地址等。ROM 资源用来存放程序和表格，这也是明显的。I/O 地址、定时器/计数器、中断源在任务分析时已经分配好了。因此，资源分配的主要工作是 RAM 资源的分配。RAM 资源规划好后，应列出一张 RAM 资源的详细分配清单，作为编程依据。

3. 实时控制软件设计

（1）数据采集及数据处理程序。数据采集程序主要包括多路信号的采样、输入变换、存储等。模拟输入信号为 0～10mA DC 或 4～20mA DC、mV DC 和电阻等，前两种可以直接作为 A/D 转换模板的输入（电流经 I/V 变换变为 0～5V DC 电压输入），后两种经放大器放大到 0～5V DC 后再作为 A/D 转换模板的输入。开关触点状态通过数字量输入（DI）模板输入。

输入信号的点数可根据需要选取，每个信号的量程和工业单位用户必须规定清楚。

数据处理程序主要包括数字滤波程序、线性化处理和非线性补偿、标度变换程序、越限报警程序等。

（2）控制算法程序。控制算法程序主要实现控制规律的计算，产生控制量。其中包括：数字 PID 控制算法、达林算法、Smith 补偿控制算法、最少拍控制算法、串级控制算法、前馈控制算法、解耦控制算法、模糊控制算法、最优控制算法等。实际实现时，可选择合适的一种或几种控制算法来实现控制。

（3）控制量输出程序。控制量输出程序实现对控制量的处理（上下限和变化率处理）、控制量的变换及输出，驱动执行机构或各种电气开关。控制量也包括模拟量和开关量输出两种。模拟控制量由 D/A 转换模板输出，一般为标准的 0～10mA DC 或 4～20mA DC 信号，该信号驱动执行机构如各种调节阀。开关量控制信号驱动各种电气开关。

（4）实时时钟和中断处理程序。实时时钟是计算机控制系统一切与时间有关过程的运行基础。时钟有两种，即绝对时钟和相对时钟。绝对时钟与当地的时间同步，有年、月、日、时、分、秒等功能。相对时钟与当地时间无关，一般只要时、分、秒就可以，在某些场合要精确到 0.1s 甚至毫秒。

计算机控制系统中有很多任务是按时间来安排的，即有固定的作息时间。这些任务的触发和撤销由系统时钟来控制，不用操作者直接干预，这在很多无人值班的场合尤其必要。实时任务有两类：第一类是周期性的，如每天固定时间启动，固定时间撤销的任务，它的重复周期是一天。第二类是临时性任务，操作者预定好启动和撤销时间后由系统时钟来执行，但仅一次有效。作为一般情况，假设系统中有几个实时任务，每个任务都有自己的启动和撤销时刻。在系统中建立两个表格，一个是任务启动时刻表，一个是任务撤销时刻表，表格按作业顺序编号安排。为使任务启动和撤销及时准确，这一过程应安排在时钟中断子程序中来完成。定时中断服务程序在完成时钟调整后，就开始扫描启动时刻表和撤销时刻表，当表中某项和当前时刻完全相同时，通过查表位置指针就可以决定对应作业的编号，通过编号就可以启动或撤销相应的任务。

计算机控制系统中，有很多控制过程虽与时间（相对时钟）有关，但与当地时间（绝对时钟）无关。例如啤酒发酵微机控制系统，要求从 10℃ 降温 4h 到 5℃，保温 30h 后，再降温 2h 到 3℃，再保温。以上工艺过程与时间关系密切，但与上午、下午没有关系。只与开始投料时间有关，这一类的时间控制需要相对时钟信号。相对时钟的运行速度与绝对时钟一致，但数值完全独立。这就要求相对时钟必须另外开辟存放单元。在使用上，相对时钟要先初始化，再开始计时，计时到后便可唤醒指定任务。

许多实时任务如采样周期、定时显示打印、定时数据处理等都必须利用实时时钟来实现，并由定时中断服务程序去执行相应的动作或处理动作状态标志等。

另外，事故报警、掉电检测及处理、重要的事件处理等功能的实现也常常使用中断技术，以便计算机能对事件做出及时处理。事件处理用中断服务程序和相应的硬件电路来完成。

（5）数据管理程序。这部分程序用于生产管理，主要包括画面显示、变化趋势分析、报警记录、统计报表打印输出等。

（6）数据通信程序。数据通信程序主要完成计算机与计算机之间、计算机与智能设备之间的信息传递和交换。这个功能主要在分散型控制系统、分级计算机控制系统、工业网络等系统中实现。

9.2.4　系统的调试与运行

系统的调试与运行分为离线仿真与调试阶段和在线调试与运行阶段。离线仿真与调试阶段一般在实验室或非工业现场进行，在线调试与运行阶段是在生产过程工业现场进行。其中离线仿真与调试阶段是基础，是检查硬件和软件的整体性能，为现场投运做准备，现场投运是对全系统的实际考验与检查。系统调试的内容很丰富，碰到的问题是千变万化，解决的方法也是多种多样，并没有统一的模式。

1. 离线仿真和调试

（1）硬件调试。对于各种标准功能模板，按照说明书检查主要功能。比如主机板（CPU 板）上 RAM 区的读写功能、ROM 区的读出功能、复位电路、时钟电路等的正确性。

在调试 A/D 和 D/A 模板之前，必须准备好信号源、数字电压表、电流表等。对这两种模板首先检查信号的零点和满量程，然后再分档检查。比如满量程的 25%、50%、75%、100%，并且上行和下行来回调试，以便检查线性度是否合乎要求，如有多路开关板，应测试各通路是否正确切换。

利用开关量输入和输出程序来检查开关量输入（DI）和开关量输出（DO）模板。测试时可在输入端加开关量信号，检查读入状态的正确性；可在输出端检查（用万用表）输出状态的正确性。

硬件调试还包括现场仪表和执行机构。如压力变送器、差压变送器、流量变送器、温度变送器以及电动或气动调节阀等。这些仪表必须在安装之前按说明书要求校验完毕。

如是分级计算机控制系统和分散型控制系统，还要调试通信功能，验证数据传输的正确性。

（2）软件调试。软件调试的顺序是子程序、功能模块和主程序。有些程序的调试比较简单，利用开发装置（或仿真器）以及计算机提供的调试程序就可以进行调试。程序设计一般采用汇编语言和高级语言混合编程。对处理速度和实时性要求高的部分用汇编语言编程（如数据采集、时钟、中断、控制输出等），对速度和实时性要求不高的部分用高级语言来编程（如数据处理、变换、图形、显示、打印、统计报表等）。

一般与过程输入输出通道无关的程序，都可用开发机（仿真器）的调试程序进行调试，不过有时为了能调试某些程序，可能要编写临时性的辅助程序。

系统控制模块的调试应分为开环和闭环两种情况进行。开环调试是检查它的阶跃响应特性，闭环调试是检查它的反馈控制功能。图 9.5 是 PID 控制模块的开环特性调试原理框图。首先可以通过 A/D 转换器输入一个阶跃电压。然后使 PID 控制模块程序按预定的控制周期 T 循环执行，控制量 u 经 D/A 转换器输出模拟电压（0～5V DC）给记录仪记下它的阶跃响应曲线。开环阶跃响应实验可以包括以下几项：

1）不同比例带 $\delta(\delta=1/Kp)$、不同阶跃输入幅度和不同控制周期下正、反两种作用方向的纯比例控制的响应。

2）不同比例带、不同积分时间、不同阶跃输入幅度和不同控制周期下正、反两种作用方向的比例积分控制的响应。

3）不同比例带、不同积分时间、不同微分时间、不同阶跃输入幅度和不同控制周期下正、反两种作用方向的比例积分微分控制的响应。

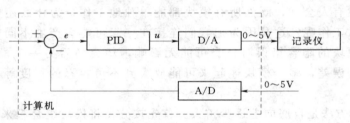

图 9.5　PID 控制模块的开环调试框图

上述几项内容的实验过程中，应该分析所记录的阶跃响应曲线，不仅要定性而且要定量地检查 P、I、D 参数是否准确，并且要满足一定的精度。这一点与模拟仪表调节器有所不同，由于仪表中电容、电阻参数的分散性，以及电位器旋钮刻度盘分度不可能太细，因此不得不允许其 P、I、D 参数的刻度值有较大的误差。但是对计算机来说，完全有条件进行准确的数字计算，保证 P、I、D 参数误差很小。

在完成 PID 控制模块开环特性调试的基础上，还必须进行闭环特性调试。所谓闭环调试就是按图 9.6 构成单回路 PID 反馈控制系统。该图中的被控对象可以使用实验室物理模拟装置，也可以使用电子式模拟实验室设备。实验方法与模拟仪表调节器组成的控制系统类似，即分别做给定值，$r(k)$ 和外部扰动 $f(t)$ 的阶跃响应实验，改变 P、I、D 参数以及阶跃输入的幅度，分析被控制量 $y(t)$ 的阶跃响应曲线和 PID 控制器输出控制量 u 的记录曲线，判断闭环工作是否正确。主要分析判断以下几项内容：纯比例作用下残差与比例带的值是否吻合；积分作用下是否消除残差；微分作用对闭环特性是否有影响；正向和反向扰动下过渡过程曲线是否对称等等。否则，必须根据发生的现象仔细分析，重新检查程序，必须指出，由于数字 PID 控制器比模拟 PID 调节器增加了一些特殊功能，例如，积分分离、测量值微分（或微分先行）、死区 PID（或非线性 PID）、给定值和控制量的变化率限制、输入输出补偿、控制量限幅和保持等，所以应先暂时去掉这些特殊功能，首先试验纯 PID 控制闭环响应，这样便于发现问题，在纯 PID 控制闭环实验通过的基础上，再逐项加入上述特殊功能，并逐项检查是否正确。

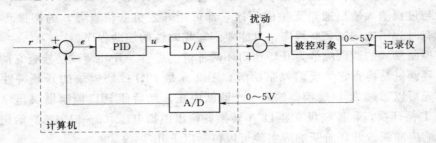

图 9.6　PID 控制模块的闭环调试框图

运算模块是构成控制系统不可缺少的一部分，对于简单的运算模块可以用开发机（或仿真器）提供的调试程序检查其输入与输出关系。而对于具有输入与输出曲线关系复杂的运算模块，例如纯滞后补偿模块，可采用类似图 9.5 所示的方法进行调试，只要用运算模块来替换 PID 控制模块，通过分析记录曲线来检查程序是否存在问题。

一旦所有的子程序和功能模块调试完毕，就可以用主程序将它们连接在一起，进行整体调试。当然有人会问，既然所有模块都能单独地工作，为什么还要检查它们连接在一起能否正常工作呢？这是因为把它们连接在一起可能会产生不同软件层之间的交叉错误，一个模块的隐含错误对自身可能无影响，却会妨碍另一个模块的正常工作；单个模块允许的误差，多个模块连起来可能放大到不可容忍的程度等，所以有必要进行整体调试。

整体调试的方法是自底向上逐步扩大。首先按分支将模块组合起来，以形成模块子集，调试完各模块子集，再将部分模块子集连接起来进行局部调试，最后进行全局调试。这样经过子集、局部和全局 3 步调试，完成了整体调试工作。整体调试是对模块之间连接关系的检查，有时为了配合整体调试，在调试的各阶段编制了必要的临时性辅助程序，调试完结应删去。通过整体调试能够把设计中存在的问题和隐含的缺陷暴露出来，从而基本上消除了编程上的错误，为以后的仿真调试和在线调试及运行打下良好的基础。

（3）系统仿真。在硬件和软件分别联调后，并不意味着系统的设计和离线调试已经结束，为此，必须再进行全系统的硬件、软件统调。这次的统调试验，就是通常所说的"系统仿真"（也称为模拟调试）。所谓系统仿真，就是应用相似原理和类比关系来研究事物，也就是用模型来代替实际生产过程（即被控对象）进行实验和研究。系统仿真有以下 3 种类型：全物理仿真（或称在模拟环境条件下的全实物仿真）；半物理仿真（或称硬件闭路动态试验）；数字仿真（或称计算机仿真）。

系统仿真尽量采用全物理或半物理仿真。试验条件或工作状态越接近真实，其效果也就越好。对于纯数据采集系统，一般可做到全物理仿真；而对于控制系统，要做到全物理仿真几乎是不可能的。这是因为，我们不可能将实际生产过程（被控对象）搬到自己的实验室或研究室中，因此，控制系统只能做离线半物理仿真。被控对象可用实验模型代替。不经过系统仿真和各种试验，试图在生产现场调试中一举成功的想法是不实际的，往往会被现场联调工作的现实所否定。

在系统仿真的基础上，进行长时间的运行考验（称为考机），并根据实际运行环境的要求，进行特殊运行条件的考验。例如，高温和低温剧变运行试验，振动和抗电磁干扰试验，电源电压剧变和掉电试验等。

2. 在线调试和运行

在上述调试过程中，尽管工作很仔细，检查很严格，但仍然没有经受实践的考验。因此，在现场进行在线调试和运行过程中，设计人员与用户要密切配合，在实际运行前制定一系列调试计划、实施方案、安全措施、分工合作细则等。现场调试与运行过程是从小到大，从易到难，从手动到自动，从简单回路到复杂回路逐步过渡。为了做到有把握，现场安装及在线调试前先要进行下列检查：

（1）检测元件、变送器、显示仪表、调节阀等必须通过校验，保证精确度要求。作为检查，可进行一些现场校验。

（2）各种接线和导管必须经过检查，保证连接正确。例如，孔板的上下游接压导管要与差压变送器的正负压输入端极性一致；热电偶的正负端与相应的补偿导线相连接，并与温度变送器的正负输入端极性一致等。除了极性不得接反以外，对号位置都不应接错。引压导管和气动导管必须畅通，不能中间堵塞。

（3）对在流量中采用隔离液的系统，要在清洗好引压导管以后，灌入隔离液（封液）。

（4）检查调节阀能否正确工作。旁路阀及上下游截断阀关闭或打开，要搞正确。

（5）检查系统的干扰情况和接地情况，如果不符合要求，应采取措施。

（6）对安全防护措施也要检查。

经过检查并已安装正确后。即可进行系统的投运和参数的整定。投运时应先切入手动，等系统运行接近于给定值时再切入自动。参数的整定应按第 4 章和第 5 章介绍的方法进行。

在现场调试的过程中，往往会出现错综复杂、时隐时现的奇怪现象，一时难以找到问题的根源。此时此刻，计算机控制系统设计者们要认真地共同分析，每个人自己不要轻易地怀疑别人所做的工作，以免掩盖问题的根源所在。

9.3　中水回用 PLC 控制系统

在以数字量为主的中小规模控制环境下，一般应首选 PLC 装置，下面介绍一个用西门子 PLC 监控中水处理流程的工程实例。

9.3.1　系统总体方案设计

将生活污水进行几级处理，作为除饮用以外的其他生活用水，将形成一个非常宝贵的回用水资源。其中用 PLC 作为主要控制装置已成为一种共识。

1. 工艺流程

中水处理主要工艺流程如图 9.7 所示。生活污水首先通过格栅机滤除固态杂物，进入调节池缓冲，再进入生化池，利用生物接触氧化、化学絮凝和机械过滤方法使水中 COD、BOD$_5$ 等几种水质指标大幅度降低，再采用活性炭和碳纤维复合吸附过滤方式，使出水达到生活使用要求。

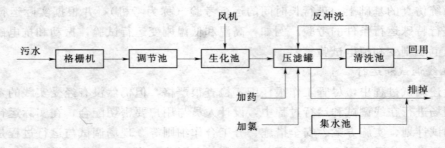

图 9.7　中水处理主要工艺流程

2. 控制要求

该流程共有被控设备（含备用）14 台泵和电机，4 个池的水位需要检测。

水位计的作用：在任何控制方式下，水位计的上上限或下下限到位时，都将发出声光报警信号；在全自动、分组自动、半自动控制方式下，水位计的上限、下限分别作为该池排水泵自动开、停的 PLC 输入信号。

采用 4 种控制方式：手动、半自动、分组自动和全自动。

（1）手动控制方式。即用手操作 14 个按钮开停 14 个被控负荷，不受水位影响。

（2）生化半自动控制方式。指生化池水位机组的半自动控制方式，也即由生化池水位的上限与下限自动控制生化泵的开、停，而加药计量泵、CLO2 发生器的开、停由手动操作。

（3）分组自动控制方式。为了便于维护，整个系统分为六个独立的机组：调节池水位自动机组、生化池水位自动机组、清水池水位自动机组、集水池水位自动机组、溢流泵自动机组、罗茨风机自动机组。

控制要求：当按下分组自动按钮时，被按下按钮的灯闪亮，当选定主、备电机按钮后，分组自动按钮指示灯长亮；当水位达到上限时，电机停止而按钮指示灯转为闪亮。

（4）全自动方式控制要求。就是当全自动准备按钮启动后，首先选择主、备用电机，然后启动全自动开停按钮，则整个系统进入全自动运行状态。

9.3.2　硬件的工程设计与实现

1. PLC 系统配置

根据工艺流程与控制要求，要完成 14 台被控设备的启动、停止按钮操作，运行、停止、故障状态的灯指示以及 4 种控制方式，如果采用常规的控制模式，1 台设备约需 5～6 个启、停按钮及状态指示灯等器件，整个控制盘面上大约需要 90 余个按钮与指示灯。这将带来器件成本的增高、控制盘面的增大、人工操作的杂乱。本系统采用软件编程的方法，充分利用 PLC 内部的输入、输出变量及软件计数器，使 1 个带灯按钮集成了 1 台设备的全部控制与状态指示功能，加上 4 种控制方式及其切换，总计只需配置 24 个带灯按钮，分别代表 14 台被控设备与 10 种控制方式。

整个系统需要开关量输入 40 点与开关量输出 32 点。因此，选用德国 Siemens 的

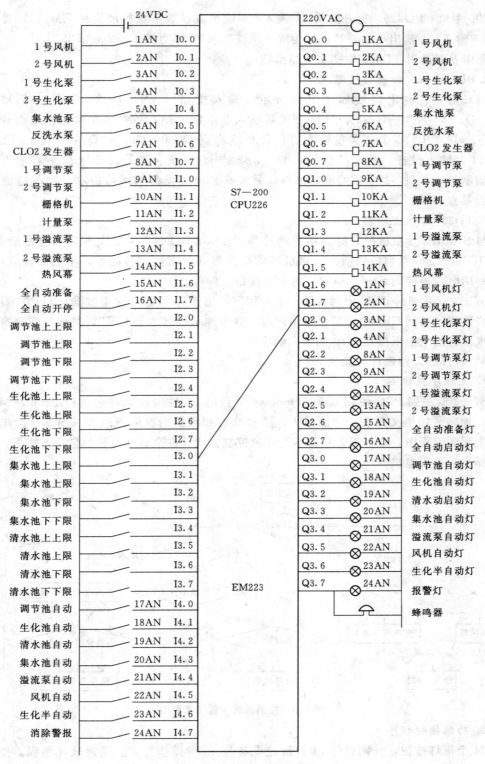

图 9.8 PLC 输入、输出接线

S7—200 主机 CPU226，有开关量 24 输入/16 输出点，数字量扩展模块 EM223，提供开关量 16 输入/16 输出点，总计正好构成了系统要求的 40 点输入/32 点输出。

操作界面选用 TD200 中文文本显示器。

2. PLC 输入、输出接线图

PLC 输入、输出接线如图 9.8 所示，输入按钮（AN）1—24 分别对应于 PLC I0.0—I1.7 与 I4.0—I4.7 计 24 个开关量输入点；4 个水位计的 16 个水位电极点分别对应 I2.0—I3.7 计 16 个开关量输入点；PLC 输出点 Q0.0—Q0.7，Q1.0—Q1.5 分别对应于 14 台输出设备；输出点 Q1.6—Q3.7 分别对应于 8 台被控设备与 10 种控制方式的状态指示灯，共计 32 个开关量输出点；另外 6 台被控设备的运行指示灯由相应的中间继电器触点驱动。

3. TD200 中文显示器

与 SIEMENS 主机配套的显示器的种类很多，而 TD200 中文文本显示器是所有 SI-MATIC S7—200 系列最简洁、价格最低的操作界面。而且连接简单，不需要独立电源，只需专用电缆连接到 S7—200CPU 的 PPI 接口上即可。

S7—200 系列的 CPU 中保留了一个专用区域用于与 TD200 交换数据，TD200 直接通过这些数据区访问 CPU。如信息显示内容"调节池水位已达上上限"，其地址应来自于调节池水位计的上上限接点 I2.0 的输入响应。

9.3.3   软件的工程设计与实现

1. 主程序流程图

S7—200 系列 PLC 使用基于 Windows 平台的 32 位编程软件包 STEP—7—Micro/WIN，通常采用语义直观、功能强大、适合修改和维护的梯形图语言。图 9.9 给出控制系统主程序流程图，整个工艺过程分为 4 种控制方式，在全自动与分组自动方式下，首先要选择主、备用电机。

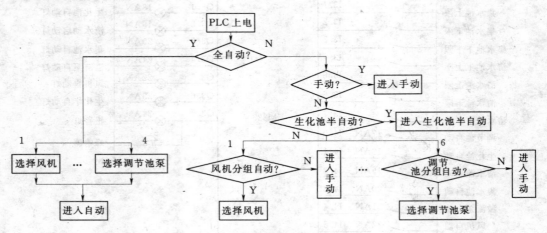

图 9.9   控制系统主程序流程图

2. 功能按钮程序

24 个带灯按钮，分别启停 14 台被控设备与 10 种操作方式。通过软件编程，使按钮第一次按下时有效，第二次按下时失效（复位）。

本设计完成了所有的工艺要求，实现了手动控制、半自动控制、分组自动控制和全自动控制等 4 种控制方式，而且硬件器件少，控制盘面简洁，操作简单灵活，中文界面友好。在现场经过调试后已正常运行，工作可靠稳定。

9.3.4 在线调试与运行

在现场进行在线调试和运行过程中，设计人员与用户要密切配合，在实际运行前制定一系列调试计划、实施方案、安全措施、分工合作细则等。现场调试与运行过程是从小到大，从易到难，从手动到自动，从简单回路到复杂回路逐步过渡。

在调试时，首先要检查元件、变送器、显示仪表等器件的精度，以保证满足现场需要。各种接线和导管必须经过检查，保证连接正确。经过检查并已安装正确后，即可进行系统的投运和参数的整定。投运时应先切入手动，等系统运行接近于给定值时再切入自动。

9.4 水槽水位单片机控制系统

对于小型测控系统或者某些专用的智能化仪器仪表，一般可采用以单片机为核心、配以接口电路和外围设备、再编制应用程序的模式来实现。下面以一个简单的水槽水位控制系统为例。

9.4.1 系统总体方案设计

通过水槽水位的高低变化来启停水泵，从而达到对水位的控制目的，这是一种常见的工艺控制。如图 9.10 点划线框内所示，一般可在水槽内安装 3 个金属电极 A、B、C，它们分别代表水位的下下限、下限与上限。工艺要求：当水位升到上限 C 以上时，水泵应停止供水；当水位降到下限 B 以下时，应启动水泵供水；当水位处于下限 B 与上限 C 之间，水泵应维持原有的工作状态。

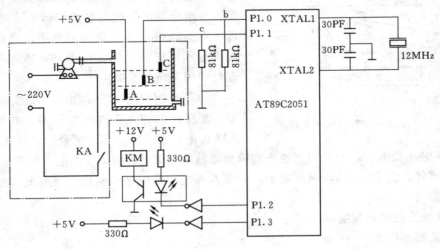

图 9.10 水槽水位控制电路

9.4.2 硬件的工程设计与实现

根据工艺要求，设计的控制系统硬件电路如图 9.9 所示，这是一个用单片机采集水位信号并通过继电器控制水泵的小型计算机控制系统。主要组成部分的功能如下：

（1）系统核心部分：采用低档型 AT89C2051 单片机，用 P1.0 和 P1.1 端作为水位信号的采集输入口，P1.2 和 P1.3 端作为控制与报警输出口。

（2）水位测量部分：电极 A 接＋5V 电源，电极 B、C 各通过一个电阻与地相连。b 点电平与 c 点电平分别接到 P1.0 和 P1.1 输入端，可以代表水位的各种状态与操作要求，共有 4 种组合，如表 9.1 所列。

表 9.1 水位信号及操作状态表

c（P1.1）	d（P1.0）	水位	操作
0	0	b 点以下	水泵启动
0	1	b、c 之间	维持原状
1	0	系统故障	故障报警
1	1	c 点以上	水泵停止

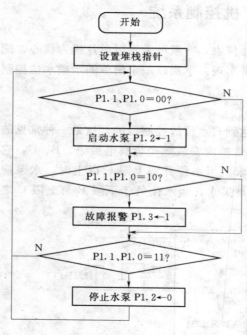

图 9.11 水槽水位控制程序流程图

当水位降到下限 B 以下时，电极 B 与电极 C 在水面上方悬空，b 点、c 点呈低电平，这时应启动水泵供水，即是表中第一种组合；当水位处于下限与上限之间，由于水的导电作用，电极 B 连到电极 A 及＋5V，则 b 点呈高电平，而电极 C 仍悬空，则 c 点为低电平，这时不论水位处于上升或下降趋势，水泵都应继续维持原有的工作状态，见表中第二种组合；当水位上升达到上限时，电极 B、C 通过水导体连到电极 A 及＋5V，因此 b 点、c 点呈高电平，这时水泵应停止供水，如表中第四种组合；还有第三种组合即水位达到电极 C 却未达到电极 B，即 c 点为高电平而 b 点为低电平，这在正常情况下是不可能发生的，作为一种故障状态，在设计中还是应考虑的。

（3）控制报警部分：由 P1.2 端输出高电平，经反相器使光耦隔离器导通，继电器线圈 KM 得电，常开触点 KA 闭合，启动水泵运转；当 P1.2 端输出低电平，经反相器使光耦隔离器截止，继电器线圈 J 失电，常开触点断开，则使水泵停转。由 P1.3 端输出高电平，经反相器变为低电平，驱动一支发光二极管发光进行故障报警。

9.4.3 软件工程设计与实现

程序流程如图 9.11 所示。

9.5 火电厂DCS控制系统

近年来，DCS 在火电厂过程控制领域的应用已经相当普及，应用水平提高得很快。

DCS 从单一功能向多功能、一体化方向发展，已经实现了包括数据采集（DAS）、模拟量控制（MCS）、开关量控制（SCS）、汽轮机控制（DEH）、旁路控制（BPS）、电气控制（ECS）等多项功能，在减轻运行维护人员的劳动强度、提高火电厂的综合自动化水平、改善火电机组运行安全经济性等多方面发挥了极为重要的作用。

如图 9.12 所示为某 300MW 单元机组锅炉控制部分采用美国贝利公司 INFI－90 系统的硬件配置图，下面以其中的锅炉主蒸汽温度控制为例，给出一个 DCS 在火电厂过程控制系统中应用的实例。

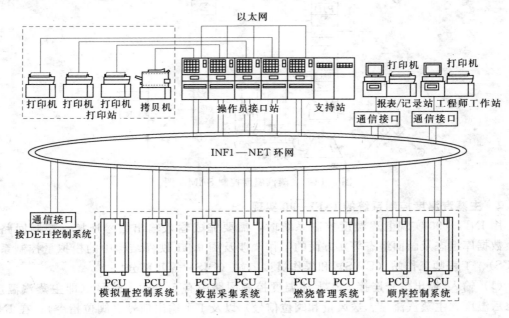

图 9.12 某 300MW 机组锅炉控制 INF1－90 系统硬件配置图

9.5.1 主蒸汽温度控制方案

主蒸汽温度是单元机组主要的安全经济参数，在正常运行工况下主蒸汽温度的偏差要求控制在±2℃范围内，动态情况下的偏差不能超过额定值的＋5～－10℃，对控制性能要求比较高。为了克服主蒸汽温度被控对象的滞后惯性大的影响，增强系统抗干扰能力，大型单元机组的主蒸汽温度控制一般采用二级喷水减温的调温方式（一级减温相当于粗调，二级减温相当于细调），同时又分为甲乙两侧进行分别控制，这样共有 4 个结构类似的控制回路。为了进一步克服滞后和惯性对控制的不良影响，两侧每级的喷水调节均采用了串级控制方式，图 9.13 为采用喷水调节的串级温度控制系统。

除了减温水量以外，影响主蒸汽温度的其他主要因素还有蒸汽量扰动和烟气量扰动，统称为外部干扰。为了提高控制系

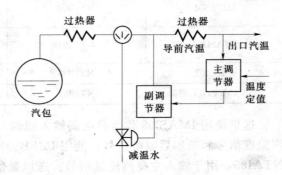

图 9.13 串级温度控制系统

统抵御外部干扰的能力，主蒸汽温度控制系统中还采用了前馈方式。图 9.14 为机组实际的二级减温控制系统的结构图（SAMA 图），图中给出了控制回路的基本结构及调节器跟踪、手动/自动切换逻辑。

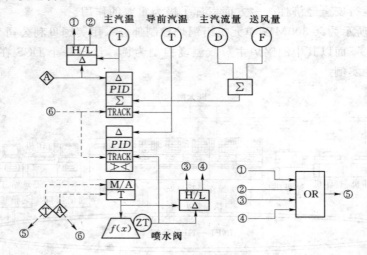

图 9.14　主蒸汽温度控制 SAMA 图

9.5.2　主蒸汽温度控制系统的 INFI—90 实现

用 INFI—90 实现上述温度控制系统时，需要完成输入输出信号连接、控制回路组态、数据库组态及画面组态等几方面的工作，涉及图 9.11 硬件结构中的模拟量控制系统（MCS）、工程师工作站（EWS）和操作员接口站（OIS）等几部分。

（1）输入/输出信号连接。在上述温度控制回路中有 5 个输入信号（即主蒸汽温度、喷水后温度、主蒸汽流量、送风量和阀位信号）以及 1 个输出信号（阀位指令）。在 INFI—90 系统中，对所有的 I/O 信号都要分配 I/O 模件与端子单元，端子单元与 I/O 模件相对应。该系统中涉及的 I/O 模件及其端子单元如表 9.2 所列。

表 9.2　　　　　　　　　　常见的 I/O 模件及其端子单元

I/O 模板	端子单元	通道数	说明
IMASI03	NTAI06	16	通用信号输入模板
IMFBS01	NTAI05	15	4～20mA/1～5V 输入模板
IMASO01	NTDI01	14	4～20mA/1～5V 输出模板
IMDSI02	NTDI01	16	开关量输入模件
IMDSO14	NTDI01	16	开关量输出模件

这里使用 IMASI03 作为热电偶输入模件，相应端子单元为 NTAI06，用于输入主蒸汽温度信号和喷水后温度信号；使用 IMFBS01 作为电流信号输入模件，相应端子单元为 NTAI05，用于输入主蒸汽流量信号、送风量信号和阀位信号；使用 IMASO01 作为模拟量输出模件，相应端子单元为 NTDI01，用于输出阀位指令信号。

（2）控制模件组态。系统中采用的 INFI—90 控制模件为 IMMFP02，它可与若干个 I/O 模件相连。控制模件中固化有 200 余种算法模块，用户通过组态的方式生成自己的控制回路。

控制模件的组态是在工程师工作站 EWS 上通过运行组态软件来进行的。组态的过程是以 CAD 图的形式将相应模块连接起来，生成若干页组态图。将这些组态图编译后下装到控制模件后，控制模件就可以执行组态时指定的功能。

一般来说，组态图中包含 I/O 模件组态（如上述输入模件 IMASI03、IMFBS01 和输出模件 IMASO01 的组态）、控制回路组态、例外报告组态、趋势组态等内容。

图 9.15 为主蒸汽温度控制系统的控制回路简化 CAD 组态图。其中 APID（即功能码 FC156）为改进的 PID 控制算法，是一种具有相当完善功能的数字 PID 算法，具有完善的跟踪、抗积分饱和、高低限幅、前馈输入等功能；M/A（即功能码 FC80）为控制接口站，提供与数字量控制站、操作员接口单元、管理命令系统和计算机接口单元等装置之间的接口，它可以实现基本、串级和比率设定点控制以及手动/自动站转换。

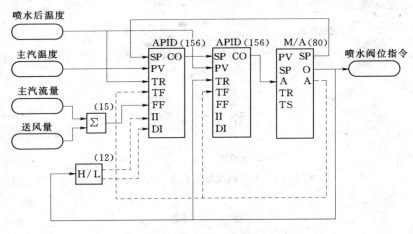

图 9.15 主蒸汽温度系统控制回路简化组态图

上述主蒸汽温度控制采用了典型的串级控制方式，其中主调节器采用 PID 控制，副调节器采用 PI 控制，有利于克服气温对象的大惯性、大滞后特性。由于导前气温（喷水后温度）的滞后时间和惯性时间常数与出口气温（主蒸汽温度）相比相对较小，副回路作为一个快速回路，能尽快消除内扰（减温水流量）的影响，实现对出口气温的初调，同时也有利于消除外扰影响。

同时，还引入了主蒸汽流量和送风量信号作为主调节器的前馈信号。当负荷或风量发生变化时，预先调整减温水量，以尽快消除外扰影响。前馈系数根据风量及负荷对气温对象的扰动试验进行整定。

此外，主调节器还采取了抗积分饱和措施，这是通过对喷水阀位指令的高低限幅块 H/L（即 FC12）的输出连接到主调节器 II 和 DI 实现饱和时的积分限制实现的。

（3）数据库组态。凡是需要在操作员站 OIS 上显示操作的参数都必须在数据库中进行定义，表 9.3 所示为蒸汽温度控制的标签数据库示例。

表 9.3　　　　　　　　　　　　　　标 签 数 据 库

TAGINDEX	TAGDESC	TAGTYPE	NUMDECP	LOOP	PCU	MODULE	BLOCK	ALMGROUP
标签索引	标签描述	标签类型	小数位数	环路号	PCU 号	模件号	块号	报警组
100	1MAINTEMP	ANALOG	2	1	10	5	1010	1
102	1DESUPTEM	ANALOG	2	1	10	5	1012	1
103	1STMFLOW	ANALOG	2	1	10	5	1110	1
104	1AIRFLOW	ANALOG	2	1	10	5	1112	2
105	1VALVEPOS	ANALOG	2	1	10	5	1114	2
106	1VALVEINS	ANALOG	2	1	10	5	1310	2

（4）画面组态。INFI—90 中，操作员站 OIS 上的所有显示操作画面均可通过工程师站上的图形组态软件来制作。显示操作画面中主要包括静态图形、动态参数及操作器等，通过图形组态软件中相应的工具可以方便地予以实现。图 9.16 为针对本例所做的一个简单的主蒸汽温度系统显示操作画面。

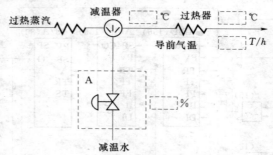

图 9.16　主蒸汽温度系统显示操作画面

习　　题

1. 简述计算机控制系统设计的原则与步骤。

2. 参照 9.3 节相关内容设计基于 PLC 的双容水箱的水位控制系统，要求完成软件和硬件设计。

参 考 文 献

[1] 王勤．计算机控制技术［M］．南京：东南大学出版社，2003．

[2] 王恩波，芦效峰，马时来．实用计算机网络技术［M］．北京：高等教育出版社，2000．

[3] 吴勤勤，王士杰．控制仪表及装置［M］．北京：化学工业出版社，1997．

[4] 艾德才，等．计算机硬件基础［M］．北京：中国水利水电出版社，2003．

[5] 刘国荣，梁景凯．计算机控制技术与应用［M］．北京：机械工业出版社，2001．

[6] 王锦标．计算机控制系统［M］．北京：清华大学出版社，2004．

[7] 于海生，等．微型计算机控制技术［M］．北京：清华大学出版社，2009．

[8] 钟约先，林亨．机械系统计算机控制［M］．北京：清华大学出版社，2001．

[9] 李新光，张华，孙岩，等．过程检测技术［M］．北京：机械工业出版社，2004．

[10] 姜秀汉，李萍，薄保中．可编程序控制器原理及应用［M］，西安：西安电子科技大学出版社，2001．

[11] 高金源，等．计算机控制系统——理论、设计与实现［M］．北京：北京航空航天大学出版社，2001．

[12] 王树青，等．工业过程控制工程［M］．北京：化学工业出版社，2003．

[13] 顾战松，陈铁年．可编程控制器原理与应用［M］．北京：国防工业出版社，1996．

[14] 于海生，计算机控制技术［M］，北京：机械工业出版社，2007．

[15] 孙增圻．计算机控制理论及应用［M］，第2版．北京：清华大学出版社，2008．

[16] 谢剑英．微型计算机控制技术［M］．北京：国防工业出版社，2001．

[17] Astrom K J, Wittenmark B. Computer controlled systems theory and design. Third Edition. Prentice Hall，1998．

[18] Franklin G F, Powell J D, Workman M. Digital control of dynamic systems, Third Edition. Addison Wesley Longman, Inc. ，1998．

[19] 蔡自兴．智能控制［M］．北京：电子工业出版社，2004．

[20] 李少远，王景成．智能控制［M］．北京：机械工业出版社，2004．

[21] 潘新民．微型计算机控制技术实用教程［M］．北京：电子工业出版社，2005．

[22] 王常力，罗安．分布式控制系统（DCS）设计与应用实例［M］．北京：电子工业出版社，2004．

[23] 甘永梅．现场总线技术及其应用［M］．北京：机械工业出版社，2004．

[24] 李正军．现场总线及其应用技术［M］．北京：机械工业出版社，2006．

[25] 刘乐善，欧阳星明．微型计算机接口技术及应用［M］．成都：华中科技大学出版社，2004．

[26] 胡文金，等．计算机测控应用技术［M］．重庆：重庆大学出版社，2003．

[27] 诸静等，智能预测控制及其应用［M］．杭州：浙江大学出版社，2002．

[28] 马国华．监控组态软件及其应用［M］．北京：清华大学出版社，2001．

[29] 赖寿宏．微型计算机控制技术［M］．北京：机械工业出版社，2008．

[30] 赵英凯．计算机集成控制系统［M］．北京：电子工业出版社，2007．

[31] 杨有君．数控技术［M］．北京：机械工业出版社，2005．